全国农业职业技能培训教材

设施园艺装备操作工

（初级 中级 高级）

农业部农业机械试验鉴定总站
农业部农机行业职业技能鉴定指导站 编

中国农业科学技术出版社

图书在版编目（CIP）数据

设施园艺装备操作工：初级　中级　高级 / 农业部农业机械试验鉴定总站，农业部农机行业职业技能鉴定指导站编．—北京：中国农业科学技术出版社，2015.8

全国农业职业技能鉴定培训教材

ISBN 978－7－5116－1608－1

Ⅰ．①设…　Ⅱ．①农…②农…　Ⅲ．①园艺－设施农业－农业机械－操作－技术培训－教材　Ⅳ．①S62

中国版本图书馆 CIP 数据核字（2014）第 068820 号

责任编辑　姚　欢
责任校对　贾海霞

出 版 者　中国农业科学技术出版社
北京市中关村南大街 12 号　邮编：100081
电　　话　（010）82109704（发行部）　（010）82106636（编辑室）
（010）82109703（读者服务部）
传　　真　（010）82106636
网　　址　http://www.castp.cn
经 销 者　各地新华书店
印 刷 者　北京富泰印刷有限责任公司
开　　本　787 mm×1 092 mm　1/16
印　　张　16.25
字　　数　370 千字
版　　次　2015 年 8 月第 1 版　2015 年 8 月第 1 次印刷
定　　价　36.00 元

农业部农机行业职业技能鉴定教材

编审委员会

主　任：胡乐鸣

副主任：朱　良　张　晔

委　员：刘云泽　温　芳　何兵存　丁仕华

叶宗照　周宝银　江　平　江光华

韩振生

《设施园艺装备操作工》

编写审定组成员

主　编：温　芳

副主编：叶宗照　丁小明

编　者：温　芳　叶宗照　丁小明　田金明

吕亚州　徐迪娟　杨学坤　胡　霞

陆　健　王扬光　马　超　吕占民

吴海亮

审　定：夏正海　孙龙霞　蒋　晓　欧南发

前　　言

党和国家高度重视农业机械化发展，我国农业机械化已经跨入中级发展阶段。依靠科技进步，提高劳动者素质，加强农业机械化教育培训和职业技能鉴定，是推动农业机械化科学发展的重大而紧迫的任务。中央实施购机补贴政策以来，大量先进适用的农机装备迅速普及到农村，其中设施农业装备的拥有量也急剧增加。农民购机后不会用、用不好、效益差的问题日益突出。

为适应设施农业装备操作人员教育培训和职业技能鉴定工作的需要，农业部农机行业职业技能鉴定指导站组织有关专家，编写了一套全国农业职业技能鉴定用培训教材——《设施农业装备操作工》。该套教材包含了《设施园艺装备操作工》《设施养牛装备操作工》《设施养猪装备操作工》《设施养鸡装备操作工》和《设施水产养殖装备操作工》5 本。

该套教材以《NY/T 2145—2012　设施农业装备操作工》（以下简称《标准》）为依据，力求体现“以职业活动为导向，以职业能力为核心”的指导思想，突出职业技能培训鉴定的特色，本着“用什么，考什么，编什么”的原则，内容严格限定在《标准》范围内，突出技能操作要领和考核要求。在编写结构上，按照设施农业装备操作工的基础知识、初级工、中级工和高级工 4 个部分编写，其中基础知识部分涵盖了《标准》的“基本要求”，是各等级人员均应掌握的知识内容；初、中、高级工部分分别对应《标准》中相应等级的“职业功能”要求，并将相关知识和操作技能分块编写，且全面覆盖《标准》要求。在编写语言上，考虑到现有设施农业装备操作工的整体文化水平和本职业技能特征鲜明，教材文字阐述力求言简意赅、通俗易懂、图文并茂。在知识内容的编排上，教材既保证了知识结构的连贯性，又着重于技能掌握所必须的相关知识，力求精炼浓缩，突出实用性、针对性和典型性。

本书在编写过程中得到了农业部规划设计院、北京农业职业学院机电工程学院等单位的大力支持，在此一并表示衷心的感谢！

由于编写时间仓促，水平有限，不足之处在所难免，欢迎广大读者提出宝贵的意见和建议。

农业部农机行业职业技能鉴定教材编审委员会

2015 年 6 月

目　录

第一部分　设施园艺装备操作工——基础知识

第二部分　设施园艺装备操作工——初级技能

第三部分　设施园艺装备操作工——中级技能

第四部分　设施园艺装备操作工——高级技能

第一部分　设施园艺装备操作工——基础知识

第一章　设施农业效能和分类

设施农业是通过采用现代化农业工程和机械技术，改变自然环境，为动、植物生产提供相对可控制甚至最适宜的温度、湿度、光照、水肥和气等环境条件，而在一定程度上摆脱对自然环境的依赖和传统生产条件的束缚，获得高产、优质、高效、安全农产品的现代农业生产方式。它具有高投入、高技术含量、高品质、高产量和高效益等特点，是最具活力的现代新农业。

一、设施农业效能

改革开放以来，我国设施农业发展取得长足进步，实现历史性突破，它不仅有效缓解了我国“菜篮子”产品供应不均衡的矛盾，也极大提高了土地产出率、资源利用率、劳动生产率，促进了现代农业的建设和发展。设施农业的效能可概括为5个“有利于”。

1. 有利于提升“菜篮子”均衡供应水平

设施农业摆脱了自然气候条件的制约，初步实现了“菜篮子”的常年均衡供应，而且通过设施装备与生产工艺的结合，设施农业逐渐从单纯的均衡供给向安全、适口、鲜活、多样、持续的功能转变，不仅增加了农产品的供应量，而且改变了农产品消费结构，提高了农产品品质和安全性。

2. 有利于增加农民的收入

从事设施农业生产的农民一般可获得较为稳定的收入，其中相当数量农户的年总收入已经接近城镇居民的平均收入水平。设施农业已成为农民持续增收的有效途径。

3. 有利于拓展城镇属地农民的就业渠道

设施农业不仅在生产环节吸纳了相当数量的劳动力，也带动了农产品加工、运输、销售和农村旅游等相关产业发展，创造了大量二、三产业就业机会，拓展了农民在城镇属地的就业渠道。

4. 有利于提高农业生产资源利用率

设施农业通过先进技术、装备、工艺的综合运用，实现了能源的减量化和资源的高效利用，节能、节地、节水、节肥、节药效果显著，促进了农业发展方式从资源依赖型向创新驱动型和生态环保型转变。

5. 有利于增强农业生产的减灾防灾能力

与传统农业生产相比，设施农业相对密闭的生产环境具有较强的减灾防灾能力，保障了在各种极端和恶劣天气条件下的安全生产，为稳定市场、保障民生发挥了重要作用。

二、设施农业分类

设施农业分类范围见图 1－1。

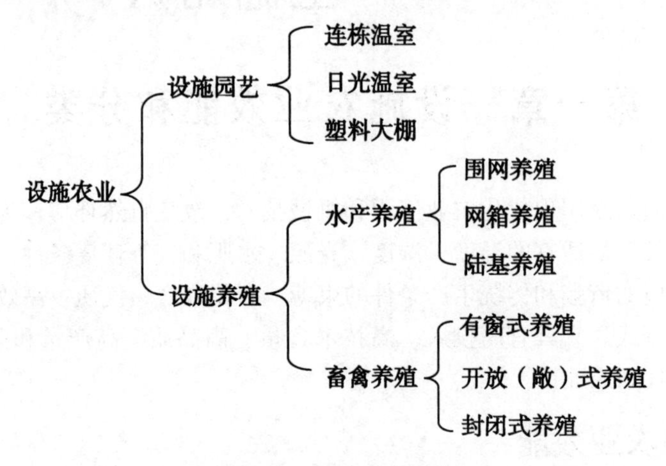

图 1－1　设施农业分类

第二章　设施园艺生产基础知识

一、设施园艺设施的主要类型

设施园艺设施按其技术类别一般分为连栋温室、日光温室、塑料大棚和中小拱棚四类。

1. 连栋温室

连栋温室是将2个以上单跨温室通过天沟连接起来，能完全实现温室生物生存的自动化和智能化控制环境，基本上不受自然气候影响，能全天候进行生物生产的大面积温室。它克服了单跨温室表面积大，冬季加温负荷高；操作空间小，室内光温环境变化大；占地面积大，土地利用率低等缺点。它具有“一长”（采光时间长）、“二强”（抗风和抗逆能力强）、“三高”（自动化、智能化、机械化程度高）、“四有”［保温、光照、通风和喷（滴）灌设施］的特点，可进行立体种植，是当今世界和我国发展现代化设施农业的趋势和潮流。

连栋温室采用钢骨架结构加上覆盖材料组成。根据覆盖材料不同，分为连栋玻璃温室、塑料温室和聚碳酸酯板温室（PC板温室）。其中，连栋塑料温室又根据覆盖塑料薄膜的层数分为单层塑料薄膜温室和双层充气温室。PC板温室也根据聚碳酸酯板材料的不同，分为PC中空板温室和PC浪板温室。温室的屋面型式有拱圆形、锯齿形、平顶形和人字形等。一般柔性透光覆盖材料（如塑料薄膜）常采用圆弧形屋面，而刚性透光覆盖材料（如玻璃和PC板）则采用平直屋面，或人字形屋面。连栋温室常用跨度为6.0m、6.4m、8.0m、9.6m和10.8m，温室开间常用的是3.0m、4.0m和4.5m。根据温室的跨度和开间模数，考虑到温室的降温和室内操作运输，国内一座连栋温室的面积多在1hm^2（10 000m^2）以下，其中，以3 000～5 000m^2者居多。

连栋温室一般都配备有比较完备的环境调控设施，可进行常年生产，适合于全国不同地区建造。这种温室大量用于苗圃、高档出口花卉的种植，同时还可以作为农业科研的作物种植和观赏示范，主要制约因素是建造成本过高，每平方米造价约400～600元左右。

2. 日光温室

日光温室是指不加温的温室。其热源主要靠太阳辐射，只有在寒冷的季节或遭遇连阴、风、雪等灾害性天气才辅助以人工加热，夜间采用活动保温被或草帘在前屋面保温或进行越冬生产的单屋面塑料薄膜温室。其优点是采光和保温性能好，取材方便，造价适中，节能效果明显，适合小型机械作业。缺点是环境的调控能力和抗御自然灾害的能力较差。主要种植蔬菜、瓜果及花卉等。

日光温室为单跨结构，由后墙、山墙、后屋面和前屋面组成。前屋面形状一般为拱圆形，有利于排水和绷紧压膜线，后屋面采用高保温建造材料，南侧前坡屋面是覆盖透光材料，东西山墙及北后墙三面是实体墙结构。在我国北方地区使用，正常条件下不用人工加温可保持室内外温差达20～30℃以上。此类温室现已推广到北纬30°～45°地区，是北方地区越冬生产园艺产品的主要温室型式，温室跨度一般为6～10m，脊高3～4m（正常为2.6～3.5m），后墙高度2～3m，后坡投影宽度0.8～1.6m，后屋面角度在30°～50°，长度多在60～80m，具体建设参考当地成功的温室结构。比较典型的为寿光Ⅰ型冬暖式日光温室，如图2－1所示。据北京市的调查，夯土墙的厚度对冬季温室保温性能有很大的关系，夯土墙比较厚的温室，温度较高，种植的草莓个头大，产量高；反之，夯土墙比较薄的温室，温度相对低一些，种植的草莓个头小，产量低。

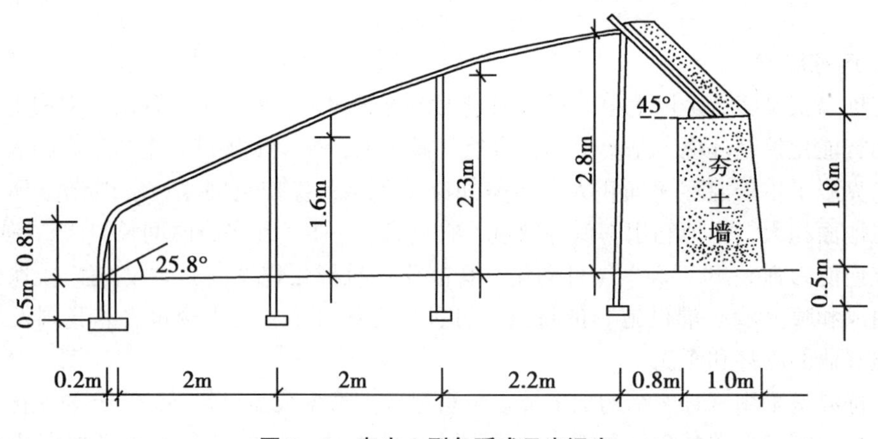

图2－1　寿光Ⅰ型冬暖式日光温室

3. 塑料大棚

塑料大棚是指以塑料薄膜作为透光覆盖材料的单栋拱棚，一般为单跨结构，跨度从6.0～12.0m不等，脊高为2.20～3.50m，长度30～100m。它在我国南方地区使用，其功能是冬季保温，夏季遮阳、防雨；在北方地区使用的主要是起到春提早、秋延后的作用，一般比露地生产可提早或延后一个月左右。由于其保温性能较差，在北方地区一般不用它做越冬生产。按照棚架材料的不同可分为竹木结构、全竹结构、水泥竹木棚、水泥钢架竹拱棚、钢材焊接或装配结构棚和水泥预制件棚等。塑料大棚的主要优点是造价比日光温室低，建设安装拆卸简便，室内通风采光效果好，卷膜开窗，自然通风效果佳，使用年限较长。主要用于果蔬瓜类的栽培和种植。其缺点是棚内空间小，立柱过多，不宜进行机械化操作；此外，保温性能差，防灾能力弱，北方不能进行越冬生产。

4. 中小拱棚

中小拱棚是指以塑料薄膜作为透光覆盖材料的拱棚又称遮阳棚，其跨度等尺寸比塑料大棚小得多，特点是制作简单，投资少，作业方便，管理非常省事。其缺点是不宜使用各种装备设施，并且劳动强度大，抗灾能力差，增产效果不显著，主要用于种植蔬菜、瓜果和食用菌等。

二、设施园艺主要种植的作物

设施园艺种植包括蔬菜、花卉、食用菌、果树等作物。设施蔬菜种植的主要种类有茄果类、瓜类、豆类、绿叶菜类、芽菜类和食用菌类等，其中，芽菜类和食用菌类以设施栽培和工厂化栽培为生产特色。

1. 蔬菜设施种植的种类

茄果类主要有番茄、茄子、辣椒等，产量高，供应期长，全国各地普遍进行设施种植，其中，栽培面积最大的是番茄。

瓜类蔬菜中以黄瓜、西瓜、甜瓜等反季节栽培价值较高的蔬菜为主。黄瓜种植面积居瓜类之首，此外，还有西葫芦、南瓜、节瓜、青瓜、丝瓜、云南小瓜、苦瓜、白瓜、茄瓜、毛瓜、瓠瓜、佛手瓜、蛇瓜等。

豆类蔬菜主要有菜豆、豌豆，在蔬菜的夏季供应中具有重要作用。其中，菜豆为喜温蔬菜，不耐霜冻和高温。

2. 花卉设施种植的种类

根据花卉的种类和用途不同，作为商品出售的花卉绝大多数在生产过程中都进行阶段性的或全生育期的设施栽培。设施栽培的花卉种类包括：一二年生、宿根、球根、木本等花卉，栽培数量最多的是切花和盆花两大类，其他还有室内花卉、花坛花卉。

（1）切花花卉　切花花卉是指用于生产鲜切花的花卉，是国际花卉生产中最重要的组成部分。切花类花卉又可分为切花类、切叶类和切枝类。切花类如非洲菊、菊花、香石竹、月季、百合等。切叶类如文竹、天门冬、散尾葵等。切枝类如松枝、银芽柳等。

（2）盆栽花卉　盆栽花卉是国际花卉生产的第二大重要组成部分，盆栽花卉多为半耐寒和不耐寒性花卉。半耐寒性花卉一般在北方冬季需要在大棚或温室中越冬，具有一定的耐寒性，如金盏花、紫罗兰、桂竹香等。不耐寒性花卉多原产热带及亚热带，在生长期间要求高温，不能忍受0℃以下的低温，如一品红、蝴蝶兰、花烛、球根秋海棠、仙客来、大岩桐、马蹄兰等。

多数一二年生草本花卉可作为园林花坛花卉，如三色堇、旱金莲、矮牵牛、五色苋、银边翠、万寿菊、金盏菊、雏菊、凤仙花、鸡冠花、紫罗兰、桂竹香、一品红、蝴蝶兰、花烛、球根秋海棠、仙客来、大岩桐、马蹄兰等，这些花卉进行设施栽培，还可以人为控制花期。

设施种植在花卉生产中的主要作用如下：加快花卉种苗的繁殖速度，提早定植。进行花卉的花期调控。提高花卉的品质。提高花卉对不良环境条件的抵抗能力，提高经济效益。打破花卉生产和流通的地域限制。进行大规模集约化生产，提高劳动效率。

3. 果树设施种植的种类

我国设施种植的果树主要有草莓、葡萄、樱桃、李、桃、枣、柑橘、无花果、番木瓜、枇杷等。

设施种植果树的作用主要表现在以下5个方面：①调控果实成熟，调节果品供应期；②改善果树生长的生态条件；③提高果树的经济效益；④提高抵御自然灾害的能力；⑤扩大果树的种植范围。

第三章　设施园艺装备种类

设施农业是一项科技含量高、生产环节多而复杂的系统工程，涉及的机械装备种类较多，现从生产和环境调控两方面分别列出其生产重点环节涉及的主要机械装备如下：

一、生产环节

（1）基质处理　基质搅拌、装穴（槽、袋、盆）机、穴盘（槽、袋、盆）运输机、基质消毒设备（物理、化学药品、蒸汽消毒机）。

（2）耕整地　微耕机、手扶拖拉机、小四轮拖拉机，与其配套的犁、旋耕机、起垄机、挖沟机等。

（3）育苗　播种流水线、种子精量播种机、催芽及环境调控设备。

（4）播种及定植　播种机、自动嫁接机、移栽机。

（5）灌溉　管灌、沟渠灌、微灌（滴灌、微喷灌、渗灌、潮汐灌）、滴灌带铺设机械、灌溉施肥一体化（含水培）。

（6）施肥　灌溉施肥一体化系统、叶面肥喷施机。

（7）植保　喷雾机、喷粉机、喷烟机、硫磺熏蒸器、生物诱杀器（捕虫板、电子灭虫器、昆虫信息素诱杀害虫）、空气消毒设备、土壤消毒设备（高温消毒设备、行走式土壤消毒机、臭氧水消毒机）、物理农业（温室电除雾防病促生系统、声波助长仪、种子磁化器、土壤连作障碍电处理机）。

（8）采摘　行走车、采摘机器人。

（9）植株调整　疏花、摘除病残老叶、吊秧、落秧和埋秧机械、升降机等。

（10）室内运输　运输轨道、自动运输车、传送带。

二、环境调控环节

（1）通风（自然通风和风机通风）开窗机、卷膜机、风机。

（2）降温　湿帘风机降温系统、空调降温、喷雾、喷淋降温系统。

（3）加温　热水采暖（如加温炉）、热风采暖（如热风炉）、电热采暖、蒸汽采暖、辐射采暖、热泵。

（4）除湿　热泵、除湿机、消雾机。

（5）遮阳　固定式内外遮阳系统、活动式内外遮阳系统、降温涂料。

（6）保温　卷幕机、卷帘机。

（7）二氧化碳施肥　瓶装压缩 CO_2 施肥系统、CO_2 燃烧发生器、化学反应生成 CO_2、有机堆肥产生 CO_2（内置式、外置式秸秆反应堆发生系统）、烟气电净化 CO_2 气肥机。

（8）补光　白炽灯、钨卤灯、荧光灯、高压钠灯、低压钠灯、LED 灯。

第二部分　设施园艺装备操作工——初级技能

第四章　设施园艺装备作业准备

相关知识

一、物料准备

（一）塑料薄膜

根据设施园艺种植要求选用塑料薄膜的材料、厚度、宽度和长度，不能有破裂等。

（二）保温材料

设施园艺种植装备常用保温材料有保温被和草苫两种。

1. 保温被

保温被的制作都是围绕保温和防水两大功能而开发的，其种类按功能分为：防水保温型、抗渗水保温型、普通保温型。保温被的保温层采用毛毡、泡沫、棉絮、喷胶棉、无胶棉等材料制作，表层多采用牛津布、编织袋、塑料膜等制作。防水型保温被的表面没有针孔，有致密的防水层或者防水膜，不渗水，保温效果最好。抗渗水型保温被表面经过处理后减缓水的渗透，但长期浸泡或使用中仍会有水渗进保温层。普通型的保温被基本没有防水和抗渗水的功能，表面采用化纤面料包裹毛毡、棉絮等保温层。

保温被选择要点：

（1）保温效果好　防水型的保温被在相同重量下保温效果最好。

（2）耐用　选择表层防水层既要达到一定的断裂强度和比较密实，还要在冬季低温环境下能够长期卷曲使用。

（3）安装方便　为节省保温被往温室大棚上安装的人工工时，操作简便。可选择上下订有吊攀（吊带），上下固定较为方便，左右拼接一次性完成的保温被。

2. 草苫子

草苫子具有保温效果好，紧密不透光，遮光能力强，经济实惠特点。其制作原材料主要有：稻草、蒲草、苇草、小麦秸秆等。根据设施园艺种植要求和草苫子的材质、线质、线经间距、厚度（重量）、长度等进行选用。

草苫子的编织方式有：人工编织、机器加工。草苫子长度没有限制，可根据客户的需要定制，一般有 6m、8m、10m、15m。草苫子根据经数和厚度不同，产品的好坏层次不一，在经数和厚度上可以根据用户的需要来定制。

选择草苫时，需做到“四看”：

（1）看原材料　当季的稻草质量好，保温性强，使用寿命也长。购买时可扒开草苫，看稻草的颜色，发白、发绿的为最好，如果是发黑、发黄则要慎重购买。

（2）看线　线的韧性是保证草苫牢固的前提。若其韧性差，则在使用卷帘机进行草苫拉放时，易断线、断苫，使用年限明显降低。一般熟丝尼龙绳手感柔软，韧性强、亮度高，打线时本身不易起刺，用熟丝打的草帘结实而牢固。判断尼龙绳是“生丝”还是“熟丝”的方法：用手指甲对尼龙绳使劲来回刮一下，如果起毛，则说明是“生丝”，购买时要备加留心。买草苫时还需看两头是否有锁头，以免出现散架现象。

（3）看重量　草苫的重量在一定程度上决定草苫的保温和抗风能力，3m 宽的草苫，重量一般保持在每米 11.5kg，订制加厚的每米约 14kg，即 3m × 15m 的草苫以重 170kg 左右为宜。

（4）看经线　至少选用 24 道经线的草苫，两道经线间距 14cm 左右，才可保证草苫质量可靠，使用寿命长。而且两边最外沿的经线不宜太靠近草苫内侧，以免发生划伤薄膜的现象，最外沿经线距草苫边缘应保持在 8 ~ 10cm。

草苫的覆盖方式有传统覆盖和“品”字形覆盖两种。

（1）草苫传统覆盖法　上面草苫压盖下面草苫，除保温效果不好外，而且由于传统覆盖法是将草苫连接在一块，两个草苫之间重合面积小，一旦遇到大风，易被逐个刮起。另外，传统覆盖法仅适合于人工拉放单个草苫，不适合卷帘机整体拉放。

（2）草苫“品”字形覆盖法　草苫在温室棚面上呈“品”字形摆放，两个草苫在下，中间预留 20 ~ 30cm 的空隙，待底层草苫覆盖完毕后，再在每两个草苫中间加盖一个草苫，以增强棚室的整体保温效果。此法覆盖草苫，方便卷帘机铺放。

（三）农药

根据虫害的特点和植物防治要求，选用农药，并进行规范的药液配对。

（四）机具

根据设施园艺种植要求选择适用的机具，如卷帘机、卷膜机、微耕机和手扶拖拉机机组等，并对机具进行技术状态的检查。

（五）油料

柴油机和汽油机还需准备符合说明书规定的柴油、汽油、柴油机机油和汽油机机油等。如机动喷雾喷粉机上的汽油机，新机或大修后前 50h 内加注汽油、机油混合比为 20：1 的混合油；其他情况下，其比例为 25：1。

二、机具技术状态检查

（一）检查目的

检查目的是保证设施园艺装备机械及时维修、作业性能良好和安全可靠。

（二）检查前要求

①熟读产品说明书或进行专门培训，熟悉该机械的结构、工作过程。

②掌握机具操作手柄、按键或开关的功用和操作要领。

③掌握该机械的安全作业技术要求。

（三）检查内容

由于各机械的结构不一样，检查的内容有异，其共性内容主要包括动力部分、电源和电路、传动部分、操作部件、工作部件等。

1. 动力部分

（1）发动机　检查发动机的冷却水、机油、燃油的规格、质量、数量和有无泄漏，输出功率和转速是否正常等。

（2）电动机　检查电动机和启动设备接地线是否可靠和完好，接线是否正确；接头是否良好；检查电动机铭牌所示额定电压、额定频率是否与电源电压、频率相符合；检查电动机绕组相对相、相对地的绝缘电阻值，应该大于1MΩ；检查绕线型转子电机的电刷压力是否为1.5～2.5 N/cm，不符时应调整；检查电动机的转子转动是否灵活可靠，轴承润滑是否良好；检查电动机的各个紧固螺栓以及安装螺栓是否牢固等。

2. 电源和电路

检查电源、电压是否稳定正常；检查电路接线是否正确，接头是否牢固无松动；检查电路线应无损坏，绝缘良好；检查安全保险装置是否灵敏可靠；检查设备用电与所用的熔断器的额定电流是否符合要求。

3. 传动部分

检查外围是否有安全防护装置；检查各机械是否连接可靠，应无松动，运转无异响等；检查皮带或链条的张紧度是否适宜；润滑和密封性是否良好等。

4. 操作部件

要求转动灵活，动作灵敏可靠。

5. 工作部件

要求作业可靠、符合设施农业装备要求。

6. 周围环境要求无不安全因素。

（四）检查方法

作业前的检查方法主要是眼看、手摸、耳听和鼻闻。

1. 眼看

①围绕机器一周，巡视检查机器或设备周围和机器下面是否有异常的情况，查看是否漏机油、漏电等，密封是否良好。

②检查各种间隙大小和高温部位的灰尘聚积情况。

③检查保险丝是否损坏，线路中有无断路或短路现象。检查接线柱是否松动，若松动，则进行紧固。

④查看灯光、仪表是否正常有效。

⑤查看轮胎气压是否正常。

2. 手摸

①检查连接螺栓是否松动。

②检查各操作手柄是否灵活、可靠。

③手压检查传动带或链条张紧度是否符合要求。

④手摸轴承相应部位的温度感受是否过热。若感到烫手但能耐受几分钟，温度在50～60℃；若手一触到就烫得不能忍受，则机件温度已达到80℃以上。

⑤清除动力机械和其他设备周围堆积的干树叶、杂草等易燃物。

3. 耳听

①用听觉判断进排气系统是否漏气，若有泄漏，则进行检修。

②用听觉判断传动部件是否有异常响声。

4. 鼻闻

用鼻闻有无烧焦或异常气味等，及时发现和判断某些部位的故障。

三、安全用电常识

①用电线路及电气设备绝缘必须良好，灯头、插座、开关等的带电部分绝对不能外露，以防触电。

②不要乱拉乱接电线，以防触电或发生火灾。

③不要站在潮湿的地面上移动带电物体或用潮湿抹布擦试带电的电器，以防触电。

④保险丝选用要合理，切忌用铜丝、铝丝或铁丝代替，以防发生火灾。

⑤所使用的电器应按产品使用要求，安装带接地线的插座。

⑥检修或调换用电的机具时，必须关机断电，以防触电。

操作技能

一、卷帘机作业前技术状态检查

①检查周围环境，排除影响作业安全的因素。

②检查安全防护是否齐全可靠和警示标志是否齐全清晰。

③检查机械各连接件、紧固件是否牢靠，并应具有相应的锁紧装置。

④检查制动部分工作是否可靠。

⑤检查说明书中指明的轴承、链条、链轮和各润滑点润滑状况，如缺油加应加入润滑油脂。密封部位不允许漏油。

⑥检查转动机器工作状况，应运转平稳，操作灵活，不得有卡滞及其他异常声响。

⑦检查卷帘机工作状况，不得损坏棚膜。

⑧检查供电线路布置，应规范，不得存在妨碍机械作业动作的布置和漏电现象，开关、接地应安全可靠。

⑨清理卷帘子周围影响卷帘作业的障碍物，检查卷帘子受潮湿情况，确认是否符合作业要求。

⑩检查电动机启动前技术状态

A. 检查接地线和线路。检查电动机和启动设备接地是否可靠和完整，接线是否正确，接头是否良好。

B. 检查电压和频率。检查电动机铭牌所示额定电压、额定频率是否与电源电压、频率相符合。

C. 检查电动机绝缘电阻值和电刷压力。新安装或者停用 3 个月以上的电动机，启动前应用 1 000VMΩ 兆欧表测量绕组相对相、相对地的绝缘电阻值。绝缘电阻应该大于 1MΩ，如果低于这个值，应该将绕组烘干。对绕线型转子应该检查其集电环上的电刷以及提刷装置能否正常工作，电刷压力是否为 1.5~2.5 N/cm，否则应调整。

D. 检查电动机的转子。转动时是否灵活可靠，滑动轴承内的油是否达到规定的油位。

E. 检查电动机所用的熔断器。熔断器的额定电流是否符合要求。

F. 检查电动机的各个紧固螺栓。紧固螺栓是否安装牢固并符合技术要求。

上述检查达标后，方可启动电动机。电动机启动之后空载运行 30s，注意观察电动机有无异常现象，如噪音、震动、发热等不正常情况，如有应查明原因，并采取纠正措施之后，方可正常运行。启动绕线型电动机时，应将启动变阻器接入转子电路中。对有电刷提升机构的电动机，应放下电刷，并断开短路装置，合上定子电路开关，扳动变阻器；当电动机接近额定转速时，提上电刷，合上短路装置，电动机启动完毕。

二、卷膜机作业前技术状态检查

①棚膜不应有破损，如有，请及时修补。

②卷膜轴不能有太大的变形，轴应转动灵活。

③卷膜轴上的压膜线应完好，不应有断裂或缠绕。

④卷膜机在卷起过程中应能自锁，不能在重力作用下将卷起的膜打开。

⑤电动卷膜机还应检查电机接线是否正确、要求接头不松动，电线不破皮，绝缘完好，供电和线路正常，以确保供电安全。

⑥电动机性能检查参照卷帘机作业前技术状态检查中第 10 款。

三、微耕机和手扶拖拉机机组作业前技术状态检查

微耕机和手扶拖拉机机组是根据温室内土质、农艺等要求进行选用。作业前应进行如下检查。

①围绕机器一周，巡视检查机器周围和机器下面是否有异常的情况，查看是否漏机油、燃油和冷却液。

②水冷却发动机应检查冷却液的液位是否符合技术要求。若冷却液液位太低，则应添加冷却液至规定位置。如热机状态，一定要等发动机冷却下来后再检查散热器的副水箱。

③风冷却发动机应清洁散热片上的灰尘。

④检查传动皮带或链条的张紧度是否符合技术要求。大拇指施加 4 ~ 5kg 的力按其中部，看其下陷量是否在范围之内，如不符合要求应调整。

⑤检查发动机油底壳内的机油油位是否在上下刻度线之间偏上处，如不足应添加说明书推荐使用的牌号润滑油到规定油位。检查机油油位时，机器应处于冷机和水平状态；热机要等发动机熄火 15min 后再检查机油油位。

⑥检查燃油油位，若油位过低，则补充说明书推荐使用牌号的燃油，并擦净溢出的燃油；打开油箱开关；要经常清理油箱盖上的透气孔。

⑦清洁空气滤清器滤芯。可根据显示屏或灰尘指示器等检查、清洗或更换滤芯。

⑧检查轮胎气压是否在 0. 18 ~ 0. 2MPa 范围。

⑨汽油机还要检查火花塞间隙等，清除积碳。

⑩检查传动箱内润滑油是否符合说明书规定的技术要求，如不符，应添加到规定的

位置（数量）或更换。

⑪检查各螺栓连接是否拧紧，应紧固牢靠，无松动等。

⑫检查各手柄间隙是否正常，应操作灵敏可靠。

⑬检查扶手架高度是否适宜，如过高过低应调整。

⑭检查所有传动件、转动件和操作装置，应运转灵活，无变形、无卡滞和无异响；其安全保护装置是否完好可靠。

⑮旋耕机的检查

A. 检查旋耕机各处零部件是否完整无损，安装是否规范，间隙是否正常，特别是旋耕刀是否装反和连接紧固是否牢固。

B. 检查旋耕机的转动和传动装置，应运转灵活，无卡滞，并有可靠的安全保护装置。

C. 检查刀片、轴承、油封等零件，如损坏或磨损严重应更换。

D. 检查润滑点是否已有润滑油。

⑯犁的检查

A. 检查犁各零部件应完好无缺，犁架、犁柱、犁体不得变形、不晃动，各部位螺栓不得松动。

B. 检查犁铧，应锋利，犁侧板无严重磨损。

C. 检查各犁轮，应润滑良好。

D. 检查各操作、调节机构，应灵活可靠。

⑰试运转。开机检查发动机运转是否平稳，燃烧情况和发动机声音是否正常。检查离合器、转向、刹车、油门是否灵活可靠。

四、背负式喷雾器作业前技术状态检查

（一）背负式手动喷雾器作业前技术状态检查

①检查喷雾器的各部件安装是否牢固。

②检查各部位的橡胶垫圈是否完好。新皮碗（密封圈）在使用前应在机油或动物油（忌用植物油）中浸泡24h以上。

③检查开关、接头、喷头等连接处是否拧紧，运转是否灵活。

④ 检查配件连接是否正确。

⑤加清水试喷。

⑥检查药箱、管路等密封性，应不漏水漏气。

⑦检查喷洒装置的密封和雾化等性能是否技术状态良好。

（二）背负式机动弥雾喷粉机作业前技术状态检查

①喷雾器工作部件的技术状态检查参照手动背负式喷雾机。

②检查汽油机汽油量、润滑油量、开关等技术状态是否良好。

③检查风机叶片是否变形、损坏，旋转时有无摩擦声。

④检查轴承是否损坏，旋转时有无异响。

⑤检查合格后加清水，启动汽油机进行试喷和调整。

五、农药液配制

（一）配制可湿（溶）性粉剂农药

①正确穿戴防护用品。

②根据给定配制浓度和药液量，正确计算可湿性粉剂用量和清水用量。

③配药技术规范：首先将计算出的清水量的一半倒入药液箱中，再用专用容器将可湿性粉剂加少量清水用搅拌棒调成糊状，然后加一定量清水稀释、搅拌并倒入药箱中。最后同样将剩余的清水分 2 ~ 3 次冲洗量器和配药专用容器，冲洗水全部加入药箱中，用搅拌棒搅拌均匀。盖好药液箱盖，清点工具，整理好现场。

（二）配制液态农药

①正确穿戴防护用品。

②根据给定条件计算农药用量。

③根据配药量及配药浓度，计算所需药液量及用水量。

④配制母液。先用量杯量取所需农药量，倒入配药桶中。再加入少许水，配制成母液，用木棒搅拌均匀，倒入药液箱中。

⑤混合农药。用剩余的水分作 2 ~ 3 次冲洗量具，冲洗水全部倒入药液箱内，搅拌均匀。

⑥现场整理。盖好药液箱盖，清点工具，整理好现场。

六、微灌系统作业前技术状态检查

①检查微灌系统配套是否齐备，连接是否正确。

②系统初次使用时，为避免污物堵塞喷头，应对管道进行分段依次冲洗。

③检查阀门开、关功能是否正常。

④检查管路是否破损或接头是否渗漏。

⑤检查管路是否堵塞。

⑥检查水压是否正常。

⑦检查灌水器性能是否良好。

⑧检查喷头是否有堵塞的现象。

第五章　设施园艺装备作业实施

相关知识

一、卷帘机

卷帘机是卷保温材料的机械。其分类方式很多，常用的按卷铺方式分为后置卷绳上拉式、前置卷轴上推式、侧置卷轴上推式卷帘机和轨道式卷帘机。

1. 后置卷绳上拉式卷帘机

后置卷绳上拉式卷帘机也叫后卷轴式、后拉式或拉线式、顶拉式、固定式、牵引型卷帘机。这种机型由主机（减速机和电机组成）、卷绳轴（卷杆）和支架3部分组成。电机是提供动力，常用的是1.5 kW的三相电机，减速机是把电机转速从1 440r/min减速到1～1.7r/min。卷绳轴是卷拉保温材料绳的钢管轴。支架是支承和固定主机的架子。该机将一定间隔距离的绳子，一端拴系在屋脊处，沿着温室屋面布置在草苫子或保温被的下面，另一端绕过草苫子或保温被底端，延伸并固定到位于温室后屋面的卷帘机卷轴上，如图5－1所示。该机特点是最大卷帘长度100m，稳定性较好，增大电动机功率可卷厚重的保温被，突然断电时可用人工卷放保温被；缺点是安全性低，机构复杂，用料多，安装精度要求高，后墙及支撑卷帘轴部件的强度要求高，风大易乱绳。

工作时，若电机进行正转，减速机输出轴带动卷绳轴正转，绳子收紧缠绕到卷轴上，实现草苫子或保温被的卷铺作业。若电机反转，带动卷轴反转后，卷绳放松，外草苫子或保温被在重力的作用下，沿着屋面下滚，实现铺放作业。

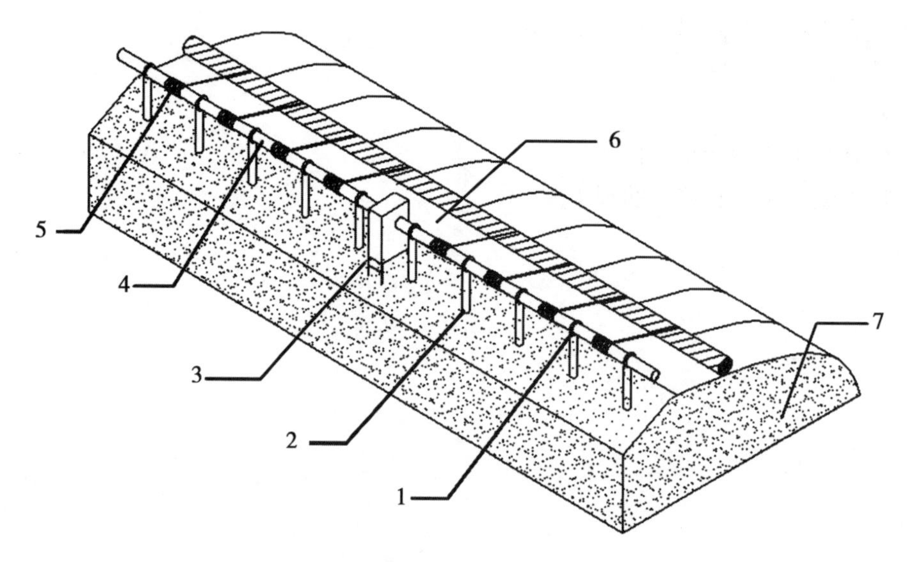

图5－1　后置卷绳上拉式卷帘机示意图

1－轴套；2－支架；3－卷帘机主机；4－卷蝇轴；5－拉绳；6－保温被（草苫子）；7－日光温室

2. 前置卷轴上推式卷帘机

前置卷轴上推式卷帘机，也称前屈伸臂式、悬臂式、双跨悬臂式、摇杆式、自走式、螳螂式卷帘机。该机由主机（电动机和减速器）、上下支撑杆、卷帘轴 3 部分组成，如图 5－2 所示。该机特点是最大卷帘长度 100m，安全性一般，稳定性较好，机构复杂，安装调试简便，不怕风，不限高、不限宽；但在卷、放帘中突然断电，人一时无奈。对于一个 100m 长，跨度为 10m 的温室，造价在 5 500元左右，是目前应用最为广泛的一种机型。该类型卷帘机是将动力输出轴固定在卷轴上，卷轴由两个等长的钢管连接件构成，卷轴固定在草苫子或保温被位于前屋面的端部。工作时，电机正向旋转，减速机输出轴带动卷轴将草苫子或保温被从低端卷起，卷轴随着草苫子或保温被一同转动，爬升到屋面，实现卷帘作业。若电机反向旋转，则实现铺放作业。

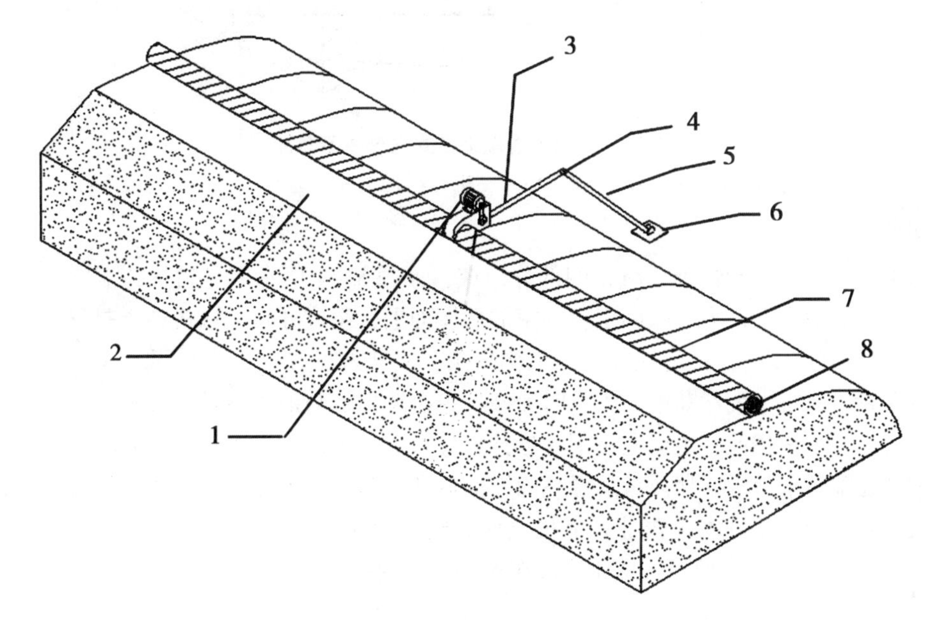

图 5－2　前置卷轴上推式卷帘机示意图

1－主机（电动机和减速器）；2－日光温室；3－上支撑杆；4－连接杆；
5－下支撑杆；6－地面固定件；7－保温被；8－卷帘轴

3. 侧置卷轴上推式卷帘机

该类型卷帘机与前置卷轴上推式卷帘机相同，是将主机的动力输出轴固定在卷轴上，不同之处是该类型卷帘机的动力输出轴固定在卷轴的侧端，而前置卷轴上推式卷帘机固定在卷轴的中间。该机由主机、上下伸缩套管、卷帘轴三大部分组成，如图 5－3 所示。该机特点是最大卷帘长度 60m，安全性一般，稳定性一般，机构简单，安装调试简便，不怕风，不限高、不限宽；但在卷、放帘中突然断电，人一时无奈。伸缩套管由大、小套管两部分组成。伸缩管绕着固定支撑点摆动。工作时，电机正转，减速机输出轴带动卷轴将外保温覆盖材料从低端卷起，卷轴随着外保温覆盖材料一同旋转，爬升到屋面，实现卷帘作业。电机反向旋转，则实现铺放作业。

4. 轨道式卷帘机

轨道式卷帘机也称桥梁式卷帘机、索道式卷帘机，是近几年研发出来的新机型。该机

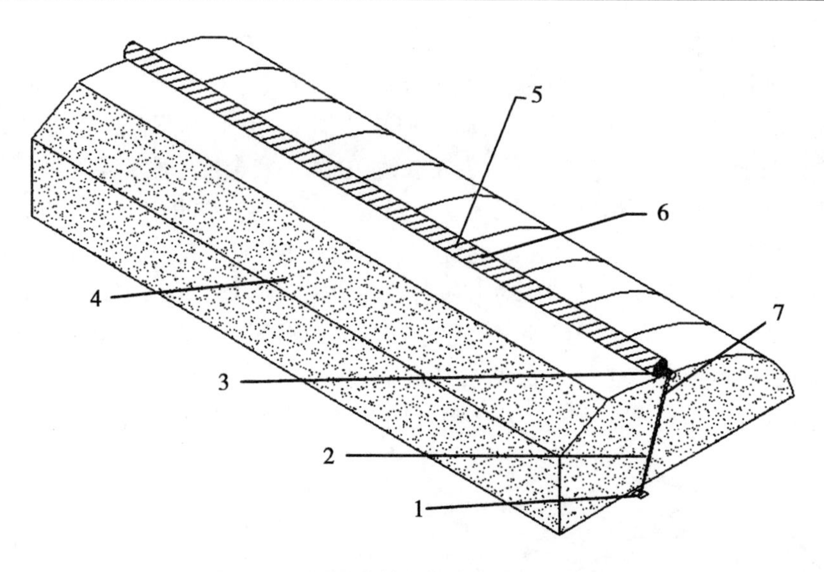

图 5 –3　侧置卷轴上推式卷帘机示意图

1 – 地面固定件；2 – 下伸缩管；3 – 主机（电动机和减速器）；4 – 日光温室；
5 – 保温被（草苫子）；6 – 卷帘轴；7 – 上伸缩管；

主要由主机、导轨、卷帘轴、滚轮四部分组成，如图 5 –4 所示。导轨横跨温室，一端固定在温室前的地面上，另一端固定在温室的后屋面上，组成导轨。该机特点是最大卷帘长度 100m，安全性较高，稳定性较好，机构复杂，安装调试简便，不怕风，不限高、不限宽；但在卷、放帘中突然断电，人一时无奈。主机输出轴与前置卷轴上推式卷帘机采用相同的方式与卷帘轴相连，主机通过滚轮悬挂在导轨上。工作时，电机正向旋转，减速机输出轴带动卷轴将草苫子或保温被从温室前屋面低端卷起，卷轴随着草苫子或保温被一同转动，爬升到屋面，实现卷帘作业。电机反向旋转，则实现铺放作业。对于一个 100m 长、跨度 10m 的温室，该类型卷帘总体造价在 6 500元左右。

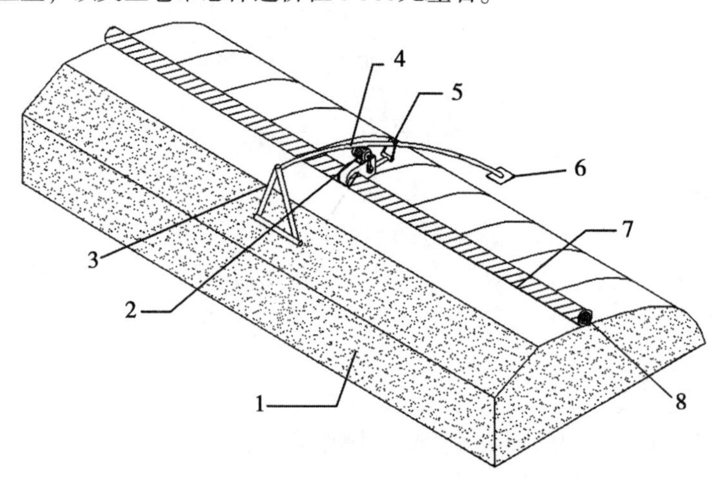

图 5 –4　轨道式卷帘机示意图

日光温室；2 – 主机（电动机和减速器）；3 – 后屋而支架；4 – 导轨；5 – 滚轮；
6 – 地面固定件；7 – 保温被（草苫子）；8 – 卷帘轴

二、卷膜机

卷膜机是塑料温室中用于卷起覆盖膜进行通风的机械设备，常用的有爬升式和臂杆伸缩式两类。其卷膜通风的传动方式有软轴传动和直接传动两种，一般屋顶卷膜机用机械传动或用软轴传动，而侧墙卷膜用手动或机械直接传动。

卷膜机按照有无动力分为手动卷膜机和电动卷膜机两种。手动卷膜机由摇把、齿轮盒及卷膜杆、固定立杆组成。适用于大棚、温室的侧部和顶部通风。通风口上部的薄膜通常用卡槽固定。电动卷膜机实质上是个带限位开关的直流小功率电机，并配置整流器等相关配电设备。该机有效率高、寿命长、运行稳定、可实现自动控制等优点。适用于温室圆拱形或垂直通风口的卷膜。

按照卷膜机安装位置分为侧墙通风式和屋顶通风式。其中，侧墙通风式一般用直径19cm或22cm钢管做卷膜轴，用膜卡将轴与薄膜固定在一起，在温室的一端安装卷膜机，并用19cm和22cm的钢管做卷膜机的竖直导轨，将卷膜机与卷膜轴接头连接好即可。屋顶通风式的做法与侧墙通风类似，只是手动卷膜机需要加长摇柄，电动卷膜机需要加装伸缩套管，通过转动钢管，塑料膜卷起或放下，实现开窗关窗的目的。

1. 爬升式卷膜机

该机主要由手动卷膜机主机（或电动卷膜机主机）、爬升导杆、卷膜轴和连接件等组成，如图5－5所示。卷膜机内部的传动机构确保能够驱动卷膜轴，并使卷膜轴沿爬升导杆导引方向升降，使得塑料膜卷起和展开。这类卷膜机具有双向自锁、轻盈小巧、使用灵活。用于侧墙窗等需要膜卷沿直线行走的卷膜。

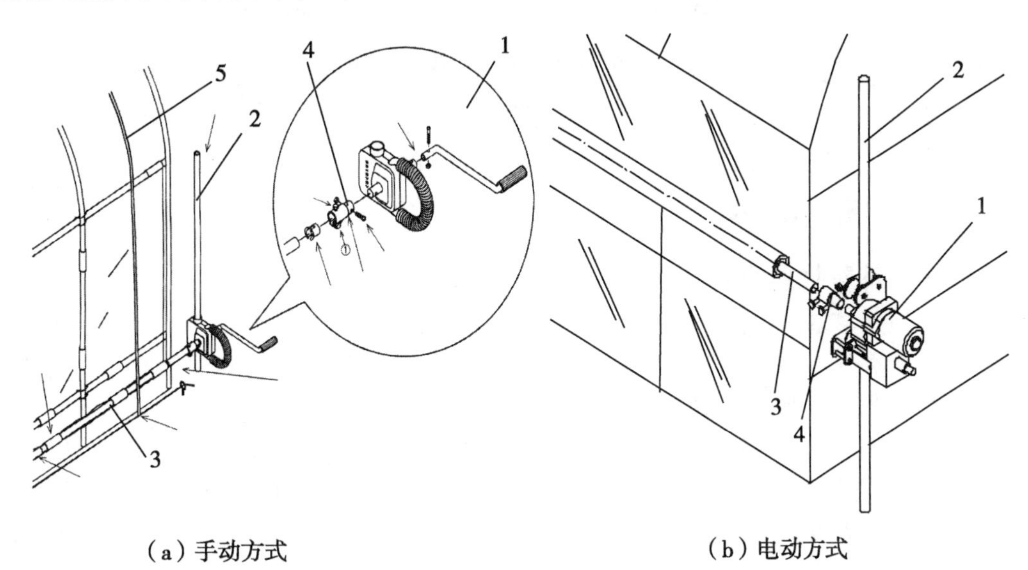

（a）手动方式　　（b）电动方式

图5－5　爬升式卷膜机结构图

（a）1－手动卷膜器；2－爬升导杆；3－卷膜轴；4－连接件；5－压膜线

（b）1－电动卷膜机主机；2－爬升导杆；3－卷膜轴；4－连接件

2. 臂杆伸缩式卷膜机

该机主要由手动卷膜机主机（或电动卷膜机主机）、伸缩臂杆、卷膜轴和连接件等组成，如图 5－6 所示。伸缩臂杆的固定管在一端或者中间部位铰接于温室骨架，可以在一定角度范围摆动，伸缩臂杆的活动管与卷膜机相联，起到支撑卷膜机并为卷膜机导向的作用；通过伸缩臂杆的伸缩和摆动，保证卷膜机驱动卷膜轴适应温室的弧形表面，沿温室屋面将塑料膜卷起和展开。

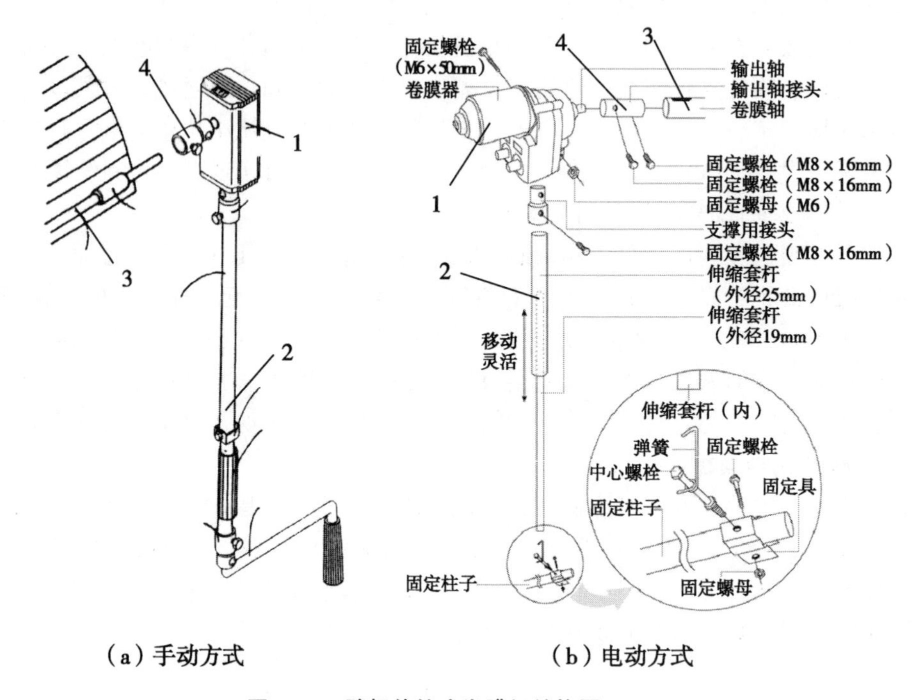

图 5－6 臂杆伸缩式卷膜机结构图

（a）1－手动卷膜器；2－伸缩臂杆；3－卷膜轴；4－连接件

（b）1－电动卷膜机主机；2－伸缩臂杆；3－卷膜轴；4－连接件

三、耕整地机械

（一）耕整地的目的

耕整地是温室作物栽培过程中的重要环节，是温室作物生产的基础，是恢复和提高土壤肥力的重要措施。由于农作物在生长过程中受到灌溉水浇淋、阳光照晒以及人机作业对土壤的践踏等因素的影响，耕作层上部土壤的团粒结构和腐殖质等遭到破坏，土壤比较板结，肥力低，不利于后茬作物的生长。通过翻转和松碎土壤，将地表前茬作物的根茬、杂草、撒施的肥料以及病菌、虫卵等翻埋下去，并将底土翻上来，再进行平整地表，同时可使表层的土壤松散平整，防止水分的蒸发，达到“上虚下实”的要求，使其破碎、熟化，从而促使土壤有机质的分解，提高土壤肥力和蓄水保墒能力，改善土壤结构，消灭病虫害，达到改善土壤中水、肥、气、热的条件，以利于作物的种植和生长。温室内耕整地作业包括在收获后或新建的温室地上进行的翻土、松土、覆埋杂草或肥料（施肥）、镇压、培土、开沟、作畦、起垄等项目。

（二）耕整地农业技术要求

1. 对耕地的基本要求

（1）保　既要保证农时，适时耕翻，又要保证耕地质量。

（2）深　耕深适宜，深浅一致。一般春播蔬菜要求耕深在25cm以上，夏播蔬菜耕深在18～25cm，平均深度与规定深度相差不超过1cm。

（3）平　耕翻后的地表平坦，土块松碎，犁底平整。

（4）透　开墒无生硬，翻垡碎土好，无立垡、回垡，根茬、杂草等应当被严密覆盖。

（5）宜　开墒要直，耕幅一致，耕得整齐。

（6）齐　犁到头，耕到边，地头地边整齐。

（7）无　无重耕，无漏耕，无斜子，无三角，无“桃”形。

（8）小　墒沟小，伏脊小。

2. 对整地的基本要求

①耕地后，整地要及时，以防止土壤结块和跑墒。

②整地后的地表应当平整，无大的土块，上虚下实。

③整地深度一致，无漏耙、漏压。

（三）设施农业耕整地作业常用的动力机械

设施农业耕整地作业常用的动力机械有微耕机、手扶拖拉机和小四轮拖拉机。它们都是由发动机、底盘和电气系统三大基本部分组成，小四轮拖拉机还配有液压系统，其各组成及功用如下。

1. 发动机

发动机是提供驱动工作部件和行走传动部件的动力源。

（1）发动机分类　发动机按使用的燃油的不同，可分为柴油机和汽油机两大类，按工作循环分为四冲程和二冲程，按冷却方式分为水冷式、风冷式、复合式，按气缸数分为单缸发动机和多缸发动机。柴油机的动力比汽油机的动力要大一些，但汽油机相对重量轻、体积小和容易启动。设施农业上所用的发动机一般是四冲程的汽油机和柴油机。

（2）发动机专业术语

①上止点。活塞在气缸内做往返运动时，活塞顶部距离曲轴旋转中心线最远的位置。

②下止点。活塞在气缸内做往返运动时，活塞顶部距离曲轴旋转中心线最近的位置。

③活塞行程。活塞从上止点到下止点移动的距离，称为活塞行程，用S表示。

④曲柄半径。曲轴轴线到连杆轴颈中心线的距离，称为曲柄半径，用R表示。

⑤气缸工作容积。活塞从上、下止点间运动所扫过的容积，称为气缸工作容积。多缸发动机各缸工作容积的总和，称为发动机工作容积或发动机排量。

⑥燃烧室容积。活塞位于上止点时其顶部与气缸盖之间的容积称为燃烧室容积。

⑦气缸总容积。活塞在下止点时，其顶部上方的容积，称为气缸总容积。

⑧压缩比。气缸总容积和燃烧室容积的比值称为压缩比。它表示活塞由下止点运动

到上止点时，气缸内气体被压缩的程度。

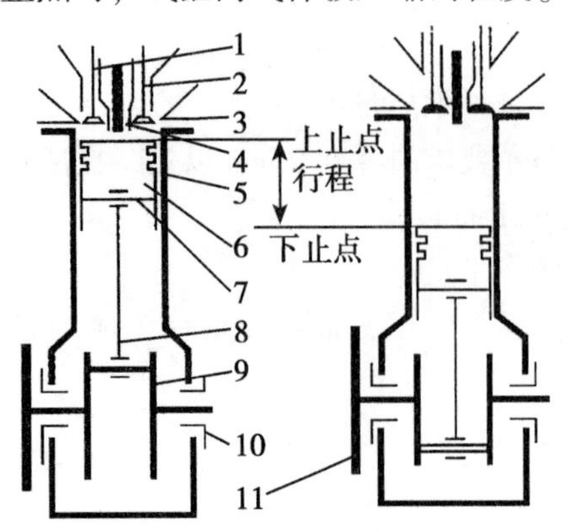

图 5－7　柴油机结构示意图

1－排气门；2－进气门；3－汽缸盖；4－喷油器；5－汽缸；6－活塞；7－活塞销；8－连杆；9－曲轴；10－曲轴轴承；11－飞轮

⑨工作循环。燃料的热能转化为机械能，需经进气、压缩、作功、排气等一系列连续过程，每完成一次称为一个工作循环。凡是活塞在气缸内往复 4 个行程，而完成 1 个工作循环的，称为四冲程发动机；活塞往复两个行程而完成一个工作循环的，称为二冲程发动机。

（3）发动机的组成和功用　发动机主要由一个机体、两大机构（曲柄连杆机构、配气机构）、四大系统（燃料供给系统、润滑系统、冷却系统和启动系统，汽油机有点火系统）等组成，柴油机的结构如图 5－7。其各部组成和功用见表 5－1。

表 5－1　发动机的组成及功用

组成名称	功　　用	主要构成
机体组件	组成发动机的框架	气缸体、曲轴箱
曲柄连杆机构	将燃料燃烧时发出热能转换为曲轴旋转的机械能，把活塞的往复运动转变为曲轴的旋转运动，对外输出功率	活塞连杆组、曲轴飞轮组、缸盖机体组
配气机构	按各缸的工作顺序，定时开启和关闭进、排气门，充入足量的新鲜空气，排尽废气	气门组、气门传动组、气门驱动组
燃料供给系统	按发动机不同工况的要求，供给干净、足量的新鲜空气，定时、定量、定压地把燃油喷入气缸。混合燃烧后，排尽废气	燃料供给装置、空气供给装置、混合气形成装置及废气排出装置
润滑系统	向各相对运动零件的摩擦表面不间断供给润滑油，并有冷却、密封、防锈、清洗功能	机油供给装置、滤清装置
冷却系统	强制冷却受热机件，保证发动机在最适宜温度下（80～90℃）工作	散热片或散热器（水箱）、水泵、风扇、水温调节器等
启动系统	驱动曲轴旋转，实现发动机启动	启动电动机或反冲式启动器、传动机构
汽油机点火系统	按汽油机的工况要求，接通或切断线圈高压电，使火花塞产生足够的跳火能量，引燃汽油混合气体，进行作功	火花塞、高压导线、飞轮磁电机等

2. 底盘

底盘是指除拖拉机发动机和电器及液压设备以外所有其他系统和装置。它主要由传动系统、转向系统、制动系统、行走系统和工作装置组成。其功用是传递或切断发动机输出的动力，实现拖拉机的行驶、作业或停车，并支承拖拉机的全部重量。其组成及功用见表 5－2。

表 5－2　底盘的组成及功用

组成名称	主要组成			功用
	轮式拖拉机	履带式拖拉机	手扶拖拉机	
传动系统（机械式）	离合器、变速箱、中央传动、差速器和最终传动系统等	离合器、变速箱、中央传动、左右转向离合器和最终传动系统	离合器、传动箱（链条形式）、变速箱、左右转向机构和最终传动系统	减速增扭、传输扭矩、改变行驶速度、方向和牵引力
转向系统	差速器、转向器、方向盘式转向传动机构	转向离合器、手柄式操纵机构	牙嵌式转向机构、转向手把操纵	使两导向轮相对机体各自偏转一角度，改变和控制拖拉机的行驶方向
制动系统	制动器和操纵机构	单端拉紧式制动器	盘式或环形内涨式制动器	降低转速、停止转动、减小转弯半径
行走系统	机架、导向轮、驱动轮和前桥(驱动轮胎压为0.08～0.12MPa，导向轮胎压为0.18～0.25MPa)	机架、驱动轮、支重轮、履带张紧装置、导向轮、托带轮、履带	驱动轮和尾轮（轮胎气压为0.18～0.2MPa）	由扭矩转变为驱动力、支撑重量
工作装置	液压悬挂装置、牵引装置和动力输出装置（动力输出轴、动力输出皮带轮、链轮、分动箱等）			输出动力

3. 电气系统

（1）电气系统的组成和功用

该系统的功用是启动发动机、提供拖拉机的夜间照明、工作监视、故障报警和行驶时提供信号等。

拖拉机电气系统由电源设备（蓄电池、发电机及调节器）、用电设备（点火、启动、照明、信号、仪表及辅助工作装置）和配电设备（配电导线、接线板、开关和保险装置等）3 部分组成。按各部分的功用，拖拉机电气系统还可以分为电源、启动、照明、信号和仪表电路，如图 5－8 所示。汽油机的电气系统，除上述部分外，还有点火系统。

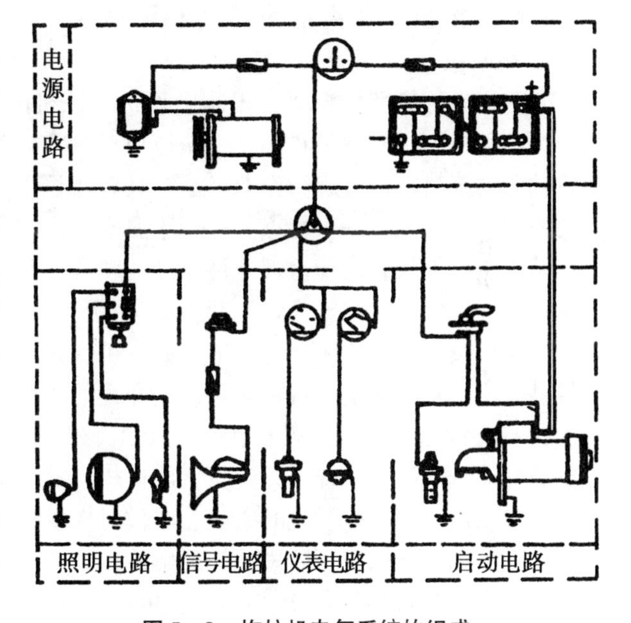

图 5－8　拖拉机电气系统的组成

（2）拖拉机电气系统的特点

①低压直流。电源电压一般为 12V，少数为 24V，直流电。

②采用单线制。即各用电设备均由一端引出一根导线与电源的一个电极相接，这根导线称为电源线，俗称火线。另一根则均通过拖拉机的机体与电源的另一个极相连，称为搭铁。

③两个电源。拖拉机上有蓄电池和发电机两个电源，它们之间通过调节器连接。硅整流发电机输出的是直流电，用来给蓄电池充电和给其他用电设备供电。

④各用电设备与电源均为并联。即每一个用电设备与电源都构成一个独立的回路，都可以独立工作。凡瞬间用电量超过或接近电流表指示范围的，且用电次数较为频繁的电气设备，都并联在电流表之前，使通过这些设备的电流不经过电流表。凡灯系、仪表、电磁启动开关及预热器等用电设备，均接在电流表之后，并通过总电源开关与充电线路并联。

⑤开关、保险丝、接线板和各种仪表（电压表并联）采用串联连接。即一端或一个接线柱与火线相接，另一个接线柱与用电设备相接。当打开开关或某处保险丝熔断或接头松动接触不良时，该电路断开，不能通过电流。

⑥蓄电池供电与充电。当发电机不工作时，所有用电设备均由蓄电池供电，除启动电流外，其他放电电流基本上都经过电流表。当发电机正常工作时，发电机除向各用电设备供电外，同时还向蓄电池充电，这时除了充电电流通过电流表外，其他用电电流不经过电流表。

⑦搭铁接线。国家标准规定，采用硅整流发电机时，一般为负极搭铁。因为此时蓄电池若接成正极搭铁，则会烧坏硅整流发电机上的二极管，同时其他用电设备也不能正常工作。而使用直流发电机的，常以正极搭铁。对于负极搭铁的电路，电流表的“－”极接线柱接蓄电池的正极引出线，电流表的“＋”极接线柱接电路总开关的“电源”接线柱引出线。正极搭铁的电路则与此相反。

（四）设施农业典型耕整地机械简介

1. 微耕机

微耕机也称微型耕耘机、田园管理机。该机的功率一般不大于7.5kW，按传动装置分为两种机型，一种是在小型手扶拖拉机后面配套旋耕机的机组，一种是直接使用驱动轮轴驱动旋耕机进行旋转作业。该机具有体积小、重量轻、结构简单、容易操作、输出功率大、综合利用好等特点。适用于温室大棚、山区和丘陵的旱地、水田、果园、菜地、崎岖狭小地块和复杂地理条件等处的耕作，配套不同作业机具，可实现一机多用，包括犁耕、旋耕、开沟、作畦、起垄、喷药等作业，部分机型还具有覆膜、播种等功能。微耕机按行走装置可分为标准型微耕机（带行走轮）、无轮型微耕机（无行走轮）、履带型微耕机和水田型微耕机4种。现介绍前2种。

（1）标准型微耕机（带行走轮式）　该机是在小型手扶拖拉机后面配置旋耕机，主要由发动机、传动系统、行走轮、旋耕机、扶手架总成等五大部分组成（图5－9）。

①发动机。它是微耕机的心脏，工作时提供动力。微耕机上所用的发动机一般是四冲程的汽油机或柴油机。同样功率的柴油机动力比汽油机动力要大一些。微耕机发动机功率一般为2.2～8kW。为减少对温室内的空气污染，现已研制出用电动机作动力的微耕机。

汽油发动机上经常使用的部件有：汽油箱及加油阀门、空气滤清器、汽油化油器和放油螺丝、燃油阀门、阻风阀门、机油注入口和标尺、机油放出口螺丝、排气筒、高压线和火花塞、启动器和拉绳。

②传动系统。微耕机的传动系统采用的离合器一般有张紧轮式和摩擦片式两种。

张紧轮式离合器是将张紧轮安装在发动机和变速箱连接的皮带上，当发动机处于工作状态下，张紧轮张紧时，动力接合，通过三角带传递到变速箱上；张紧轮松弛时，动力切断。这种传动机构结构简单，制造成本低。缺点是三角带易打滑而造成动力损失，三角带张紧力过大时，在主、被动轴上会产生较大的径向力而又增加转动阻力，也会造成动力损失。

摩擦片式离合器是安装在发动机和变速箱之间，是一种内置式摩擦片，靠摩擦片式离合器传递动力。它和前一种结构的微耕机相比，动力损失小，但制造成本高。

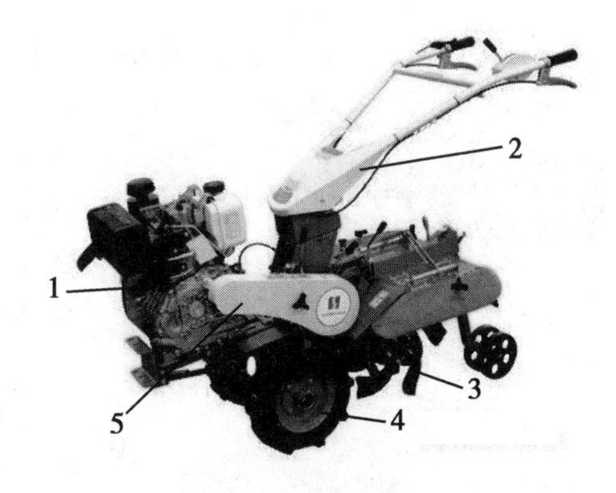

图5－9　标准型微耕机

1－发动机；2－扶手架总成；3－旋耕机；4－行走轮；5－传动系统

发动机的动力传输到变速箱上部的主离合器，通过主离合器输入变速箱，经变速箱的变速传动，再经过驱动轴传给行走轮，从而带动微耕机行走。变速箱下部的转向离合器，可控制行走轮的行走方向。变速箱上还安装有换挡操纵杆，微耕机一般都装配有3个挡位或4个挡位，一个前进慢挡，一个前进快挡，一个空挡，有的还装配有一个倒挡。还配有传动皮带、皮带轮和皮带轮罩。变速箱的上部有齿轮油加注口，下部有齿轮油放出口。

③行走轮。行走轮安装在变速箱总成下部的驱动轴上。发动机的动力经变速箱传给行走轮，在道路上行走时，可使用道路行走轮；在耕作时，使用耕作行走轮。

④扶手架总成。扶手架是微耕机的操纵机构，扶手架上安装有：主离合器操作杆、油门手柄、启动开关、变速手柄、转向离合器手柄、扶手架调整螺母等。

A. 主离合器操作杆。拉动主离合器操作杆到“离”的位置，即可切断发动机与变速箱的动力联系；推动主离合器操作杆到“合”的位置，即可连接发动机与变速箱的动力。

B. 油门手柄。转动油门手柄用于调节油门的大小。

C. 启动开关。汽油动力的微耕机安装有启动开关，用于切断或连接汽油发电机的点火用电。汽油发动机停止不工作时，将启动开关转到“停”的位置；汽油发动机工作时，将启动开关转到“开”的位置。

D. 变速手柄。根据农艺要求，变换挡位，改变拖拉机的行走和作业速度及方向。

E. 转向离合器手柄。握住左边转向离合器手柄，可实现微耕机的左转弯；握住右边转向离合器手柄，可实现微耕机的右转弯。

F. 扶手架调整螺母。在扶手架总成与变速箱总成连接处装有调整扶手架高低的调整螺母，可根据微耕机操作者要求来调节扶手架的高低。

⑤启动装置。一般柴油机用手摇把启动，汽油机用启动器和拉绳启动。

⑥耕作机具。微耕机常配带的耕作机具主要有犁铧、旋耕机、开沟器等，可根据不同的用途，选择适合的耕作机具进行作业。

（2）无轮型微耕机　该机的结构、特点和工作原理与标准型微耕机基本相同，由发动机、传动系统、扶手架总成、旋耕机和阻力铲等五大部分组成（图5－10）。与标准型微耕机不同点：一是没有行走轮，在驱动轴上直接装设旋转耕耘部件，由旋耕机代

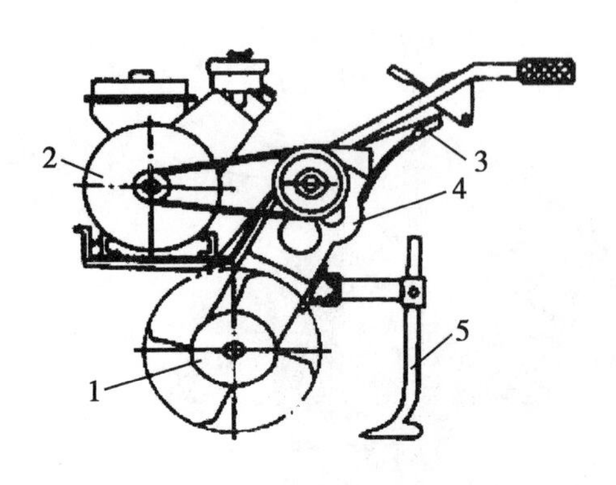

图5－10　无轮型微耕机示意图

1－旋耕机；2－发动机；3－扶手架总成；4－传动系统；5－阻力铲

替行走轮。传动箱分为上下结构，上部为变速箱体，下为行走箱体，两箱体之间采用螺栓连接。行走箱的下方连接旋耕机，工作时，动力直接传递给旋耕机，既对土壤进行耕作，又能向前行走。二是体积小、重量轻、结构紧凑，适合于设施农业中比较松软的土地作业。三是旋耕时转速不能太高，否则机器不能前进，只在原地耕。四是耕深较浅。一般需要两遍作业。五是作业时必须安装阻力铲以防止漏耕，同时起到控制耕深的作用，保证机器稳定作业，否则机器只能在地面滚动，不能入土。

2. 手扶拖拉机

该机由发动机、底盘、电气系统三大部分组成。以东风12型手扶拖拉机机组为例(图5－11)。

(1) 发动机　它是提供动力来源，多采用单缸柴油机，功率2.2～11kW。

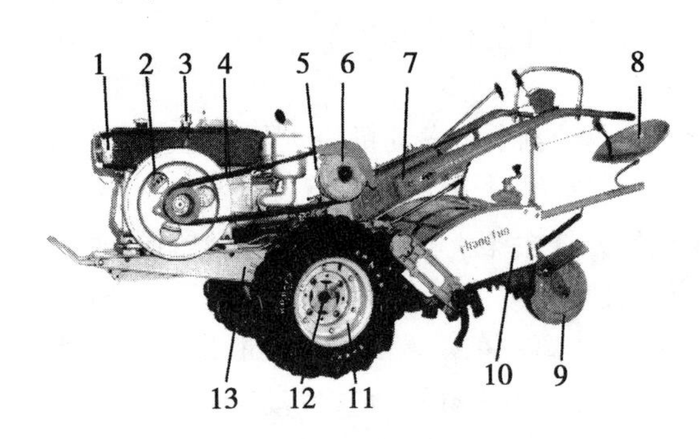

图5－11　手扶拖拉机机组

1－照明灯；2－发电机；3－发动机；4－三角皮带；5－变速箱；6－离合器；7－扶手架；8－尾轮座；9－尾轮；10－旋耕机；11－驱动轮；12－驱动轴；13－机架

(2) 底盘　它的功用是支承发动机，并将其产生的动力转变为行驶力和牵引动力，以满足拖拉机行驶和作业中提出的各项要求的系统和装置。底盘一般由传动系、行走系、转向系、制动系等组成。手扶拖拉机动力传动路线有以下两种：

卧式柴油机、皮带传动动力传动路线：发动机→三角皮带传动→离合器→链条传动箱→ 变速箱（转向机构）→最终传动机构→驱动轮。

立式柴油机、直联式全齿轮传动动力传动路线：发动机飞轮→离合器→变速滑动齿轮→一对锥齿轮→中央传动齿轮→最终传动齿轮→驱动轮。

离合器的功用是接合、分离发动机传给传动箱的动力，同时还有过载保护作用。常用摩擦片式离合器。

变速箱的功用是变速变扭、减速增扭、实现前进、倒挡、空挡和动力输出。东风－12型手扶拖拉机变速箱主要由五根轴（主轴、中间轴、倒挡轴、副变速轴和转向轴）、11个齿轮（4只双联齿轮、3对常啮合齿轮，其余为非常啮合齿轮）和操纵机构等组成。通过换挡手柄变换3个可轴向移动齿轮（倒挡齿轮、快挡齿轮和副变速双联齿轮）的轴向位置，使它们与相应的齿轮啮合，就可得到（3＋1）×2挡（即6个前进挡，2个后退挡）。经变速后的动力，由中央传动及最终传动传给两侧驱动轮。转向机构一般采用牙嵌式离合器或钢球式离合器，转向机构和制动器都装在变速箱内。

变速操纵机构的功用是将各变速滑动齿轮拨到所需要的位置，使拖拉机获得不同的前进速度、倒退速度和实现空挡停车。为了防止挂好的挡位自动脱挡和乱挡，相应地在变速机构中还有锁定和互锁机构，图 5－12 为东风－12 型手扶拖拉机变速操纵机构。

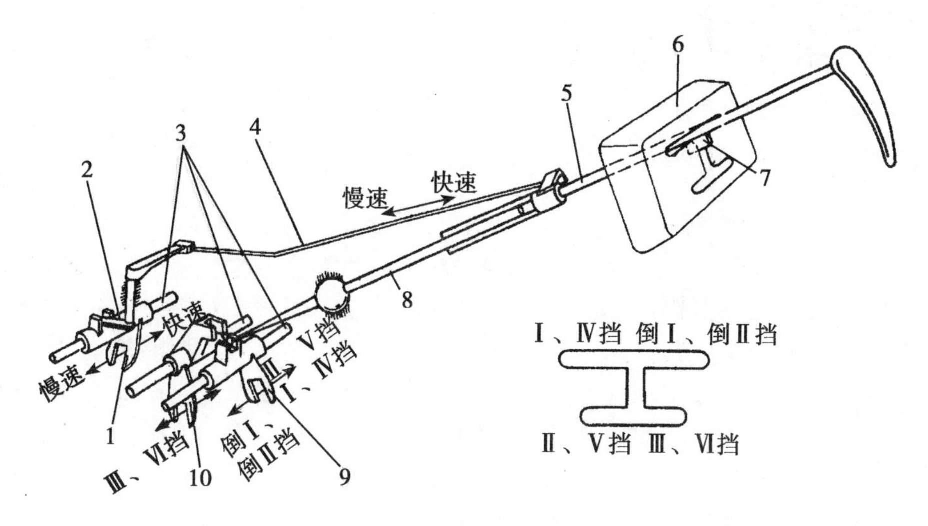

图 5－12　东风－12 型手扶拖拉机变速操纵机构

1－副变速拨叉；2－副变速拨杆；3－滑杆；4－副变速连接杆；5－变速杆；
6－导板；7－挡片；8－主变速拨杆；9－Ⅰ、倒挡拨叉；10－Ⅱ、Ⅲ挡拨叉

行走系统的功用是把发动机传到驱动轮上的驱动扭矩转变为拖拉机工作所需的牵引农具的牵引力，支承拖拉机机体的重量，保证拖拉机的行驶。手扶拖拉机的行走系由机架、驱动轮及尾轮组成。机架是安装发动机的骨架，机架前端有支撑架和保险杠合二为一的撑架保险组合件，后部用螺栓固定在变速箱体上。驱动轮主要由橡胶轮胎、轮辋（钢圈）和轮毂组成。尾轮起支承重量，协助转向和调节耕深的作用。

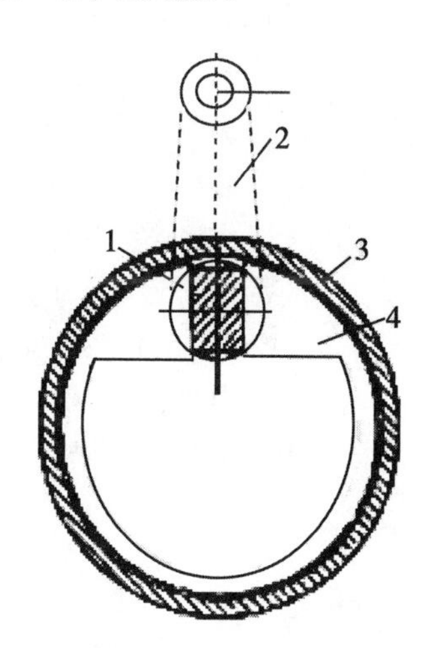

图 5－13　东风－12 型手扶拖拉机制动器

1－制动凸轮；2－凸轮转臂；3－制动鼓；4－制动环

制动系的功用是对驱动轮产生阻力矩的装置，实现减速、紧急停车和协助转向。东风－12 型手扶拖拉机采用的内涨环式制动器，由制动器杆（制动凸轮）、凸轮转臂、制动环和制动鼓等组成（图 5－13）。制动齿轮与制动鼓做成一体，兼作制动鼓的传动齿轮，其中央是花键孔，套装在变速箱的副变速轴上。制动环为一开口圆环，安放在制动鼓内，制动器杆支承在传动箱内，一端为腰鼓形凸轮，伸入变速箱插在制动环的开口处；另一端在箱体外与制动器连杆连接。制动时，由操纵机构使制动器杆转动，使其端部的凸轮将制动环撑开，迫使制动环的外表面压向制动鼓内壁，利用产生的摩擦力使制动齿轮停止转动。当松开制动时，制动器杆将恢复原位，被撑开的制动环在其自身的弹力作用下复原，使制动环与制动鼓之间重又出现间隙，制动齿轮又可以自由转动。

操纵机构通过手扶拖拉机离合器手柄杆操纵，使制动器与离合器由同一手柄杆分阶

段动作。手柄杆向后拉，先分离离合器，然后再制动；反之，在接合离合器之前，先松开制动器。

扶手架是安装操纵机构的油门手柄、转向手柄、离合制动手柄、主副变速等操纵手柄，用以控制油门大小、转向、离合器的接合分离或制动和挡位变速等。

（3）电气设备　其功用是解决照明、安全信号和发动机的启动。其电路较简单，由发电机、照明灯、开关和导线四部分组成。常采用三相永磁交流发电机。

3. 小四轮拖拉机

以常州东风农机集团有限公司和马恒达悦达（盐城）拖拉机有限公司等企业设计生产的“大棚王”系列小四轮拖拉机为例，该系列机采用双缸或三缸、四缸柴油机、直联式两轮驱动，装有牙嵌式差速锁、单边制动系统和标准单、双速动力输出。其特点是小巧玲珑（其整机尺寸比普通单缸“小四轮”拖拉机还小），结构紧凑，转弯半径小。它在普通大棚内犁耕和旋耕时，不用拔桩，不留死角，耕深和旋碎速度比普通单缸小四轮拖拉机和田园管理机都有很大提高，具有较高的工作效率和工作质量。配备不同的农具，可以适用于蔬菜、花卉大棚和园林的耕地、施肥、碎土、喷雾等田间管理，并具有普通拖拉机的其他功能，是大棚种植和园林管理理想的动力机械。

（1）发动机　发动机功率一般小于25.7kW的多缸立式、水冷、四冲程柴油机。

（2）底盘　离合器采用单片常接合摩擦式，变速箱采用（4+2）×2组成式，中央传动采用一对螺旋锥齿轮，差速锁采用牙嵌式，最终传动采用单级直齿圆柱齿轮、内置式，转向器常用球面蜗杆式或全液压转向器。

驾驶操纵系统主要包括仪表和油门手柄、变速操纵杆和液压分配器等操纵手柄及方向盘等操纵装置，用于监视作业和操纵机器转移。

（3）电气系统　电气系统担负着发动机的启动、夜间照明、工作监视、故障报警等，主要由电源设备、用电设备和配电设备三部分组成。

（4）液压系统　小四轮拖拉机液压系统由液压油泵、液压油缸、控制阀、辅助部件（油箱、油管、滤清器等）及工作介质5个部分组成。它主要应用于液压悬挂装置，也有用于全液压转向装置。

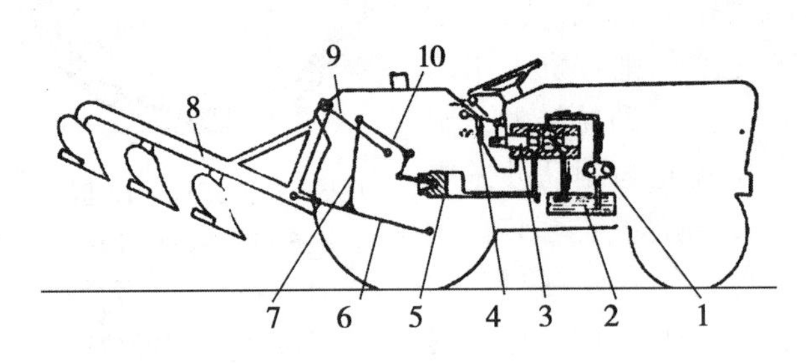

图5－14　液压悬挂装置简图

1－油泵；2－油箱；3－分配器；4－操纵手柄；5－油缸；6－下拉杆；7－提升杆；8－农具；9－上拉杆；10－提升臂

液压悬挂装置是拖拉机的一种工作装置（图5－14），用于联接悬挂式或半悬挂式农具，进行农具升降或耕深调节，实现驱动轮加载和液压功率输出。悬挂装置是与农具连接的一套杆件机构，用以传递拖拉机对农具的升降力和牵引力。悬挂装置由上拉杆、下拉杆、提升杆、提升臂、限位链等组成。

（5）操纵装置和指示仪表　以“大棚王”系列小四轮拖拉机为例（图5－15）。

图5－15　“大棚王”系列小四轮拖拉机操纵装置和指示仪表

1－副变速操纵杆；2－副变速操纵杆；3－变速挡位牌；4－前驱动分离杆；5－方向盘；6－离合器踏板；7－减压手柄；8－熄火拉杆；9－单档灯开关；10－转向灯开关；11－喇叭按钮；12－电流表；13－水温表；14－转速表；15－油压表；16－油量表；17－双挡灯开关；；18－启动开关；19－手油门操纵手柄；20－爬行挡操纵手柄；21－左、右制动踏板；22－脚油门踏板；23－制动爪；24－动力输出分离杆；25－差速锁操纵杆；26－分配器操纵杆

4. 旋耕机

旋耕机是由动力驱动工作部件耕作的机具，能一次完成耕耙作业。其特点是切土、碎土能力强，耕后地表平整，土壤松碎细软，土肥混合能力好；缺点是功率消耗比铧式犁高、耕深较浅，覆盖质量差、对土壤结构破坏较重等。该机由旋耕工作部件（刀片、刀轴和刀座等）、传动系统（万向节、传动箱和齿轮箱等）和辅助部件（机架、罩盖、

拖板和限深装置等）三部分组成。旋耕机与拖拉机的连接方式主要有直接连接式和悬挂式两种。直接连接式多用于小型手扶拖拉机（图 5 – 16A），悬挂式多用于轮式拖拉机（图 5 – 16B）。手扶拖拉机旋耕机是用螺栓将旋耕机固定在手扶拖拉机变速箱体的后面，与拖拉机成一整体。悬挂式旋耕机通过三点悬挂装置与拖拉机相连。

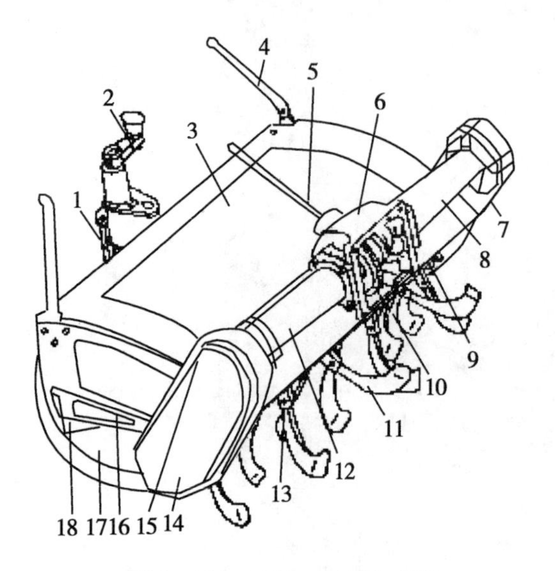

图 5 – 16A　东风 – 12 型旋耕机

1 – 紧固手柄；2 – 尾轮深浅调整手柄；3 – 上挡泥盖板；4 – 撑杆；5 – 操纵手柄；6 – 犁刀变速箱；7 – 左支臂；8 – 左臂壳体；9 – 犁刀轴；10 – 犁刀传动齿轮；11 – 犁刀；12 – 右臂壳体；13 – 犁刀座；14 – 犁刀传动箱；15 – 加油螺塞；16 – 侧档板；17 – 尾轮；18 – 橡胶档板

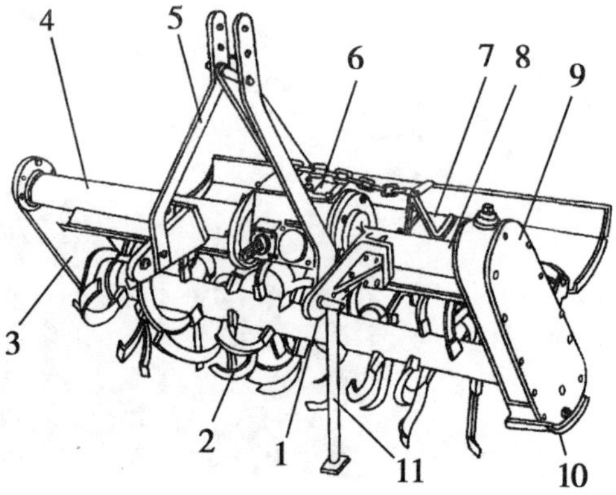

图 5 – 16B　悬挂式旋耕机

1 – 刀轴；2 – 刀片；3 – 侧板；4 – 右主梁；5 – 悬挂架；6 – 齿轮箱；7 – 挡土罩；8 – 左主梁；9 – 侧传动箱；10 – 防磨板；11 – 撑杆

（1）传动系统　传动系统包括万向节、齿轮箱、侧边传动箱或中间传动箱。传动方式有侧边链轮传动、侧边齿轮传动和中间传动三种形式。旋耕机工作时，将拖拉机的动力传至齿轮箱后，再经侧边传动箱或中间传动箱驱动刀轴旋转，刀片旋转时切削土壤，并将切下的土块向后抛掷与挡泥罩和拖板相撞击，使土块进一步破碎，然后落回地面由拖板进一步拖平。

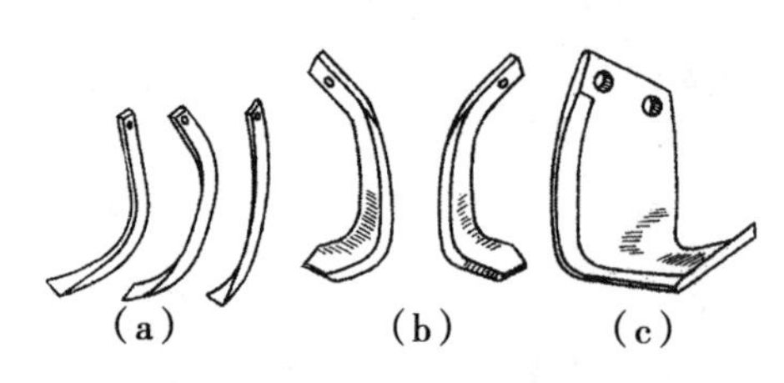

图 5 – 17　旋耕刀的类型

（a）凿形刀　（b）弯刀　（c）直角刀

（2）旋耕刀　旋耕刀是旋耕机的主要工作部件，用螺栓固定在刀座上，刀座焊在刀轴上，呈螺旋线排列。工作时刀片随刀轴一起旋转，起切土、碎土和混土的作用。刀片的形状和参数对旋耕机的工作质量、功率消耗影响很大。为适应不同土壤耕作的需要，人们将旋耕刀设计成凿形刀、直角刀和弯刀三种形式（图 5 – 17）。

凿形刀正面有凿形刃口，有较好的入土性能。通常用于杂草、茎秆不多的菜地、果园中。

直角刀刃口由正切刃和侧切刃组成，两刃口相交成90°左右。工作时先由正切刃从横向切开土壤，再由侧切刃逐渐切出土垡的侧面。适于在土质较硬、杂草不多的旱地工作。

弯刀刃口由曲线构成，也有侧切刃和正切刃两部分。弯刀切土过程与前两种刀不同，工作时先由侧切刃沿纵向切开土壤，再由正切刃从横向切开土垡。适合在多草茎的田地里工作，是一种水、旱通用的旋耕刀。为适应不同耕作的需要，每台旋耕机都配有数量相同的左弯刀和右弯刀，安装方法有3种，一是向外安装法，两端刀的刀尖向内，其余刀尖都向外，耕后地表中间凹下，适用于破垄耕作。二是向内安装法，所有刀的刀尖都对称向内，耕后地表中间凸起，适于有沟的田间操作。三是混合安装法，两端刀的刀尖向内，其余刀尖内外交错排列，耕后地表较平整，适于大棚、水田耕作。

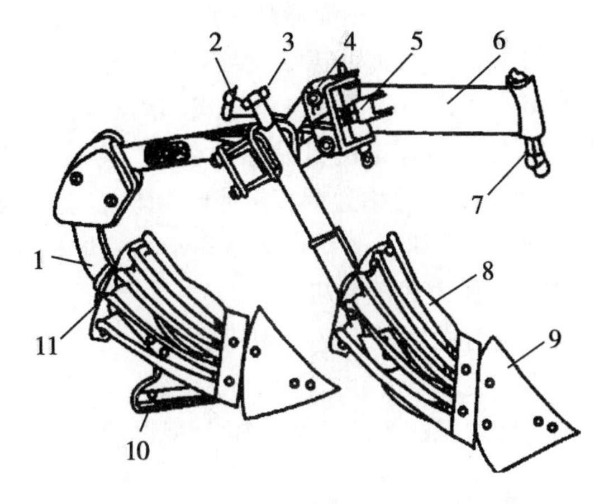

图5－18　手扶拖拉机牵引犁

1－犁梁；2－耕深调节装置；3－前犁耕深调节机构；4－中连接架；5－机组直线行驶调节机构；6－牵引架；7－挂接插销；8－可调犁壁；9－三角犁铧；10－冰刀犁床；11－U形插销

作业时，由拖拉机动力输出轴的动力驱动旋耕刀轴旋转，犁刀由上向下连续不断地切削土壤，并将切下的土壤向后抛掷，抛起的土块与挡泥罩和拖板相撞击，使土块进一步破碎，呈细碎状态掉落在地面上，由拖板进一步拖平，耕后土壤细碎、地面平整。机组不断前进，犁刀不断旋转，未耕地的土壤就不断被切削、抛掷、破碎，在旋耕机后面形成一条带状的松土层。旋耕机的碎土能力是由拖拉机机组的前进速度和犁刀的旋转速度决定的，机组的前进速度慢，犁刀旋转快，土壤的细碎度就好，反之则差些。

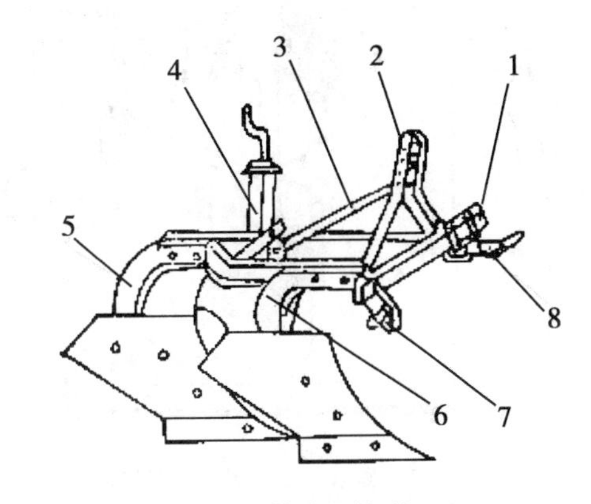

图5－19　铧式悬挂犁

1－钢架焊合；2－上悬挂支管；3－短撑杆；4－限深轮装配；5－后犁体装配；6－前犁体装配；7－下悬挂销；8－犁宽调节器

5. 铧式犁

在温室中常用的有单铧犁和双铧犁，按其与拖拉机的挂接方式可分为牵引式和悬挂式二种，手扶拖拉机用牵引式（图5－18），四轮拖拉机用悬挂式（图5－19）。手扶拖拉机牵引犁通过牵引插销与牵引框连接，该犁一般由犁体、犁梁、牵引架、耕深调节机构和机组耕作直线性调节机构等组成。悬挂犁由工作部件和辅助部件两部分组成。工作部件由犁体、犁刀、小犁和深松铲等组成；辅助部件由犁架、悬挂架、调节机构等组成。犁通过悬挂架和悬挂轴上的3个挂接点和拖拉机悬挂机构上的上、下拉杆末端球铰连接。

四、植保机械

植保机械是指喷撒化学药剂防治病虫害和杀灭杂草的器械。其种类较多，按动力可分为手动、机动和电动三大类。按施药方法可分为喷雾机、喷粉机和喷烟机等。按药液喷出原理分为压力式、风送式和离心式喷雾机等。按喷洒雾滴直径的大小分为喷洒雾滴直径大于150μm的机械称喷雾机，雾滴直径在50～150μm的称为弥雾机，把雾滴直径在1～50μm的称为烟雾机或喷烟机。设施农业常用的植保机械有压力式喷雾机、风送式弥雾喷粉机、电动喷雾器和常温喷烟机等。

1. 压力式喷雾机

压力式喷雾机是利用压力能量雾化并喷送药液。该机一般由药液箱、压力泵（液泵或气泵）、空气室、调压安全阀、压力表、喷头、喷枪等喷洒部件组成。压力泵直接对药液加压的为液泵式，压力泵将空气压入药箱的为气泵式。

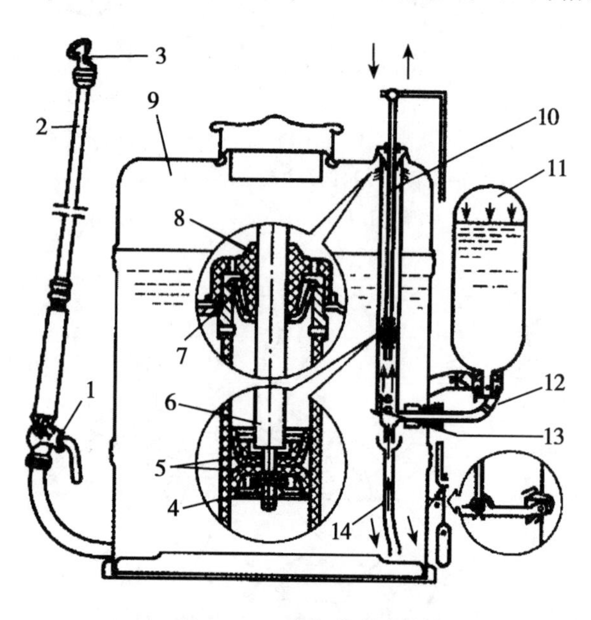

图5－20 背负式手动喷雾机

1－开关；2－喷杆；3－喷头；4－固定螺母；5－皮碗；6－活塞杆；7－毡圈；8－泵盖；9－药液箱；10－泵筒；11－空气室；12－出液阀；13－进液阀；14－吸液管

现以应用较多的工农－16型背负式手动喷雾机为例进行介绍，如图5－20所示。该机是液泵式喷雾机，主要由药液箱、活塞泵、空气室、胶管、喷杆、开关、喷头等组成。工作时，操作人员上下揿动摇杆，通过连杆机构作用，使活塞杆在泵筒内作往复运动，当活塞杆上行时，带动活塞皮碗由下向上运动，由皮碗和泵筒所组成的腔体容积不断增大，形成局部真空。这时，药液箱内的药液在液面和腔体内的压力差作用下，冲开进水球阀，沿着进水管路进泵筒，完成吸水过程。反之，皮碗下行时，泵筒内的药液开始被挤压，致使药液压力骤然增高，进水阀关闭、出水阀打开，药液通过出水阀进入空气室。此时空气室里的空气被压缩，对药液产生压力（可达800MPa），空气室具有稳定压力的作用，打开开关后，液体经过喷头喷洒出去。该机优点是价格低，维修方便，配件价格低。缺点是效率低，劳动强度大，不适宜大面积作业；药液有跑、冒、漏、滴现象，操作人员身上容易被药液弄湿；维修率高。

2. 风送式弥雾喷粉机

风送式弥雾喷粉机有2种类型，一种是利用风机产生的调整气流的冲击作用将药液雾化，并由气流将雾滴运载到达目标，多用于小型喷雾机上；另一种是靠压力能将药液雾化，再由气流将雾滴运载到达目标，用于大型喷雾机上。东方红－18 型背负式机动弥雾喷粉机是一种常见机型，现以其为例进行介绍。

（1）总体构造　该机由动力、风机、弥雾喷粉部件、机架、药箱等组成。其风机为高压离心式风机，并采用了气压输液、气力喷雾和气流输粉的方法来完成弥雾和喷粉过程（图 5－21）。该机是利用气压输液和气力将雾滴雾化成直径为 100～150μm 的细滴，或风机产生的高速气流输粉并使药粉形成直径为 6～10μm 的粉粒，喷洒（撒）到农作物上。它是目前农业生产中应用较多的一种植保机械，具有结构紧凑、操作灵活、适应性广、价格低、效率高和作业质量好等优点。可以进行喷雾、超低量喷雾、喷粉等作业。

（2）工作流程　喷粉机弥雾作业时，汽油机带动风机叶轮旋转，产生高速气流，并在风机出口处形成一定压力，其中，大部分气流从风机出口流入喷管，而少量气流经挡风板、进气软管，再经滤网出气口，返入药液箱内，使药液箱内形成一定的压力。药液在风压的作用下，经输液管、开关把手组合、喷口，从喷嘴周围流出，流出的药液被喷管内高速气流冲击而弥散成级细的雾滴，之后被吹到作物茎叶上，完成了弥雾过程。

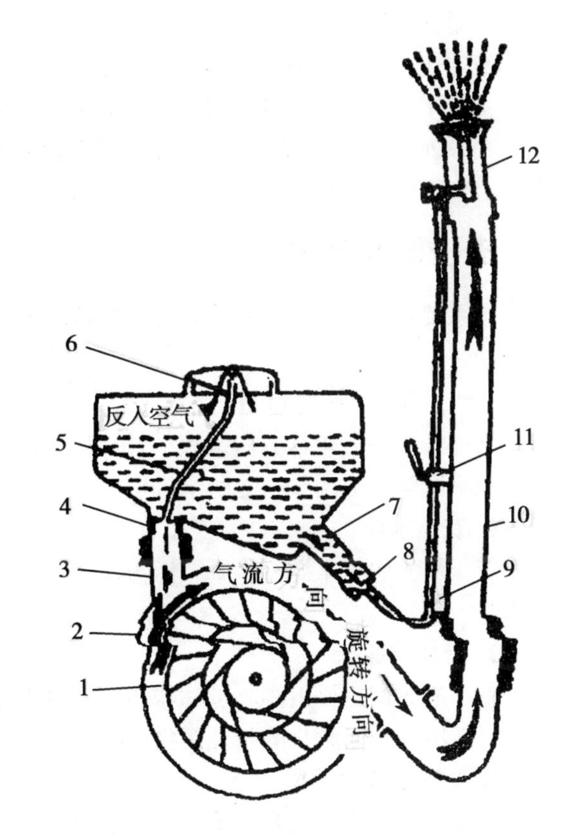

图 5－21　背负式机动弥雾喷粉机工作原理图

1－叶轮组装；2－风机壳；3－出风筒；4－进气塞；5－进气管；6－过滤网组合；7－粉门体；8－出水塞；9－输液管；10－喷管；11－开关；12－喷头

喷粉过程与弥雾过程相似，风机产生的高速气流，大部分经喷管流出，少量气流则经挡风板进入吹粉管。进入吹粉管的气流由于速度高并有一定的压力，这时，风从吹粉管周围的小孔吹出来，将粉松散并吹向粉门，由于输粉管出口处的负压，将粉剂农药吹向弯管内，之后被从风机出来的高速气流吹向作物茎叶上，完成了喷粉过程。

3. 机动超低量喷雾机

在风送式弥雾机上卸下通用式喷头换装上超低量喷雾喷头（齿盘组件），就成为超低量喷雾机。该机喷洒的是不加稀释的油剂农药。工作时，汽油机带动风机产生的高速气流，经喷管流到喷头后遇到分流锥，从喷口以环状喷出，喷出的高速气流驱动叶轮，使齿盘组件高速旋转，同时将药液由药箱经输液管进入空心轴，并从空心轴上的孔流出，进入前、后齿盘之间的缝隙，于是药液就在高速旋转的齿盘离心力作用下，沿齿盘外圆抛出，与空气撞击，破碎成细小的雾滴，这些小雾滴又被喷口内喷出的气流吹向远处，借自然风力漂移并靠自重沉降到作物叶面上。

4. 电动喷雾器

电动喷雾器由贮液桶经滤网、联接头、抽吸器、连接管、喷管、喷头依次联接连通构成。抽吸器是一个小型电动泵，它通过开关与电池电联接。电池盒装于贮液桶底部。电动喷雾器的优点是用电动泵代替了抽吸式吸筒，从而有效地消除了农药外滤伤害操作者的弊病，且电动泵压力比人手动吸筒压力大，增大了喷洒距离和范围。该机优点是效率高（可达普通手摇喷雾器的3～4倍）、劳动强度低、使用方便、雾化效果好，省时、省力、省药。缺点是电瓶的容电量决定了喷雾器连续作业时间的长短，品牌多型号各异，配件不通用，维修不易，费用高，电器故障需由专业人员维修。

5. 常温喷烟机

它是指在常温下利用压缩空气使药液雾化成5～10μm雾滴的设备。由于在常温下使药液雾化，农药的有效成分不会分解，且水剂、乳剂、油剂和可湿性粉剂等均可使用。主要用于温室、大棚及农副产品贮藏设施内的病虫害。该机有大、中、小和带静电等5个系列，配套动力0.8～2kW，烟雾粒直径小于20μm，防治面积500～5 000m^2。它具有烟雾扩散均匀、省水和无污染等特点。

五、微灌系统

该系统是利用水泵、管道和灌水器等将灌溉水供应到作物根区土壤或作物叶面的灌溉设施。

（一）微灌系统组成

微灌系统一般包括有压水源、首部过滤器、干线与支线输水网、田间施肥或控制装置、灌水器等。如图5－22所示。

1. 有压水源

有压水源包括水源、水泵、压力罐等部分。它的作用是向系统提供设计要求的压力和水量。

2. 首部过滤器

首部过滤器主要由离心过滤器和网式过滤器两部分组成。其作用是过滤灌溉水中含有的可能堵塞管中滴头的各种污物，防止堵塞管中的滴头，保证系统安全运行。

3. 干支线输水管网

干支线输水管网主要由干管、支管和毛管等管件及必要的流量、压力调节装置组成。干支线由不同规格的PE或PVC塑料管组成。每种规格的管材都配有相应的接头、堵头、三通、弯头及旁通等连接件。其作用是把水或化肥溶液输送到田间支管和毛管。

4. 田间施肥或控制装置（田间首部）

田间施肥或控制装置主要由施肥专用阀、施肥罐和田间过滤器及快速连接装置等组成。施肥罐必须要装过滤器，以免未完全溶解的化肥渣堵塞微灌设施。

5. 灌水器

灌水器的作用是将管道中的水按作物的需求分配到作物的根部土壤中。不同的灌溉方法使用不同的灌水器，滴灌的灌水器是滴头，微喷灌的灌水器是喷头，渗灌的灌水器是渗灌管。灌水器是完成灌水任务中最末级关键设备，被称微灌系统的心脏。

（1）滴头　其作用是将到达毛管的水流消能后，以稳定的速度一滴一滴地滴入土

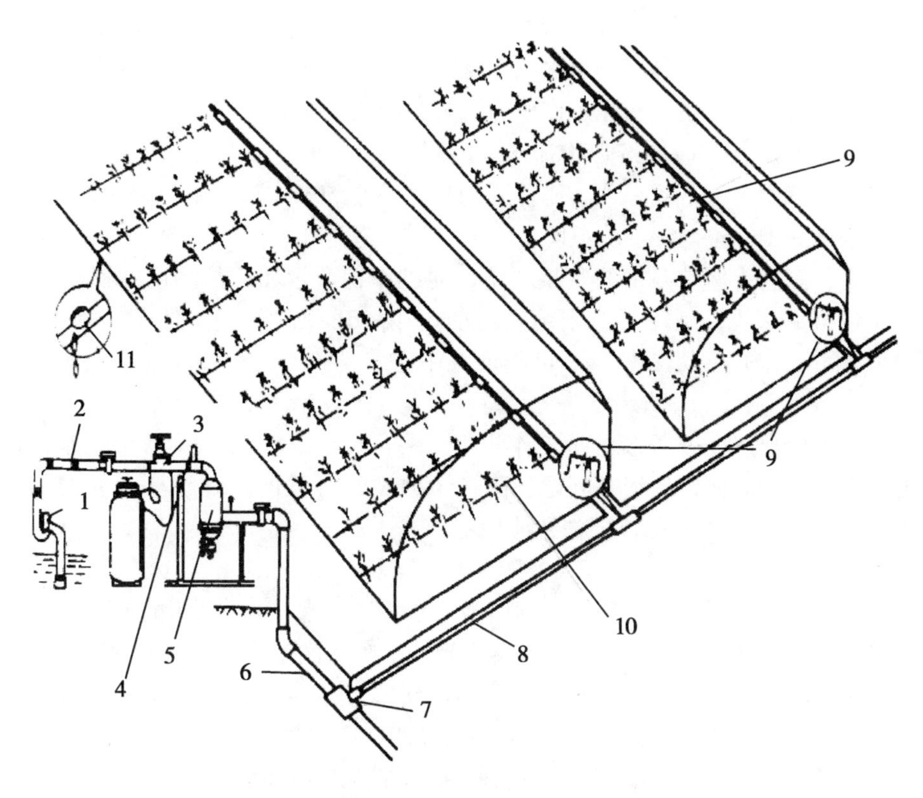

图5－22　微灌系统组成

1－水泵；2－逆止阀；3－调压阀；4－压力表；5－过滤器；6－主管道；
7－三通；8－干管；9－支管（棚内首部）；10－毛管；11－灌水器

壤。滴头的形式与种类很多，结构和原理也不尽相同，常用的滴头有：微管式滴头、管式滴头、孔口滴头、压力补偿式滴头。

（2）微喷头　微喷头是喷头的一种，它具有体积小、压力低、射程短、雾化好的特点。作用是将有压的集中水流喷射到空中，在落洒过程中使水流变成细小的水滴后，落在作物或土壤表面上。形式有全圆喷洒的微喷头、扇形喷洒的微喷头、射流式微喷头、离心式微喷头、折射式微喷头

（3）渗头　它包括多孔渗灌管及海绵渗头。多孔渗灌管是利用一种特殊生产工艺，在毛管管壁上加工成均匀的透气微孔，工作时类似人的皮肤发汗，将灌溉水沿着管壁微孔渗出。海绵渗头是一个普通滴头用海绵状的东西包裹，滴头将水滴在海绵体上，海绵体再将水渗入土壤。

（二）微灌种类

微灌按灌水方法分为滴灌、微喷灌、雾灌、微喷带灌溉、潮汐灌和脉冲式微灌等。这些灌溉方法的共同点是：能准确地控制水量，要求的工作压力比较低，灌水流量较小，每次灌水时间较长，两次灌水之间时间间隔较短，所以，土壤水分变化幅度小。另外，微灌系统大多可以兼施液体或可以溶解为液体的化肥、农药、除草剂等。微灌的几种灌水方法的输、配水方法大致相同，主要是灌水器有所区别，因此，工作压力也略有差别。

1. 滴灌

滴灌又称滴水灌溉，是通过出水孔非常小的滴头或滴水管把水一滴一滴均匀而缓慢地滴在作物根部的土壤中。滴灌工作压力一般为 50 ~ 150kPa。

滴灌的主要优点：a. 能按作物需求及时供水，灌溉均匀，灌水流量小，一次灌溉量和总灌水量减少，节水效果著，比普通沟畦灌节水 50% 以上。b. 能够将灌水控制在最有效的根区周围，室内湿度明显降低，灌溉后对室温和地温的影响小，减缓了作物病虫害的发生，有利于保护温室的生长环境，促进作物产量和产品品质的提高。c. 用管道系统替代渠道系统，减少了对土地资源的占用。d. 操作简便，便于实现自动控制，能够降低灌溉工作的劳动强度。e. 可随灌溉施肥，且施肥均匀，易被作物吸收，能够节省肥料。

滴灌的主要缺点：a. 安装维护工作量大，一次性投资较高。b. 滴头出水口尺寸很小，容易因水中杂质而出现堵塞问题，降低了灌溉的可靠性。c. 滴灌只能湿润局部土壤，因此，温室内作物的栽培方式受到很大限制。

2. 微喷灌

微喷灌是微喷头灌溉的简称，是利用微喷头将压力水及可溶性化肥或化学药剂以微流量喷洒在作物枝叶上或地面上的一种微灌形式。喷头的工作压力与滴灌差不多。

微喷灌与滴灌的不同之处在于灌水器由滴头（滴灌带）改为微喷头，滴头是靠自身结构消耗掉供水管的剩余压力，而微喷头则是用喷洒方式消耗能量。

现在有部分大型温室采用行走式喷灌机进行移动式微喷灌。温室行走式喷灌机将微喷头安装在喷灌机的喷灌管上，在喷灌机的行走机构带动下在温室中前后移动进行微喷灌。性能优良的行走式喷灌机喷洒水在地面分布的喷洒均匀系数可达 90% 以上（普通固定式喷灌或微喷灌系统喷洒水在地面分布的均匀系数仅 75% 左右），特别适合容器栽培以及需要高喷洒均匀度的温室生产中使用。同时，还可以通过配备肥料加注设备，利用行走式喷灌机喷洒均匀度高的优势，对温室作物进行均匀的施肥或喷药作业，不仅可以大大降低劳动强度，还可以提高肥药的利用率，减轻温室的环境污染。因此，行走式喷灌机正越来越多地应用在现代温室生产中。

依据喷灌机轨道的安装位置，可将温室行走式喷灌机分成地面行走式喷灌机和悬挂行走式喷灌机两种。地面行走式喷灌机的移动轨道安装在地面，具有投资低、遮光少、安装方便等优点，但存在着占地面积大、影响温室其他作业等缺点。悬挂行走式喷灌机的移动轨道固定在温室的桁架上，虽然采用这种喷灌机要求温室本身强度高、且安装复杂、投资较高，但因其不占用温室有效生产面积、不影响温室其他作业等优点，已经成为生产水平较高的连栋温室中首选的行走式喷灌机。

微喷灌的优点：a. 节水效果好，微喷灌采用管道输送水到作物的根部进行局部喷洒灌溉，减少了蒸发损失和输水过程中的水分损失，也减少了土壤的无效耗水。b. 灌水质量高，微喷灌喷水如细雨，既能补充土壤水分，又能增加株间湿度，调节环境温度，改善田间小气候；在干旱高温低湿季节，采用合适的微喷灌能使作物株间湿度提高，从而减缓或消除因高温、低湿抑制作物光合作用的“午睡”现象，促使作物正常生长。c. 防堵塞性能好，微喷头的出水孔和出水流速均大于滴灌系统中滴头的流速和流量，相比之下微喷头堵塞的可能性大大减小，对水质过滤要求要低，相对降低了过滤等配套设备的成本。d. 应用范围广，微喷灌系统可以实现水肥共施，能够将可溶性化肥或药品随灌溉水直接喷洒到作物叶面或根系周围的土壤中，提高了施肥喷药的效率、省肥省药。微喷灌还可广泛用于降温、除尘、防霜冻、调节田间小气候、人工造景等许多方面。e. 管理方便、劳动效率高，采用微喷灌一般可省去平田整地、开沟、筑畦等一系列地表作业，灌水时也不需要人工进入田间操作。

微喷灌的缺点：a. 投资较高，微喷灌工作压力和工作流量都较大，因此，水源设备、首部设备和管道系统等需要更多的投资。b. 使用方式受到一定限制，微喷灌叶面喷洒后，水中杂质往往沉积在植物表面，影响美观；在温室种植的半封闭环境下，微喷灌灌溉有可能使室内的湿度过高，增加作物病害。c. 对水源要求较高，特别是采用硬质水源时一定要对水源进行严格的净化过滤甚至软化处理后才能使用。

3. 雾灌

雾灌又称弥雾灌溉，与微喷灌相似，也是用喷头喷水的，只是工作压力较高，因此，从微喷头喷出的水滴极细而成水雾，雾灌具有降温和加湿两项功能。根据喷雾降温设备造雾原理的不同可分为高压微喷雾系统、低压射流雾化系统和加湿降温喷雾机三大类。

（1）高压微喷雾系统　系统的喷嘴是利用中、高压水的液力雾化原理生雾。系统由中或高压水泵、喷嘴以及洁净水箱、过滤器、输水管路等组成。图 5－23 为该系统示意图。

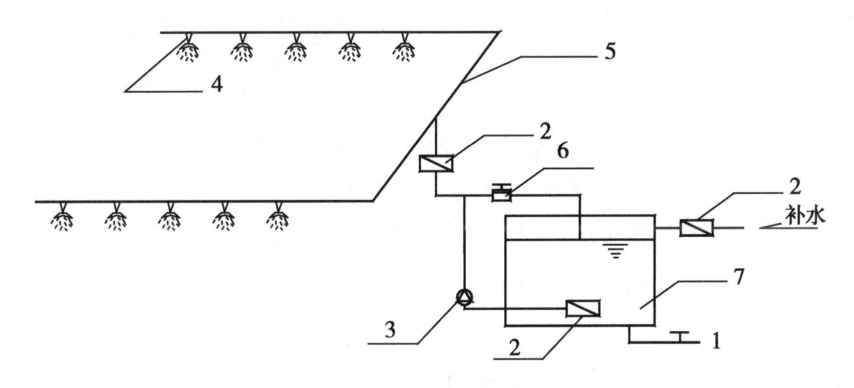

图 5－23　高压微雾系统示意图

1－排污口；2－过滤器；3－高压水泵；4－雾化喷嘴；5－输水管道；6－调压溢流阀；7－水箱

进入系统的水，必须经逐级严格过滤，以便防止喷头、高压泵的磨损或堵塞；且水的 pH 值宜为中性，最好使用经过处理的软化水，以确保系统工作性能稳定和较长的使用寿命。过滤后的高品质净水经高压泵加压并再次过滤后输送至喷嘴，水在喷嘴出口处突然减压、失速的同时立即被细化成雾滴。喷嘴的结构和制作精良的程度是雾滴初形成大小的终端关键环节；喷嘴不同，喷雾珠滴的大小也不同。目前所知，有些厂家的喷嘴可以喷出 15μm 和比 15μm 更小，小到 1μm 的雾滴，雾长可达 3～5m，雾宽可达 1～1.5m，如 CA 牌等喷嘴。

喷嘴的喷射量，一般为 2～3g/s，最多不超过 3.5g/s。高压泵的功率一般从 0.37～5.5kW（按电机功率规格区分）都有，泵的最低工作压力约 3～3.5MPa，最高工作压力可达 6～21.5 MPa，最大型号水泵流量可供两百个以上喷嘴喷雾的用水量。因此，应按照温室的需要和气候环境条件，从产品样本上查取各种性能参数，进行估算并作出选择。适用性和经济性都很重要。表5－3介绍了某厂家喷嘴规格和性能，表5－4介绍了某厂家几种型号水泵的技术参数，可供参考。

表5－3　某厂家几种液力喷雾喷嘴的特性

喷嘴芯号	额定喷孔孔径（mm）	流量（L/h）			
		3MPa	4 MPa	5 MPa	7 MPa
206	0.41	7.5	8.6	9.7	11.4
210	0.51	12.5	14.4	16.1	19.1

表5－4　某厂家高压微雾系统中泵的型号及其参数

泵的型号	流量（L/min）	最大压力（MPa）	适用最多喷嘴个数	额定功率（kW）	适用面积（m^2）
W2230	9.84	6.9	81	1.5	810
W2345	15.52	6.9	128	2.2	1 200
W2434	26.9	6.9	221	5.5	2 200

（2）低压射流雾化喷雾系统　系统的喷嘴是利用大流量压缩空气和小流量的水混喷雾化的原理生雾。该系统水的工作压力只需0.2～0.4MPa，相当于普通自来水的压力，无需高压水泵。该系统压缩空气的工作压力一般不越过水压，只需0.07～0.35MPa即可。图5－24为低压射流雾化喷雾系统示意图。

该系统可直接利用符合市政标准的自来水，水源洁净程度一般即可。此外，只需增设压缩空气源（如小型气泵）和配齐喷嘴、调压阀、过滤器、截门和低压管路，即可组成整套系统。由于是低压系统，PVC管路元件即可满足使用要求，并且使用寿命长，运行费和设备成本远低于高压造雾系统，经济性良好。炎热季节使用本系统降温、增湿时，配合机械通风效果更好。

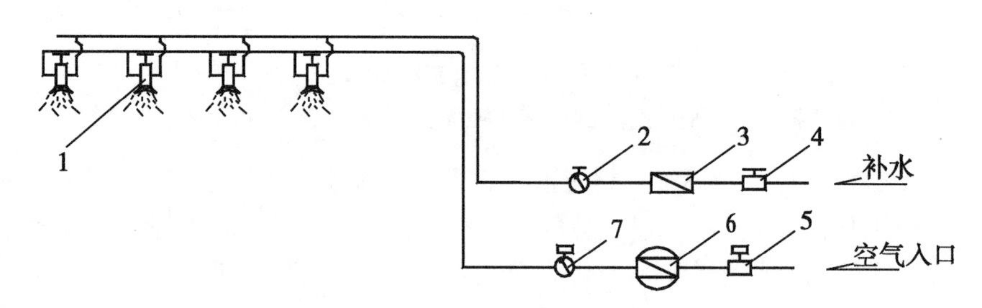

图5－24　低压射流雾化喷雾系统示意图

1－气雾化喷嘴；2－液体压力调节阀；3－水过滤器；4－水阀门；
5－进气阀门；6－空气过滤器；7－空气压力调节阀

表5－5为AIRJET雾化喷嘴的主要技术指标，它可以雾化出直径为15μm或更小些的雾气珠滴，每个喷头的造雾用水量约为1.8～5.1g/s。从表中可以看出如下规律：当水压、气压、气量同时升高或降低时，可保持喷水量基本不变；若保持气压、气量基本不变或同时升降时，只要提高水压便会增加喷水量，降低水压时，会减少喷水量。若保

持水压不变，同时提高气压与气量时，会减少喷水量，同时降低气压和气量时，则会增加喷水量。使用过程中，可依照这些规律按需要调整。

表5－5　23412－1/4－20型AIRJET雾化喷嘴主要技术指标

气压（kPa）	流量（l/min）	水压（kPa）			
		200	300	350	400
70	水量	0.23	0.27	0.31	
	气量	37	34	34	
150	水量	0.13	0.20	0.23	0.27
	气量	71	65	62	59
200	水量	0.11	0.14	0.20	0.23
	气量	102	96	91	85
300	水量			0.15	0.20
	气量			119	110
350	水量				0.14
	气量				142

4. 微喷带灌溉

微喷带是在薄壁塑料软管（盘卷后呈扁平带状）的管壁上直接加工了以组为单位循环排列的喷孔，通过这些喷孔出水进行灌溉的一种节水灌溉器材。

微喷带微灌与其他微灌技术相比，具有以下优点：a. 投资最低。微喷带微灌设备用料少、加工设备及工艺相对简单，同时对水源供水和过滤设备要求较低，在现有各种微灌设备中投资最低。b. 抗堵塞性能好。微喷带灌水器是直接在很薄的塑料管壁上加工的出水小孔，流道短，不易附着杂质，而且万一发生出水小孔堵塞也很容易被排除，是现有微灌设备中抗堵塞性能最好的一种，一般只需要在系统中采用简单的过滤措施就能够保证设备正常工作。c. 工作压力低、耗能少。微喷带的工作压力为10～100MPa（相当于1～10m水柱），且流量大、灌水时间短，因此，耗能少、运行费用低。d. 规模可大可小，安装使用方便。微喷带对水质、供水设备和过滤设备的要求较低，无论实施规模大小，单位面积的微灌设备投资基本相同，同时，微喷带可以压成平带盘成卷，体积小、重量轻，运输、安装、使用及作物换茬时的收藏都方便。e. 能够实现滴灌与微喷灌的转换。将微喷带置于地膜与地表之间，水经过每组单孔、双孔或三孔的微喷带小孔出流射到地膜后，经地膜反射后可形成滴灌效果；避免了喷洒水的蒸发和飘逸。如果去掉地膜，适当增加供水压力，小孔出流直射空中，就可以达到类似细雨的微喷灌效果，将形成一条连续的湿润带，在湿润带中的作物都可以得到有效灌溉。从而实现了前期作滴灌用、中后期作微喷灌用的转换，更好地满足作物需水要求。

微喷带的主要缺点：a. 由于工作压力低，不能在坡度较大的地面使用，否则灌水均匀度不够。b. 微喷带管壁薄、强度低，容易损坏，从而影响灌溉效果。c. 由于其流量较大，单根微喷带的使用长度较短，在取水点很少的地方采用这一技术有可能增加微灌系统的投资。

微喷带系统布置根据地形进行，一般步骤是：根据作物的种植方式和微喷带性能先将微喷带布置好，再布置与微喷带连接的主管，然后逐渐向上布置各级管道直至水源，最后安排施肥、过滤等首部设备。

微喷带主管道线一般采用端面单向和中间双向铺设方式。微喷带上面覆盖塑料薄膜一般单孔的有效湿润宽度为0.6m，双孔和三孔的有效湿润宽度为0.8m。如果不覆盖地膜，将3孔微喷带直接铺放在地面进行喷灌，其有效湿润宽度可达到3m。

为保证多孔式微喷带的灌水效果、降低设备投资，需要根据其灌水特性规范作物栽培方式、平整温室内土地、施足底肥和准备地膜等相应的农艺措施，以更好地配合滴灌系统的布置、安装、管理与使用。

5. 潮汐式喷灌

潮汐灌有多种形式：床式、槽式、地板式。也有很多称谓：潮汐灌、涨落灌、床面漫灌。潮汐灌是一种底部灌溉方式，即灌溉水从底部进入，通常用水泵将储水罐的水充灌到能够保持水深1.25～5cm的作物栽培床、栽培槽中，每次灌溉保持6～10min的浸水时间，然后打开回水口使水快速回流到储水池中（称为落潮），完成一个灌溉循环过程。这种方式的优点在于：灌水的均匀度很高，劳动强度很低，能够充分利用温室空间，作物叶片不潮湿，很少发生叶片病害的传播，灌溉水全部循环使用，降低了所用肥料和水的成本，减少了处理灌溉排放水的成本。

6. 脉冲式微灌

脉冲式微灌系统是一种通过水的自压形成脉冲能，以连续积累的释放的方式将灌溉水中冲出灌水器的微灌系统。其特点是：灌水均匀、抗堵塞、成本低。主要用于温室大棚经济作物的灌溉。

操作技能

一、操作卷帘机进行卷放帘作业

1. 卷帘作业

①检查符合技术要求后，推上刀闸开关，接通电源。

②启动调节控制开关调至卷帘挡，观察卷帘作业工作情况，卷帘至棚顶约10～30cm左右时立即停机，切断电源。

③将手摇把插入摇把插孔，人工手动将棚帘卷至预定位置完成卷帘作业。

2. 放帘作业

①启动调节控制开关调至放帘挡，配合使用刹车装置，控制平稳放帘至底部约30cm左右时立即停机，切断电源。

②将手摇把插入摇把插孔，人工手动将棚帘放至预定位置完成放帘作业。

3. 检查作业质量

①卷、放作业时不得出现覆盖物重叠、断开、拖拽现象，卷帘应均匀整齐。

②卷、放作业中应在各位置可靠停放，不得出现下滑现象。

③卷、放帘时间应符合《产品使用说明书》要求。

4. 卷放帘作业注意事项

①在工作过程中，严禁操作人员离开现场。若人接通电源后离开，卷帘机卷到位后还继续工作，从而使卷帘机及整体卷轴因过度卷放而滚落棚后或反卷，造成毁坏损失。

②卷、放帘作业过程中遇故障或异常时，应首先停机，切断电源，方可进行调整和排除工作。

③使用中遇有停电，应采取可靠制动措施防止卷帘下滑，拉下总开关，切断电源。然后进行人工操作完成作业。

④完成卷、放作业后，应切断总开关，防止误操作，造成人身危害。

⑤主机在启动和运行中，严禁在主机和卷杆前站人，以防万一卷帘机失控造成人身安全事故。严禁满载荷运行、人工辅助调整拉绳和保温帘。

二、操作卷膜机进行卷放膜作业

1. 操作爬升式手动卷膜机进行卷放膜作业

①先将放风口的膜边固定在卷膜杆上，卷膜杆与齿轮盒连接，齿轮盒、摇把由固定立杆固定，但可上下移动。

②作业时，左手轻提把手，右手顺时针轻轻转动摇把，如图 5－25 所示。齿轮盒内齿轮带动卷膜杆转动，随薄膜上升，齿轮盒及摇把沿着固定立杆上升，完成开启通风口作业。

③反向转动摇把，齿轮盒下降，卷膜杆放膜下降，关闭通风口。

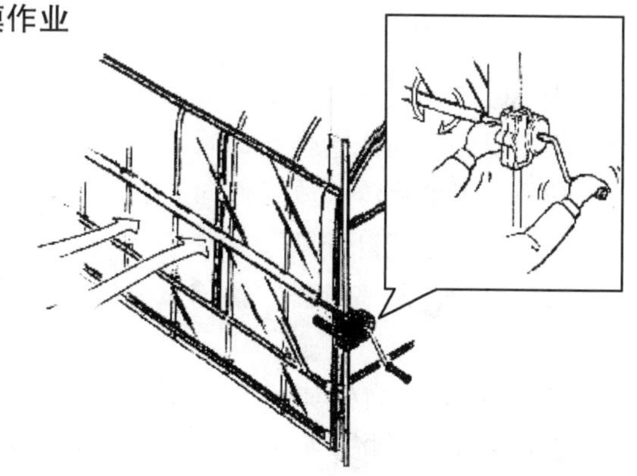

图 5－25　手动卷膜机作业示意图

④作业注意事项

A. 卷放过程中，要密切注视棚膜在长度方向上的卷放情况，如出现卷歪或不直，应立即停止进行调整。

B. 作业时切忌卷速太快，严禁用破坏性力扭动卷膜机，造成卷放速度不匀，使卷轴弯曲，通风口开启不够或闭合不严。

2. 操作电动卷膜机进行卷放膜作业

（1）进行电动卷膜机行程调整(图 5－26)

①松开电动卷膜机的两个行程调节钮上的锁紧螺钉，转动行程调节钮，使两个齿环凸台均未压在微动开关触点上。

②扳动电源的换向开关，电动卷膜机开始工作，此时确认电源换向开关的“卷膜方向”、“放膜方向”位置。

③将电源换向开关置于“卷膜方向”位置，用手转动任意一个行程调节钮，使齿环凸台压住微动开关的触点（能感觉到咔嚓声)，此时电动卷膜机电机若停止转动，说明此调节钮是用来调整“卷膜”方向行程的。若电机未停止转动，说明另一调节钮是用来调整“卷膜”方向行程的。

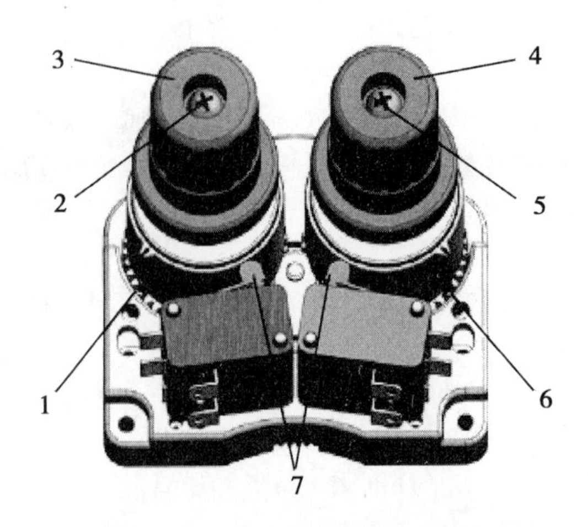

图 5－26　电动卷膜机行程调节钮

1－左调节齿环的凸台；2－左锁紧螺钉调节钮；3－左调节钮；4－右调节钮；
5－右锁紧螺钉调节钮；6－右调节齿环的凸台；7－微动开关触点

④将电源换向开关置于“卷膜方向”位置，用手旋转“卷膜方向”行程调节钮调节卷膜行程，在确认卷膜行程后，用十字改锥将锁紧螺钉拧紧。将电源置于“放膜方向”位置，用手旋转“放膜方向”行程调节钮调节放膜行程，在确认放膜行程后，用十字改锥将锁紧螺钉拧紧。

注意事项：调整行程位置前，要用十字改锥松开锁紧螺钉，调整结束后拧紧锁紧螺钉。

（2）进行电动卷膜机卷膜放膜作业

①卷膜作业。将换向开关扳到“卷膜方向”，进行缓慢卷膜。在卷膜过程中，注视卷膜情况，发现异常，立即将开关扳到“停止”位置，断电后排除故障。

②放膜作业。将换向开关扳到“放膜方向”，进行缓慢放膜。

3. 卷膜机使用注意事项

①卷膜长度大多在 40～100m，卷膜高度 1～1.5m，减速比 1：1、2：1 和4：1。

②电动卷膜机须用输出电压 24V 直流专用电源供电，也可用输出电压 24V 的蓄电池供电。

③电源应接入正负极换向开关。

④电动卷膜机工作前，电源换向开关应处于“停止”位置。

三、操作微耕机进行作业

（一）微耕机调试

1. 扶手架高度调整

将机器放在平坦的地面上，松开调节手柄，上下调整扶手把，将扶手架横杆调至使用者齐腰处，然后旋紧调节手柄。

2. 旋耕深度调整

通过调整调节杆的高度或阻力棒上下位，进行旋耕深度调节，向下调或将销子穿入阻力棒的下面孔，旋耕深度增加；向上调或将销子穿入阻力棒的上面孔，旋耕深度减少。

3. 离合器拉线调整

离合器拉线的自由度正常在4～8mm，如不符合应调整。

（1）检查方法　a. 启动发动机后进行低速运转。b. 当握紧离合器手柄时，离合器处于“接合”状态，发动机动力传递到旋耕机进行转动。c. 当放开离合器手柄时，离合器处于“分离”状态，发动机停止向旋耕机输入动力，旋耕刀停止转动。

（2）调整的方法　a. 松开螺杆上的锁紧螺母。b. 顺时针旋动螺杆至露出扶手架最短。c. 将拉线头穿入变速箱总成后部的离合器线座，并保证拉线头落入线座大孔内。d. 适当压下离合器拔叉臂，将钢丝绳通过力臂座的窄缝穿入，并保证线头落入离合器线座中。e. 旋出螺杆并反复握紧，松开离合把手到离合器中弹簧力能将把手复位时，紧固锁紧螺母。

4. 油门拉线调整

（1）柴油机油门拉线调整　a. 将油门开关置于最小位置。b. 将油门拉线中的钢丝绳穿过柴油机油门调节板上方的穿线柱和固定座。c. 拉紧钢丝绳、拧紧固定座上的坚固螺钉。d. 反复调整油门开关，直至油门调节板上油门手柄能到达最大、最小位置为止。调整时可利用转速表进行测速。

（2）汽油机油门拉线调整　a. 在无负载时，转动扶手架上油门开关至最大可调位置。b. 调整汽油机上油门操纵组合上的转速调整螺栓至合适位置。c. 长时间工作后，也可调整油门拉索上的微调螺栓。

（二）进行微耕机基本操作

1. 启动

机械技术状态检查合格后，将油门扳到中位置，变速杆放在空挡位置上，查看附近有无人和障碍物，并发出安全信号后，进行启动。

（1）柴油机启动　a. 分离离合器，将变速杆置于空挡位置。b. 打开燃油箱，将油门手柄扳到中大供油位置。c. 用左手顺时针方向转动减压手柄，使柴油机处于减压状态。d. 用右手摇转手摇把，并逐渐加快，当把曲轴摇到最快时，迅速放松左手，减压手柄在弹簧的作用下，自动回位。此时气缸内气体受到压缩，继续全力摇转柴油机即可启动。e. 柴油机启动后，启动手柄受结合斜面的推力，会自动脱开，但启动手柄必须紧握在手，以免手柄甩出伤人。f. 启动后观察机油压力指示器红色标志是否升起。g. 倾听柴油机运转声音、排气烟色等是否正常。h. 启动后“暖车”，即空车中速运转3～5min或等水温上升到60℃后才能起步。i. 冬季起动前应向水箱内加入80～90℃热水，提高机体温度进行起动，严禁明火烘烤柴油机油底壳。

（2）汽油机启动　a. 分离离合器手柄，将变速杆置于空挡位置。b. 压下紧急熄火装置，扣上锁紧装置。c. 把燃油阀开到“ON”（开）位置。d. 把阻风门杆拨到“OFF”（关）的位置。e. 把节气门控制柄朝左略转。f. 把发动机开关扳到“ON”（开）位置。g. 轻拉启动器启动拉绳直至感到有阻力，然后用力快速向外拉出。h. 慢慢顺着启动器拉绳的回弹力放回。i. 在发动机预热后，逐渐把阻风门杆移到“OPEN”（开）位置。j. 通过油门开关（或节气门手柄）调节所需要的发动机运转速度。

2. 起步

①分离离合器，拨动变速杆，挂上所需的挡位。

②根据牵引负荷的大小，将手油门手柄扳到适当的位置。

③缓慢接合离合器，微耕机即可起步。

3. 挡位的变换

①减小油门，降低转速：可将油门开关顺时针扳到最左边（最小）。

②操作离合器手柄，使离合器分离彻底。

③将变速杆迅速推、拉或上、下、左、右移动到需要的挡位上：缓慢接合离合器。

④注意事项：a. 换挡时，必须使离合器分离彻底后，才可变换挡位手柄。否则会打坏齿轮。b. 停车后才能换挡。c. 挂挡困难时，先将离合器稍稍接合，随即彻底分离，然后再挂挡。

4. 转向

①转向时减小油门和降低行驶速度。

②向左转弯时，捏左边转向手柄；反之向右转弯时，捏右边转向手柄。

③如直线行驶中作小的方向调整，不需捏转向手柄，只要推扶手架向左或向右移动，即可实现。

④如转弯下陡坡时，应先转向后和路平行直线下坡。上、下坡时不要同时捏左右转向手柄，应采用低速挡，中途不许抵换挡，以防溜坡。

5. 倒车

①左手操作离合器手柄，分离离合器。

②右手将换挡手柄拨动到空挡位置，感觉到位后，再拨到倒车挡位。

③慢慢接合离合器，微耕机后退。

④注意事项：倒车起步时，扶手架易上翘，必须用力下压扶手架。

6. 制动

①先迅速减小油门。

②正常制动时，将离合制动手柄扳到分离位置，待微耕机滑行到停车地点后，再将离合制动手柄扳到制动位置，使微耕机平稳停住。

③紧急制动时，直接将离合制动手柄扳到制动位置，使微耕机停车。

7. 停机熄火

①放松离合器手柄，将变速手柄换到空挡位置，进行制动。

②对于柴油机，将油门开关扳到关的位置。

③对于汽油机，将油门开关顺时针扳到最小（或把节气门手柄向右移到底），松开紧急熄火装置。把燃油阀扳到“OFF”（关）位置。如需紧急停机，可直接松开紧急熄火装置，让发动机熄火。

（三）操作微耕机进行旋耕作业

1. 挂慢挡（或快挡）

①左手操作离合器手把，使离合器分离。

②右手将换挡杆往后拉，使其位于慢挡（或快挡）位置，然后右手握住右边扶手(注意：不能抓倒挡把手)。

③慢慢操作离合器手把，使离合器缓慢接合，微耕机便可在较低（或较高）速度下运行。

④右手适当加大油门，微耕机即按慢挡(或快挡)（慢挡约5km/时）的速度运行。

⑤旋耕作业时，严禁挂快挡或倒挡作业。

2. 起步

起步时，要缓慢接合离合器手柄，然后将刀片逐渐入土，同时加大油门直到正常耕深，不应将刀片入土后再接合动力。

3. 转弯

地头转弯时，先减小油门，托起扶手架，使犁刀出土后，再握转向手柄转弯。

4. 操作无行走轮微耕机进行旋耕作业

旋耕时，卸下行走轮，将旋耕装置安装在微耕机的驱动轴上，并用连接螺栓固定。在牵引框处，安装调节深浅和平衡机身的阻力棒。阻力棒向下伸长调节，就增加耕作的深度。微耕机牵引旋耕刀进行旋耕作业时，一般用慢挡行走，适用于较松软的旱地。

5. 进行耕作层以下土壤作业

为了熟化耕作层以下的土壤，打破旋耕的犁底层，在旋耕刀盘下安装松土铲，旋耕机耕翻上层土壤，松土铲松碎底层土壤。

（四）操作微耕机进行犁耕作业

1. 犁铧的挂接

犁地时，换上铁轮和犁铧。微耕机一般安装配套双向犁铧进行犁耕，双向犁铧由牵引杆与变速箱的牵引框相连接。连接时，先取下牵引框上的牵引销，将犁铧的牵引杆放入牵引框内，插上牵引销，再锁上 R 销。犁铧后面直立的操纵杆，用于变换犁铧翻耕面的方向。犁铧后面两边的调节定位螺栓，用于调节犁壁的倾斜度和耕幅的宽度。犁铧弯头上方的旋转调节手柄，用于调节翻耕的深度。

犁铧牵引杆上的插销组合，用于调节犁铧的偏移角度。将插销组合拉出，根据角度和深度调节支撑上 3 个孔来实现犁铧向左或向右的偏移，实现地边地角的耕作。

2. 犁耕作业

①作业时要用慢挡行走，边走边检查并调整耕作的深度和幅度。

②耕作到地头时，抬起犁铧，搬动犁铧翻耕面方向的操纵杆，变换犁铧面方向，然后让机车原地调头。

③让一侧驱动轮始终要压在前次的犁沟内，保证耕幅与耕幅之间不漏耕。

3. 犁耕作业注意事项

①微耕机牵引铧犁作业时，一侧驱动轮在未耕地上，另一侧驱动轮在犁沟内，由于两轮与地面间的附着系数不同，致使机车常向一个方向偏驶。操作者可向另一边移动身体，以自身的体重来平衡机车。

②在通过低矮的田埂时，要把整机正对田埂，减小油门，缓慢地通过田埂；千万不能加大油门猛冲，以免发生翻车事故。

③翻耕完后，卸下犁铧与机车连接的牵引销，卸下犁铧，换上钉子耙或旋耕机，耙

碎泥块，耙平整块田地。

（五）操作微耕机进行开沟培土作业

微耕机使用旋耕轮或行走铁轮行走。在机车的牵引框处，安装开沟器，通过调节深浅，进行开沟深度调节，在田地中开出各种沟，同时开沟器对沟的两边进行培土。

（六）微耕机作业注意事项

①操作人员必须熟练掌握机具的使用性能。新机手训练必须在棚外进行，千万不要在棚内演练，防止发生事故。操作人员必须穿紧口的衣裤，女性操作人员应将头发盘起，以防被旋转的部件卷入发生危险。

②不可在冷车启动后，立即进行大负荷工作。

③如发生旋耕机挂挡困难时，可平稳地接合一下离合器，然后再拨操纵杆。

④工作时严禁挂高挡或倒挡作业。

⑤作业过程中，操作者禁止靠近旋转的滚刀，不要接触发动机及传动部位，要防止微耕机倾倒。

⑥前方有障碍物或到棚边时，千万不可猛提起把手，否则微耕机将迅速前冲，易发生危险。应先减小油门，确定好安全行驶线路，再慢慢地提起把手，进行转弯或躲避障碍物。

⑦严格控制耕深。深度一般靠限深杆和驾驶人员共同控制。限深杆向上提耕深变深，向下变浅。操纵人员向下压把手耕深变深，抬起或向前推把手耕深变浅。

⑧使用中要注意观察和倾听各部位有无异常现象及异常声响，检查旋转部位和清除杂草缠绕刀架时，必须在发动机熄火后进行。

⑨作业时尽量注意温室通风，避免发动机废气的污染伤害。

⑩操作者在作业中如果背对坎边小于1m时，禁止使用倒挡。

⑪微耕机在装上刀架时不要在水泥路、石板地上行走，尽量避免旋耕刀撞击到坚硬的石块。

四、操作手扶拖拉机机组进行作业

（一）操作手扶拖拉机机组进行旋耕作业

1. 安装旋耕机

①手扶拖拉机上安装旋耕机时，先拆下固定在拖拉机变速箱后的牵引架。拆卸时，需收起拖拉机前支架，保持前倾，防止油流出。

②在变速箱上的联接口处涂上黄油，放一张约0.5mm厚的纸垫。

③将副变速杆拉到慢挡位置，并使旋耕机变速箱内拨杆处于空挡位置。

④抬起旋耕机，对准拖拉机变速箱上的联接口（如果发生齿轮干涉，慢转旋耕刀轴，使齿轮啮合），将螺栓穿入螺栓孔内，并拧紧固定螺母。

2. 旋耕机的调整

旋耕机的调整一般包括耕深调整、碎土性能的调整和链条张紧度的调整。

（1）耕深调整　它是通过升降尾轮高度来达到的，顺时针旋转尾轮调节手柄，尾轮上抬，耕深增加；反之则减少。

（2）碎土性能调整　它是通过调整拖拉机前进速度和旋耕刀轴的转速，使刀速提高，增加碎土性能，土质细；反之粗大。

（3）链条张紧度调整　它是通过调整螺栓进行的；顺时针转动调整螺栓，链条张紧度变紧，逆时针转动调整螺栓，链条张紧度变松。

3. 选择旋耕机作业行走方法（图5－27）

（1）梭形耕法　机组从地块的一侧进入，耕至地头转弯后紧靠前一行程返回，往复梭形耕作。此法地头空行少，效率高，不易漏耕。手扶拖拉机转小弯较为灵便，因此多采用此法（图5－27a）。

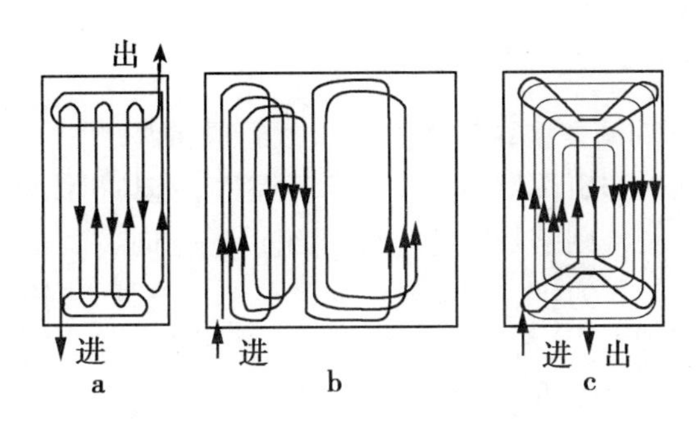

图5－27　旋耕机耕地方法

a－梭形耕法；b－套耕法；c－回形耕法

（2）套耕法　机组从地块的一侧进入，耕到地头后，相隔3～5个工作幅处返回，进行套耕（图5－27b）。一个小区套耕完毕，再同法套耕下一小区。右侧偏置的旋耕机应从地块的右侧进入套耕。采用套耕法可避免地头转小弯，操作方便，机器磨损小，但地头空行多，土壤被多次压实，留出的地头宽度要准确，一般应略小于耕宽，以保证有一定的重复度，防止漏耕。

（3）回形耕法　机组从地块一侧进入，转圈耕作，由四周耕到地块中央（图5－27c）。地头转弯时应将旋耕机升起，以防刀片、刀轴损坏。最后再沿对角线方向将漏耕部分补耕。对于右侧偏置式机组应从地块右侧进入。回形耕法操作方便，空行程少，工效高。

4. 操作手扶拖拉机进行旋耕作业

①启动等基本操作参见本章操作技能三（二）微耕机基本操作。

②作业时，人可以坐在旋耕机的尾轮座位上，转弯时人可不下机。

③左手拉离合制动手柄到分离位置，右手把主副变速杆推进或拉出，移到3挡或4挡位置。

④移动手柄接合旋耕机动力后，再慢慢放松离合制动手柄到接合位置，加开油门进行作业。

⑤转向时，脚蹬尾轮踏板和手捏转向手柄同时配合进行；也可减小油门，人下车后抬起扶手架捏左侧转向手柄，向左转弯；反之，捏右侧转向手柄，向右转弯。

⑥操作手扶拖拉机上、下坡时应注意以下几点：A. 当下较大的坡而又转弯时，要用反操作方法，即向右转弯时捏左转向手柄，向左转弯时捏右转向手柄。因为下坡时牙嵌式转向离合器分离后，车辆在重力作用下反而滚动更快，所以，拖拉机与平路上转向操作相反。B. 上坡时极易转向，应防止转弯过急，造成翻车。C. 上下坡时不要同时捏

左右两个转向手柄，防止拖拉机溜坡，造成事故。

（二）操作手扶拖拉机机组进行犁耕作业

1. 牵引犁挂接

①拆下手扶拖拉机上挂接的旋耕机等配套农具。

②在变速箱后端安装挂接框，并拧紧四根连接螺栓。

③把拖拉机开到存放犁的位置，拆下挂接插销。

④微抬拖拉机扶手架，使挂接框孔对准犁连接架的挂接插口，插上挂接插销，并穿上开口销。

2. 犁的调整

（1）机组直线行驶的调整　犁耕作业中直线行驶的调整，主要是通过调整牵引架上左、右两个调整螺栓的伸出长度，以改变犁梁相对于拖拉机纵轴的偏斜角。耕作过程中，如机组向未耕地偏驶，则缩短右边（沿机组前进方向看）的调整螺栓，调长左边的螺栓，直至机组直线行驶为止。如果机组向已耕地偏驶时，则做相反调整。两个调节螺栓与中间连接架之间应有 1～2cm 的间隙，使拖拉机在行驶中能在一定范围内自由摆动，间隙过大或过小都会影响机组直线行驶的稳定性。

（2）耕深调整　犁耕作的深浅是通过旋转耕深调节机构手柄来改变犁的入土角而实现的。逆时针旋转手柄，耕深增加；顺时针旋转手柄，耕深减小。具体耕作深度可根据不同的作物和农艺的要求进行调整。

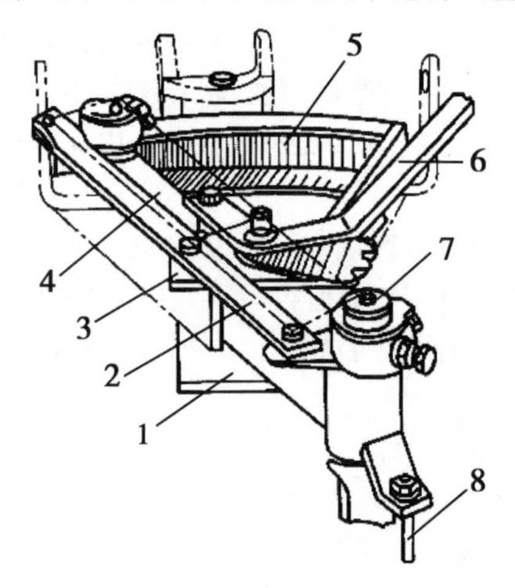

图 5－28　LS－40 型水平双向犁的换向机构

1－下中心板；2－转向拉杆；3－上中心板；4－犁梁；5－犁架前梁（弧形轨道）；6－转向手柄；7－犁柱；8－拨铧销

（3）偏耕机构的调整　一般单铧犁的偏耕调节机构主要由偏耕调节手柄和扇形齿板组成。在正常工作时，偏耕调节手柄放在扇形齿板的中间位置。只有在地边、地角时才使用偏耕机构，将偏耕调节手柄放在偏左或者偏右的齿槽中，使犁处于偏耕工作状态。

（4）水平双向犁的换向机构　单向犁耕后地表形成沟垄，增加了整地困难。双向犁往返耕作时可以使土垡向一侧翻转，耕后地表平整无沟垄，减少了整地工作量。这里介绍温室常用的 LS－40 型水平双向犁的换向机构（图 5－28）。

犁三角架的前梁呈弧形滑槽，可使犁梁前端的滚轮在其中滚动。滚轮由球墨铸铁制成。为了防止滚轮脱出，在滚轮轴的前端焊有挡圈。犁梁中部通过转向轴套与三角架上的上、下中心板及转向柄转折处铰连，铰连点的前面用螺栓把犁梁转向手柄固定连接，使二者成为一体。这样，当扳动转向手柄时，即可使犁梁以铰连点为中心，而其前端的滚轮沿三角架弧形轨道滚动，带动犁梁转向，从而带动了连接在犁梁上的犁柱（即犁体）的转向。

犁体工作面的转向是通过犁柱与犁梁的相对运动实现的（图 5－29）。由于犁铧及犁壁都固定在装有转向轴的犁托上，因此可相对于犁柱转动。转向轴尾部的转向拨叉又与拨杆相连，拨杆上端套装在犁梁上的拨铧销上，并可绕固定在犁柱上的转销转动；当犁柱相对于犁梁转动时，也迫使犁梁带动拨杆绕犁柱上的支点偏转，拨杆再拨动转向轴，犁体工作面也跟着转动从而变换翻垡方向。转向机构的作用是在地头起犁后、耕下一趟前，犁梁转过一个角度，使其处于第一工作位置，同时使犁体工作面也相应变换方向，而犁柱转换到另一工作位置后，仍保持其正前方向。

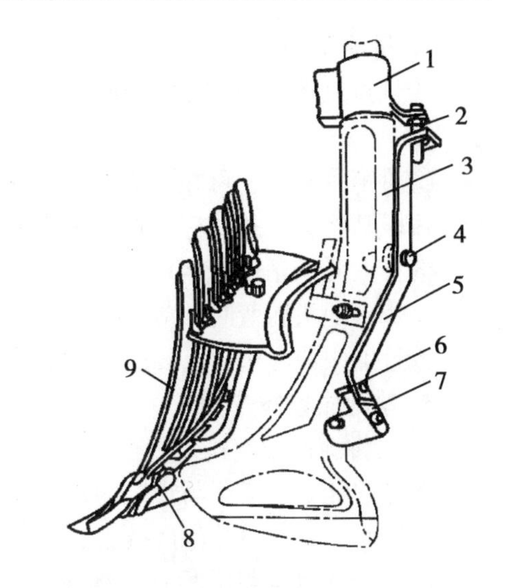

图 5－29　犁体工作面的转向

1－犁梁；2－上拨铧销；3－犁柱；4－转销（支点）；5－拨杆；6－下拨铧销；7－转向拨叉；8－转向轴；9－栅条犁壁组合

3. 选择耕地机组行走方法

单向铧式犁最基本的耕地行走方法是内翻法、外翻法和套耕法（图 5－30），双向铧式犁最基本的耕地行走方法是梭形耕法，在实际生产中，可根据这种基本行走方法，结合具体作业条件组合成多种行走方法。

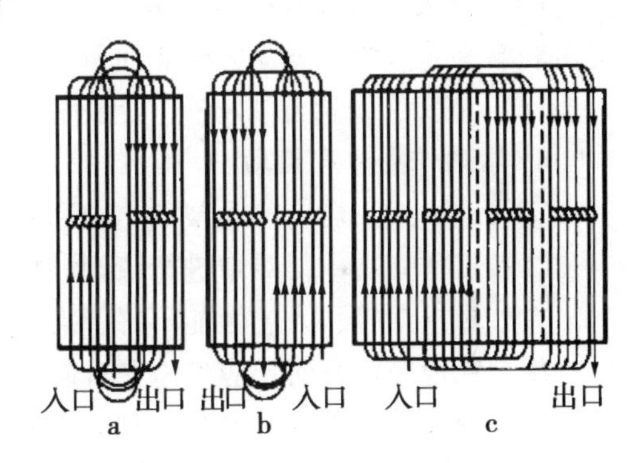

图 5－30　耕地机组的行走方法

（a）内翻法（b）外翻法（c）套耕法

（1）内翻法　机组从地块中心线的左侧进入，耕到地头升起犁后顺时针环形转弯，由中心线另一侧回犁，依次由里向外耕完整块地。耕后地块中央形成一垄背，两侧留有犁沟。当地块较窄且中间较低时可采用内翻法。

（2）外翻法　机组从地块右侧入犁，耕到地头起犁后向左转，行至地块的另一侧再回犁，依次逆时针由外向内绕行，耕完整块地。耕后地块中央形成一条垄沟。地块中间较高时可采用外翻法。

（3）套耕法　对于有垄沟、渠道的水浇地可采用四区无环节套耕法：机组从第一区右侧进入，顺时针转入第三区左侧回犁，这样用内翻法套耕一、三两区。再以同样耕法套耕二、四两区。套耕法机组不转环形弯，操作方便，地头较短，工效高，并可减少地面上的沟和垄。耕前需先将地头转弯处的垄沟、渠道平掉。同理也可采用三区与一区以及四区与二区的外翻法套耕。此外，还可以采用以外翻法套耕三区与一区，以内翻法套耕二区与四区的内外翻套耕法。

（4）梭形耕法　机组从地块的一侧进入，耕至地头转弯后紧靠前一行程返回，往复梭形耕作。此法地头空行少，效率高，不易漏耕。手扶拖拉机转小弯较为灵便，因此多采用此法。

4. 耕地作业

①该机基本操作和微耕机操作大体相同。犁地时，人跟在拖拉机后面，操作扶手架。

②耕第一犁时，可在地头立一标杆，在拖拉机上适当位置找一目标，犁耕时摆正机身，用眼睛将车上的目标、地头标杆瞄成一条直线，沿直线前进。

③作业时应用低速挡。

④犁到地头转弯时，应先抬扶手架将犁升起，减小油门，铧尖离地后方可转弯。

⑤过地头或畦边后，要轻轻放下扶手架，入土时加大油门，要逐渐加大耕深。

5. 耕地质量检查

（1）耕深检查　耕地过程中沿犁沟测量沟壁的高度。一般在地块的两端和中间各测若干点取其平均值，与规定的耕深误差不应超过 1cm。如耕后检查耕深时，可用木尺插入到沟底，将测出的深度减去 20% 的土壤膨松度即可。

（2）重耕和漏耕的检查　在耕地过程中检查犁的实际耕宽。方法是从犁沟壁向未耕地量出较犁的总耕幅稍大的宽度 B，并插上标记，待下一趟犁耕后再量出新的沟壁至标记处的距离 C，则实际耕宽为 B—C。如此值大于犁的总耕幅，则有漏耕；反之有重耕。

（3）地表平整性和覆盖检查　目测地表平整度、土壤破碎度、接垡和杂草、残茬覆盖和墒沟、垄背等方面的作业质量。

（4）地头、地边漏耕检查　目测检查地头、地边有无漏耕。

6. 犁耕作业注意事项

①耕地机组人员应熟悉犁的结构和调整保养，严格遵守安全操作规程。

②犁工作中，不得对犁进行清理、检查或修理，若需检修应停车进行。

③如犁重量轻、入土性能不好，需加配重时，配重应紧固在犁架上。

④犁在地头转弯时，应先将犁升起。

⑤在地块转移或过畦埂时，都应慢速行驶。

⑥落犁时应慢降轻落，防止铧犁铲尖变形或损坏。

⑦停机熄火时，犁应慢慢降落到地面，不用时，用撑杆撑牢犁架，以防倾倒。

⑧长距离转移机组，犁应处于最大运输间隙状态，犁架上不得放置沉重东西。悬挂犁要升至最高位置，并加以锁定，再将下拉杆左右限位拉链拉紧。运行时不要高速行驶或转急弯。

五、操作植保机械进行作业

1. 操作背负式手动喷雾器进行喷施农药

（1）穿戴好防护用品

（2）检查调整好机具

（3）往喷雾器加入药液　要先加 1/3 的水，再倒入药剂，后再加水达到药液浓度要求，但注意药液的液面不能超过药箱安全水位线。加药液时必须用滤网过滤，注意药液不要散落，人要站在上风加药，加药后要拧紧药箱盖。

（4）试喷　初次装药液，由于喷杆内含有清水，需试喷雾 2～3min 后再开始使用。

(5) 喷药前准备　喷药前，先扳动摇杆 10 余次，使桶内气压上升到工作压力。扳动摇杆时不能过分用力，以免气室爆炸。

(6) 喷药作业　作业时根据风向确定喷洒行走路线，走向应与风向垂直或成不小于 45°的夹角，操作者在上风向倒行作业，喷射部件在下风向，开启手把开关，立即按预定速度和路线边后退边扳动摇杆，喷施时采用侧向喷洒，即操作人员背机前进时，手提喷管向一侧喷洒，一个喷幅接一个喷幅，向上风向移动时，喷幅之间相连接区段的雾滴沉积有一定程度的重叠。操作时还应将喷口稍微向上仰起，并离作物 20～30cm 高，喷洒幅宽 1.5m 左右，当喷完第一幅时，先关闭药液开关，停止扳动摇杆，向上风向移动，行至第二宽幅时再扳动摇杆，打开药液开关继续喷药。

(7) 结束清洗喷雾器　a. 工作完毕，应及时倒出桶内残留的药液，并换清水继续喷洒 2～5min，清洗药具和管路内的残留药液。b. 卸下输药管、拆下水接头等，排除药具内积水，擦洗掉机组外表污物。

2. 操作背负式机动弥雾喷粉机进行喷施液态农药

(1) 穿戴好防护用品

(2) 按照使用说明书的规定检查调整好机具，使药箱装置处于喷液状

(3) 汽油机转速调整　按启动程序启动喷雾机的汽油机，低速运转 2～3min，逐渐提升油门至操纵杆上限位置，若转速过高，旋松油门拉杆上的螺母，拧紧拉杆下面的螺母；若转速过低，则反向调整。

(4) 加清水进行试喷

(5) 添加药液　加药液时必须用滤网过滤，总量不要超过药箱容积的 3/4，加药后要拧紧药箱盖。注意药液不要散落，人要站在上风加药。

(6) 启动机器　启动汽油机使汽油机低速运转，将机器背上，调整背带，药液开关应放在关闭位置，调整油门开关使汽油机以额定转速运转。

(7) 喷药作业　施药方法、行走路线、走向等和手动喷雾机基本相同。不同的是喷洒幅宽 2m 左右，当喷完第一幅时，先关闭药液开关，减小油门，向上风向移动，行至第二宽幅时再加大油门，打开药液开关继续喷药。

(8) 停机操作　停机时，先关闭药液开关，再减小油门，让机器低速运转 3～5min 再关闭油门，汽油机即可停止运转，然后放下机器并关闭燃油阀。

(9) 清洗药机　a. 换清水继续喷洒 2～5min，清洗泵和管路内的残留药液。b. 卸下吸水滤网和输药管，打开出水开关，将调压阀减压，旋松调压手轮，排除泵内积水，擦洗掉机组外表污物。注意严禁整机浸入水中或用水冲洗。

(10) 作业注意事项

①开关开启后，随即用手摆动喷管，严禁停留在一处喷洒，以防引起药害。

②喷洒过程中，左右摆动喷管，以增加喷幅，前进速度与摆动速度应适当配合，以防漏喷影响作业质量。

③控制单位面积喷量。除用行进速度调节外，移动药液开关转芯角度，改变通道截面积也可以调节喷量大小。

④喷洒灌木丛时，可将弯管口朝下，以防药液向上飞溅。

⑤由于喷雾雾粒极细，不易观察喷洒情况，一般情况下，只要作物叶片被喷管风速

吹动，证明雾点就达到了。

⑥夏季晴天中午前后，有较大的上升气流，不能进行喷药；下雨或作物上有露水时不能进行喷药，以免影响防治效果。

⑦剧毒农药不能用于喷雾，以防操作人员中毒，发现农药对作物有药害时，应立即停止喷药。

⑧作业中发现机器运转不正常或其他故障，应立即停机检查，待正常后继续工作。

⑨在喷药过程中，不准吸烟或吃东西。

⑩喷药结束后必须要用肥皂洗净手、脸，并及时更换衣服。

3. 操作背负式机动弥雾喷粉机进行喷粉作业

①穿戴好防护用品。

②按照使用说明书的规定调整机具，使药箱工作装置处于喷粉状态。如进行粉门的调整：当粉门操作手柄处于最低位置，粉门仍关不严，有漏粉现象时，用手扳动粉门轴摇臂，使粉门挡粉板与粉门体内壁贴实，再调整粉门拉杆长度。

③不停车加药时，汽油机应处于低速运转，关闭挡风板及粉门操纵手把，加药粉后，旋紧药箱盖，并把风门打开。加的粉剂应干燥、不得有杂草、杂物和结块。

④背机后将手油门调整到适宜位置，稳定运转片刻，然后调整粉门开关手柄进行喷施。

⑤在林区喷施时应注意利用地形和风向，晚间利用作物表面露水进行喷粉较好。

⑥使用长喷管进行喷粉时，先将薄膜从摇把组装上放出，再加油门，能将长薄膜塑料管吹起来即可，不要转速过高，然后调整粉门喷施。为防止喷管末端存粉，前进中应随时抖动喷管。

⑦停止操作和清洗药机　方法同喷洒液态农药，只是应关闭粉门。

4. 操作电动喷雾器进行作业

①充电。购机后立即充电，将电瓶充满电。因为电瓶出厂前只存有部分电量，需完全充满后方可使用。一般充电时间为 5 ~ 8h。因为本充电器具有过充电保护功能，充满后会自动断电，不会因为忘记切断电源长时间（几天几夜）过充电而损伤电瓶。

充电时，必须使用本机专用的充电器，与 220V 电源连接。充电器红灯亮，表示正在充电。充电器绿灯亮，表示充电基本完成，但此时电量较虚，需要再充 1 ~ 2h 才能真正充满。

②本机配有单喷头、双喷头，使用时根据作物的不同，选用不同的喷头。例如，高 1.2m 的棉花，一次可以喷 4 ~ 6 行；小麦、水稻一次可以喷 6 ~ 8m；喷果树，可以使用本机的药桶，也可以利用大水罐放在地上，配 20 ~ 30m 的长水管喷药，本机喷的水雾可以高达 7 ~ 8m，把喷杆加长可以喷到十几米以上。如果喷施面积较大，可以另备一只更大容量的电瓶，打开活门就可以更换。

③添加药液时必须使用干净水，慢慢加入，并须使用本机配有的专用过滤网。

④喷药方法参见机动弥雾喷粉机作业。

⑤作业结束时，加入一些清水让它喷出去，进行冲洗，可减少农药对水泵的腐蚀。

⑥每次使用本机时要留一定的电，不然就会亏电，用完后（无论使用时间长短）回家立即充电，这样可以延长电瓶的寿命。

如果喷雾机长时间不用（农闲时），一般二三个月充一次电，保证电瓶不亏电，这样可以延长电瓶的寿命。

六、操作微灌系统进行作业

（一）滴灌作业

滴灌包括以灌水和施肥两项作业。

1. 灌水作业

（1）制定灌溉制度　使用滴灌系统灌水应把握浅灌、勤灌的特点，即每次灌水量要少一些，灌水次数要多一些。根据作物品种、生长时期、环境等多种因素制定灌溉制度，包括灌水定额、灌水周期和一次灌水时间等参数，可通过计算求得。实际灌水时应该根据理论计算值适当调整，总结丰产经验拟定合理的滴灌灌溉制度。

①制定灌水定额。灌水定额是指一次灌水单位面积上的灌水量。由于滴灌仅湿润作物根部附近的土体，而且地面蒸发量很小，所以，滴灌的灌水量取决于湿润土层的厚度、土壤保水能力、允许消耗水分的程度以及湿润土体所占比例。制定灌水定额是指作为系统设计依据的最大一次灌水量，可用下列公式计算：

$$h = 1\,000\alpha \cdot \beta \cdot p \cdot H$$

式中：h ——制定的灌水定额（mm）；

α ——允许消耗水量占土壤有效水量的比例（%），对于需水较敏感的蔬菜等作物，$\alpha = 20\% \sim 30\%$；

β ——土壤有效持水量（%）；

p ——土壤湿润比（%），对于蔬菜，其湿润比要高一些，一般为 $70\% \sim 90\%$；

H ——计划湿润层深度（m），蔬菜为 0.2～0.3cm。

②灌水周期。灌水周期是指两次滴灌之间的最大间隔时间，它取决于作物、土壤种类、温室小气候和管理情况。对水分敏感的作物（如蔬菜），灌水周期应短，宜为 1～2d；耐旱作物，灌水周期适当延长些。在消耗水量大的季节，灌水周期应短。对于灌水周期，可用下式计算：

$$T = m/E$$

式中：T ——灌水周期（d）；

m ——灌水定额（mm）；

E ——作物需水高峰期日平均耗水量（mm），E 值根据当地滴灌试验资料或经验确定。

③一次滴灌时间的确定。对于蔬菜等行密布植作物，用下列公式计算：

$$t = h \cdot Se \cdot Si/\eta \cdot q$$

式中：t ——一次灌水延续时间（h）；

h ——设计灌水定额（mm）；

Se——滴头间距（m）；

Si ——毛管间距（m）；

η ——滴灌水利用系数（%），滴灌不低于 90%，微喷灌不低于 85%；

q ——滴头流量（L/h）。

④滴灌次数。滴灌是频繁的灌水方式，作物全生育期灌水次数比常规地面灌溉多的多，它取决于土壤的类型、作物种类、温室小气候等。因此，同一作物滴灌次数的多少在不同条件下要根据具体情况而定。

（2）进行灌水操作

①打开滴灌系统干管或支路的阀门或开关。

②观察滴水情况，调整阀门或开关的通道面积的大小。温室作物一天的总喷洒量一般应不超过5mm水深。

③关闭干管或支路的阀门或开关。

2. 施肥作业

随水施肥是滴灌系统的一大功能，通过滴灌系统施肥是供给作物营养物质的最方便的方法，比其他任何方法效率都高，不但可以节省劳力，而且可以充分发挥肥效。这种方式的主要好处在于：第一，适时适量地直接把肥料施于作物根部，肥料的利用率最高；第二，以小流量、多频次的方式向作物输送养分，可以在作物整个生长期内保持均匀的营养水平；第三，可根据植物生长期营养变化的需要，有控制地供给土壤营养。当然，滴灌田块应在作物定植前施足有机肥料和磷肥做基肥。

（1）选择施肥方法　滴灌系统的随水施肥方法有以下几种。

①利用水池、水箱直接施肥。凡首部有蓄水或高位水（池）箱的小型系统，可将肥料溶液倒入水池（箱），待肥料扩散均匀后再开启滴灌系统，随水施肥；为了施肥均匀，这种方式应采取低浓度、少施勤施的方法，最大浓度最好不要超过500mg/kg。

②利用压差式方法施肥。压差式施肥罐的优点是加工制造简单，造价较低，不需外加动力设备。缺点是溶液浓度变化大，无法控制。另外罐体容积有限，添加液剂次数频繁且较麻烦。

③利用文丘里注肥器施肥。文丘里注肥器是根据瓶颈结构突减管内压力的原理，使肥料溶液可以持续性地进入滴灌系统并保持浓度不变；这种施肥方式造价低廉，易于实现，但因文丘里注肥器的通过流量较小，不适合大流量的滴灌系统，同时需要注意系统必须有足够的水压。

④利用注射泵施肥。注射泵是使用活塞泵产生的高压，向滴灌管道中注入液体肥料进行施肥，注射泵可以用水力或电力驱动，优点是肥液浓度稳定不变，施肥质量好，效率高，缺点是注射泵造价较高。

（2）根据作物和农艺要求，配制所施肥料的水溶液

（3）按所选择的施肥方法　将肥料的水溶液容器和滴水灌溉系统的管路连接。

（4）打开滴灌系统支路的阀门或开关　观察滴水情况，调整阀门或开关的通道面积的大小。随水施肥时要延长肥料充满管道需要一定的时间。

（5）喷洒结束后　关闭肥料水溶液的开关或断开连接；清洁管道内残留肥料液体。

（6）关闭支路的阀门或开关

（7）注意事项

①利用滴灌系统施用的肥料必需是可溶性的，如可以追施硫铵、尿素、钾肥或滴灌专用肥。微量元素以化合物的形式存在于有机酸中并保持其溶解度，这样才可以施用。

②利用滴灌系统施用磷肥易产生过磷酸钙沉淀，且溶解磷和土壤中的钙接触立即变成不溶解的磷酸二钙固定在土壤表面，当茬作物不能利用，施用时应注意避免。

（二）微喷灌作业

1. 制订微喷灌工作制度

微喷灌系统的工作制度有续灌和轮灌两种。

续灌是对系统内全部管道同时供水，灌区内全部作物同时灌水的一种工作制度，其优点是每株作物都能得到适时灌水，操作管理简单，缺点是系统流量大，工程投资和运行费用高，设备利用率低，灌溉控制面积小，因此，只有小面积温室才采用续灌的工作制度。

轮灌是将灌区分成若干组，由干管轮流向各组灌区的支管供水，而各组灌区的支管同时向组内毛管供水。这种工作制度减少了系统的流量，从而可减少投资，提高设备的利用率，缺点是增加了灌溉作业时间和人工操作次数。面积较大的温室一般应采用轮灌的工作制度。

微喷灌的工作制度，包括灌水定额、灌水周期和一次灌水时间、喷灌次数等参数，其计算公式与滴灌相同。由于作物品种、生长环境等多种因素的影响，实际灌水时应该根据理论计算值适当调整，总结丰产经验拟定合理的微喷灌灌溉制度。

2. 进行灌水作业

灌水操作步骤参见滴灌。使用微喷灌系统灌水也要坚持“浅灌、勤灌”的原则，即：每次灌水量要少一些，灌水次数要多一些。

3. 进行喷药或施肥作业

喷药或施肥操作方法步骤同滴灌施肥作业，不同之处是施药时需根据作物和农艺要求，配制所施农药的水溶液。喷洒结束后需清理管道内残留农药或肥料的水溶液，并保管好剩余的农药和肥料。

（三）微喷带灌溉作业

微喷带既可作滴灌用，也可作微喷灌用，在一定条件下，还可以两者转换用。作业方法可参见滴灌和微喷灌。

（四）喷灌机作业

①选择喷头。喷头的性能是决定喷灌机喷洒效果的关键因素。温室行走式喷灌机中一般应采用喷洒水呈圆锥体形状、且喷洒水分布均匀的高质量缝隙式微喷头，并按一定距离将喷头排列在喷灌臂上，使喷洒水形成交叉重叠而达到均匀分布的效果（图 5 - 31）。温室行走式喷灌机喷洒水的流量分布偏差应在 10% 以内，而普通旋转式微喷头、折射式微喷头、离心式微喷头等的喷洒水分布的均匀度较低，一般不适合在温室行走式喷灌机上使用。

温室生产中，需要考虑根据喷洒目的不同选择不同喷洒效果的喷头。通常根据喷头喷洒水滴平均粒径的大小，将喷头分成细水滴喷头（水滴平均粒径≤200μm）、中等水滴喷头（水滴平均粒径 200 ~ 400μm）和粗水滴喷头（水滴平均粒径≥400μm）三种。针对植物叶面的喷洒应选用细水滴的喷头，而喷洒除草剂、杀虫剂和杀菌剂等应选用中等水滴的喷头，普通的灌溉或施肥应选用粗水滴喷头。

目前，温室中较为流行的是在行走式喷灌机上安装可更换喷嘴的喷头，以方便选用

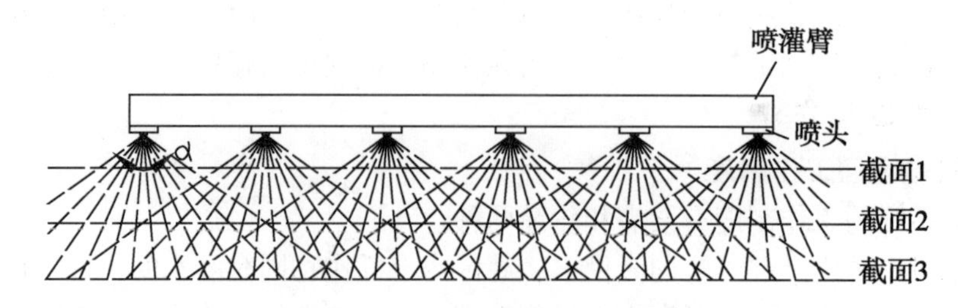

图5－31　喷洒水的分布

图5－32　三种喷嘴喷头

合适的喷嘴进行各种喷洒作业。此外，温室中行走式喷灌机停止工作时，由于其供水管道内残留水及水压的存在，喷头中有可能产生持续滴水现象，这对处于开花授粉期的作物生长存在一定威胁，因此，温室行走式喷灌机一般还应选用有防滴漏功能的微喷头。图5－32是一种有3种喷洒状态（对植物叶面的喷洒选用细水滴的喷嘴，喷洒除草剂、杀虫剂和杀菌剂等选用中等水滴的喷嘴，普通的灌溉或施肥选用粗水滴喷嘴）、并具有防滴漏功能的3种喷嘴喷头，工作时，转动喷头使所选喷嘴向下，就可以获得需要的喷洒效果。

②打开微灌系统干管或支路的阀门及开关；通过调整阀门或开关的通道面积的大小来调节供水量，观察喷水（雾）情况。

③如需施肥或施农药时，应根据作物和农艺要求，配制所施肥料或农药的水溶液。并连接到管道上。随水施肥或喷洒农药时，要延长肥料充满管道需要一定的时间。

④选择行走速度，按下按钮，观察行走和喷洒效果。

⑤喷洒结束后，关闭肥料或农药的水溶液开关或断开连接；清理管道内残留农药或肥料的水溶液。

⑥关闭支路的开关；关闭干管的阀门。

（五）雾灌（喷雾）作业

①操作方法参见喷灌机作业。

②作业中，观察过滤器两端的压力表来判定过滤器的运行情况，当两端压力差>29.42kPa时，须清洗过滤器。

第六章　设施园艺装备故障诊断与排除

相关知识

一、设施园艺装备故障诊断与排除基本知识

故障是指机器的技术性能指标（如发动机的功率、燃油消耗率等）恶化并偏离允许范围的事件。

1. 故障的表现形态

规定发生故障时，都有一定的规律性，常出现以下8种现象。

（1）声音异常　声音异常是机械故障的主要表现形态。其表现为在正常工作过程中发出超过的响声，如敲缸、超速运转的呼啸声、零件碰击声、换挡打齿声、排气管放炮等。

（2）性能异常　性能异常是较常见的故障现象。表现为不能完成正常作业或作业质量不符合要求。如启动困难、动力不足、行走不稳等。

（3）温度异常　通常表现在发动机、变速箱、轴承等运转机件上的工作温度过热，严重时会造成恶性事故。

（4）消耗异常　主要表现为燃油、机油、冷却水的异常消耗、油底壳油面反常升高等。

（5）排烟异常　如发动机燃烧不正常，就会出现排气冒白烟、黑烟、蓝烟现象。排气烟色不正常是诊断发动机故障的重要依据。

（6）渗漏　机器的燃油、机油、冷却水等的泄漏，易导致过热、烧损、转向或制动失灵等。

（7）异味　机器使用过程中，出现异常气味，如橡胶或绝缘材料的烧焦味、油气味等。

（8）外观异常　机器停放在平坦场地上时表现出横向的歪斜，称之为外观异常，易导致方向不稳、行驶跑偏、重心偏移等。

2. 故障形成的原因

产生故障的原因多种多样，主要有以下4种。

（1）设计、制造缺陷　由于机器结构复杂，使用条件恶劣，各总成、组合件、零部件的工作情况差异很大，部分生产厂家的产品设计和制造工艺存在薄弱环节，在使用中容易出现故障。

（2）配件质量问题　随着农业机械化事业的不断发展，机器配件生产厂家也越来越多。由于各个生产厂家的设备条件、技术水平、经营管理各不相同，配件质量也就参差不齐。在分析、检查故障原因时应考虑这方面的因素。

（3）使用不当　使用不当所导致的故障占有相当的比重。如未按规定使用清洁燃油、使用中不注意保持正常温度等，均能导致机器的早期损坏和故障。

（4）维护保养不当　机器经过一段时间的使用，各零部件都会出现一定程度的磨损、变形和松动。如果我们能按照机器使用说明书的要求，及时对机器进行维护保养，就能最大限度地减少故障，延长机器使用寿命。

3. 分析故障的原则

故障分析的原则是：搞清现象，掌握症状；结合构造，联系原理；由表及里，由简到繁；按系分段，检查分析。

故障的征象是故障分析的依据。一种故障可能表现出多种征象，而一种征象有可能是几种故障的反映。同一种故障由于其恶化程度不同，其征象表现也不尽相同。因此，在分析故障时，必须准确掌握故障征象。全面了解故障发生前的使用、修理、技术维护情况和发生故障全过程的表现，再结合构造、工作原理，分析故障产生的原因。然后按照先易后难、先简后繁、由表及里、按系分段的方法依次排查，逐渐缩小范围，找出故障部位。在分析排查故障的过程中，要避免盲目拆卸，否则不仅不利于故障的排除，反而会破坏不应拆卸部位的原有配合关系，加速磨损，产生新的故障。

分析故障时还应注意以下几点：①检诊故障要勤于思考，采取扩散思维和集中思维的方法，注意一种倾向掩盖另一种倾向，经过周密分析后再动手拆卸。②应根据各机件的作用、原理、构造、特点以及它们之间相互关系按系分段，循序渐进的进行。③积累经验要靠生产实践，只有在长期的生产中反复实践，逐渐体会，不断总结，掌握规律，才能在分析故障时做到心中有数，准确果断。

4. 分析故障的方法

在未确定故障发生部位之前，切勿盲目拆卸。应采取以下方法进行故障检查分析。

（1）听诊法　就是通过听取机器异响的部位与声音的不同，迅速判定故障部位。

（2）观察法　就是通过观察排气烟色、机油油面高度、机油压力、冷却水温等方面的异常状况，分析故障原因。

（3）对比法　就是通过互换两个相同部件的位置或工作条件来判明故障部位。

（4）隔离法　就是暂时隔离或停止某零部件的作用，然后观察故障现象有无变化，以判断故障原因。

（5）换件法　就是用完好的零部件换下疑似故障零部件，然后观察故障现象是否消除，以确定故障的真实原因。

（6）仪器检测法　就是用各种诊断仪器设备测定有关技术参数，根据检测得到的技术数据诊断故障原因。

二、发动机的工作过程

1. 单缸四冲程发动机工作过程

发动机利用燃料在气缸内燃烧所放出的热量，使燃烧形成的气体膨胀推动活塞活动，再通过连杆使曲轴旋转，将燃料所产生的热能变为机械功。具体分为进气、压缩、作功和排气四个过程，单缸四行程发动机工作过程见图 6－1。

（1）进气过程　在进气行程开始时，活塞于上止点，进气门开启，排气门关闭。曲轴转动，活塞从上止点向下止点移动，活塞上方容积增大，压力降低，将清洁的空气（柴油机）或空气与燃料所形成的可燃混合气（汽油机）吸入气缸。注意事项：为了充

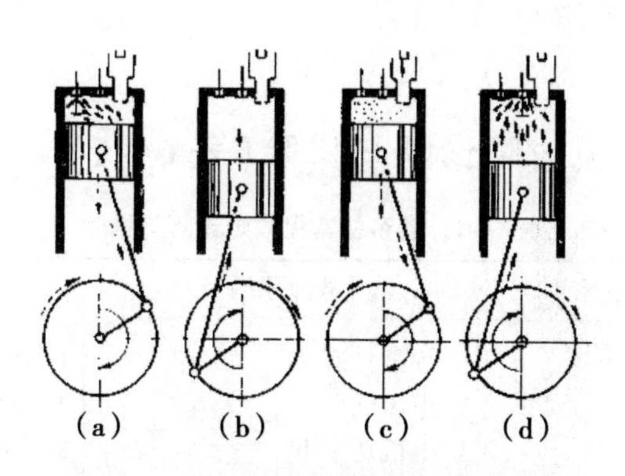

图 6－1　单缸四冲程柴油机的工作过程

a－进气行程；b－压缩行程；c－做功行程；d－排气行程

分利用气流的惯性增加进气量，减少排气阻力使进气更充足、废气排除更干净，发动机的进排气门是早开迟闭。

(2) 压缩过程　压缩行程开始，进、排气门关闭。活塞从下止点向上止点移动。活塞上方容积缩小，压缩吸入气缸内的空气（柴油机）或混合气（汽油机），使其压力和温度升高到易燃的程度。

(3) 作功过程　作功行程时，进、排气门仍然关闭，当压缩接近终了时，柴油机喷入雾状燃油借压缩终了的高温空气自行燃烧，汽油机火花塞发出电火花，点燃混合气作功，推动活塞向下运动。

(4) 排气过程　排气行程开始，进气门仍关闭，排气门开启，活塞由下止点向上止点移动，把燃烧后的废气挤出气缸，以便重新吸入新鲜空气或混合气。

发动机不断重复上述 4 个过程，输出机械功。曲轴每转两圈，活塞往复运动两次，完成进气、压缩、作功、排气一个工作循环的发动机，称为四行程发动机。在 4 个行程中，供油 1 次，并且只有作功行程是作功的，其他 3 个行程是消耗动力为作功做准备的。为了解决这个问题，曲轴端配备了飞轮，储存足够大的转动惯量。

2. 二冲程汽油发动机工作过程

曲轴每转一圈，活塞往复运动一次，完成进气、压缩、作功、排气一个工作循环的发动机，称为二行程发动机。

(1) 进气、压缩行程　活塞由下止点向上止点运动，活塞下部密封的曲轴箱内空间增大，压力降低，新鲜空气与汽油的混合气从进气口吸入曲轴箱。活塞继续上行，先后关闭换气口和排气口，活塞上部成为密封空间，气缸的混合气受到压缩。

(2) 作功、排气行程　当活塞上行到上止点附近时，受压缩的混合气由火花塞点燃，混合气燃烧并受热膨胀，推动活塞下行而作功。活塞下行关闭进气口时，曲轴箱内的混合气被压缩。当活塞下行至排气口打开时，气缸内的高压废气经排气口向外排出。活塞再下行，换气口打开，曲轴箱内受压缩的混合气经换气口进入气缸，在活塞顶导流下驱赶废气，为下一个工作循环做好准备。

操作技能

一、卷帘机常见故障诊断与排除(表6-1)

表6-1 卷帘机常见故障诊断与排除

故障名称	故障现象	故障原因	排除方法
帘卷不到顶	卷到棚顶时，帘卷不到顶	1. 皮带打滑 2. 电压低 3. 电机功率小	1. 调紧皮带 2. 减少电线长度或换粗线 3. 更换大功率电机
刹车失灵	刹车后草苫子（保温被）仍然下滑	1. 弹簧断开或制动蹄不到位 2. 刹车片破损 3. 皮带轮被卡住 4. 刹车片上油太多	1. 更换弹簧 2. 更换刹车片 3. 拆下皮带后并涂抹黄油 4. 清除刹车片上的油污
保温材料铺放不直	草苫子（保温被）不直	1. 铺放不均匀 2. 厚度不一	将草帘等软物垫于卷幔处，调直为止
作业时响声大	放帘时有噪音	1. 皮带轮与制动盘间隙过大 2. 制动盘内轴承破损	1. 取下皮带锁紧螺母后退1/2圈锁紧 2. 更换轴承
机头跑偏	机头跑偏	支撑杆与草苫子（保温被）角度不对	将草苫子（保温被）与支撑杆保持垂直
电机刮帘子	电机刮帘子	下支撑杆过长或上支撑杆过短	按标准搭配支撑杆长度比例

二、卷膜机常见故障诊断与排除(表6-2)

表6-2 卷膜机常见故障诊断与排除

故障名称	故障现象	故障原因	排除方法
电机不转	接通电源后电机不转	1. 未接通电源 2. 左右齿环凸台同时碰触微动开关	1. 检查保险丝和电源电压，确认接通符合要求的电源 2. 调整左、右齿环凸台，使其动作灵敏可靠
限位不准	该停止不停止	1. 锁紧螺钉未拧紧 2. 内部零件损坏	1. 拧紧锁紧螺钉 2. 检查更换内部损坏零件
噪声过大	运行中响声大	1. 安装不正确 2. 超载	1. 重新正确安装 2. 减轻负荷，不超负荷运行

三、微耕机常见故障诊断与排除(表6-3)

表6-3 微耕机常见故障诊断与排除

故障名称	故障现象	故障原因	排除方法
汽油机启动不着火	汽油机启动不着火	1. 油箱无燃油 2. 燃油阀未打开 3. 化油器无油 4. 化油内器部太脏，孔堵塞 5. 火花塞电极上积炭太多 6. 点火器损坏 7. 冷机时没有关闭阻风门 8. 错误加入柴油或其他油	1. 加足燃油 2. 打开燃油阀置于ON（开）的位置 3. 拧松化油器底部的放油塞，直到有油流出时拧紧该油塞 4. 分解化油器，用汽油清洗净各油孔和气孔 5. 清除火花塞电极上积炭 6. 更换点火器 7. 关闭阻风门 8. 用汽油清洗油箱、化油器等所有油管，然后加入汽油
发动机启动困难或无力	发动机启动困难或发动机运转无力	1. 空气滤清器堵塞 2. 燃油质量不好 3. 汽油机混合气质量不好 4. 汽油机火花塞电极积炭严重或间隙不对 5. 气门间隙不对 6. 气门漏气 7. 活塞环严重磨损 8. 因缺机油而拉缸	1. 清洗空气滤清器 2. 更换燃油 3. 清洗或更换化油器 4. 清除积炭和调整火花塞间隙 5. 调整气门间隙 6. 研磨或更换气门 7. 更换活塞环 8. 更换缸套、活塞和活塞环
离合器不分离	离合器不分离	1. 离合器手柄失灵 2. 离合器拉线失效 3. 定位销端部螺栓松动 4. 摩擦片失效 5. 分离轴承损坏 6. 离合器弹簧失效	1. 修理或更换离合器 手柄 2. 更换离合器拉线 3. 调整好拉线后拧紧 4. 更换 5. 更换 6. 更换
离合器打滑	离合器打滑	1. 分离拨叉没有回位充分接合 2. 离合器摇臂回位受阻 3. 离合器拉线调整过短，致使摩擦片接合不到位	1. 反复多次分离或清理各接合面 2. 清理回位障碍物 3. 重新调整离合器 拉线，使摩擦片充分接合
三角皮带打滑	三角皮带打滑	三角皮带过松或皮带磨损	更换或调整三角皮带的松紧度
变速箱内有异响	变速箱内有杂音	1. 齿轮啮合间隙调整不当或过度磨损 2. 润滑油不足	1. 调整齿轮啮合间隙或更换齿轮 2. 补充润滑油
挂挡失灵	挂挡不到位	1. 换挡拨头磨损过大、松动 2. 变速箱内轴弹簧失效 3. 变速箱轴承损坏或螺母松动	1. 更换 2. 更换 3. 更换轴承或拧紧螺母

四、手扶拖拉机机组常见故障诊断与排除

1. 柴油机常见故障诊断与排除（表 6－4）

表 6－4　柴油机常见故障诊断与排除

故障名称	故障现象	故障原因	排除方法
柴油机油路和气路导致启动困难	1. 无爆发声，排气管不冒烟 2. 有漏气声	1. 油路内有空气 2. 空气滤清器严重堵塞 3. 柴油滤清器或其他油路堵塞死 4. 供油拉杆卡死在不供油位置或与加速踏板连接脱落 5. 油泵滚轮弹簧折断 6. 进、排气门漏气 7. 气门间隙过小 8. 气缸盖垫片损坏 9. 活塞环严重磨损	1. 逐段排除油路内空气 2. 清洁空气滤清器和更换滤芯 3. 清洗柴油滤清器，清除油路堵塞 4. 修理 5. 更换 6. 研磨进、排气门 7. 调整气门间隙 8. 更换气缸盖垫片 9. 更换活塞环及缸套
	有连续爆发声，排气管有柴油味，冒白烟或少量黑烟	1. 空气滤清器堵塞 2. 气缸密封不良 3. 柴油中有水 4. 启动供油量不足 5. 喷油压力不足 6. 喷油器雾化不良 7. 供油提前角不正确	1. 清洁空气滤清器和更换滤芯 2. 修理活塞气缸组件，检修气门 3. 重新加注合格的柴油 4. 修理 5. 更换失效的偶件或弹簧 6. 修理喷油器 7. 调整供油提前角
排烟异常	排气冒黑烟（柴油燃烧不完全）	1. 发动机温度过低 2. 发动机负荷过大 3. 进气量不足 4. 供油时间过晚 5. 喷油质量不好 6. 气缸压缩不良 7. 供油量过大	1. 采取保温措施 2. 减少发动机负荷，冒烟减轻 3. 拆下空气滤清器滤芯，观察排气管排烟情况，如黑烟消失，清洗空气滤清器及进气系统；调整气门间隙 4. 若发动机在小油门时黑烟不断排出，反复踏动油门时，排气管有“突突”声或放炮声，并夹有黑烟排出；需调整供油提前角 5. 调整喷油压力和喷雾质量 6. 检修缸套、活塞、活塞环 7. 如果无论什么状态下，发动机都冒黑烟，检修调整喷油泵
	排气冒白烟	1. 发动机温度过低 2. 柴油中有水 3. 供油时间过晚 4. 气缸压缩不良 5. 喷油质量不好	1. 采取保温措施 2. 发动机燃烧过程中伴有“啪啪”的声音，表明柴油中有水，重新加注合格的柴油，排除气缸内漏水故障 3. 调整供油提前角 4. 发动机温度升高后白烟减轻，表明气缸压缩不良，应检修气缸套、活塞、活塞环的技术状态，必要时更换 5. 采用断缸法检查，当切断某缸的供油时，则白烟减轻，表明该缸喷油器故障，应调整或检修喷油器

续表

故障名称	故障现象	故障原因	排除方法
排烟异常	排气冒蓝烟（烧机油）	1. 油浴式空气滤清器内机油过多，机油从进气道吸入燃烧室 2. 油底壳润滑油面过高 3. 活塞环、气缸磨损超限、活塞环失效，机油从油底壳窜入燃烧室 4. 气门导管间隙过大，机油从气门导管窜入燃烧室	1. 检查油浴式空气滤清器内机油，如过高按规定改正 2. 检查油底壳润滑油面，如过高按规定改正 3. 启动发动机，待水温达70℃以上时拔出机油尺。若机油检测口处向外冒烟，表明活塞气缸组件密封不严，燃烧气体漏入油底壳，应拆卸活塞连杆组零件，进行检修或换件 4. 若检测口处冒烟不明显，表明机油是从气门导管进入燃烧室，应更换气门和气门导管
烧机油	机油消耗率超过6.9g/（kW·h），排气管冒蓝烟，机油加注口窜气严重，积炭增多	1. 油底壳、气门室盖漏油 2. 气缸、活塞、活塞环磨损严重 3. 气门与导管磨损严重 4. 机体破裂损或气缸垫破损 5. 主轴承间隙过大或油封磨损	1. 外部有油迹，查明原因并修理 2. 曲轴箱通气口窜气严重，说明气缸、活塞、活塞环磨损严重，检修或更换 3. 气门室盖处窜气严重，说明气门与气门导管磨损严重，更换磨损件 4. 排气管不冒蓝烟但水箱水面有机油存在，说明机体或气缸垫有破损，应修理和更换 5. 检查间隙，更换油封
汽缸垫烧坏	水箱中有大量气泡、水面有油花、油底壳机油面增高	1. 缸套凸肩平面高出机体平面过多或高度不够，缸垫被烧蚀 2. 缸盖螺栓拧紧力不够或不均匀 3. 缸盖变形 4. 缸盖或机体平面有缺陷 5. 缸垫质量不符合要求	1. 调整缸套凸肩平面高出机体平面符合要求 2. 拧紧缸盖螺栓，并受力均匀 3. 检查修整缸盖平面度 4. 检查修整缸盖或机体平面缺陷 5. 更换符合要求的缸垫

2. 底盘常见故障诊断与排除（表6－5）

表6－5 底盘常见故障诊断与排除

故障名称	故障现象	故障原因	排除方法
离合器打滑	发动机转速稳定，但功率不足，低挡起步迟缓，高挡起步困难，增加负荷走不动，严重打滑，离合器发热、冒烟、有烧焦味	1. 压盘、主动片、从动盘沾有油污 2. 摩擦片磨损铆钉外露、烧损或变形 3. 离合器踏板自由行程过小 4. 离合器分离间隙过小或三个分离间隙不一不致 5. 离合器弹簧弹力不足或折断	1. 清洁压盘、主动片、从动盘油污 2. 更换摩擦衬片 3. 检查调整踏板自由行程 4. 检查调整离合器分离间隙和三个分离杠杆高度符合要求 5. 离合器盖与飞轮的紧固螺钉，如松动则紧固，压紧弹簧如失效则更换

续表

故障名称	故障现象	故障原因	排除方法
离合器分离不清	离合器分离时，拖拉机仍有行走	1. 离合器分离间隙过大 2. 离合器3个分离杠杆高度不一致 3. 摩擦片翘曲、铆钉松动或摩擦片破裂 4. 摩擦衬片与压盘粘结或离合器压簧失效 5. 分离轴承损坏	1. 检查调整离合器分离间隙 2. 检查调整3个分离杠杆高度符合要求 3. 更换摩擦片 4. 更换摩擦衬片，用砂纸打磨压盘 5. 更换
挂挡失灵	挂挡不到位	1. 换挡拨头磨损过大、松动 2. 变速箱内轴弹簧失效 3. 变速箱轴承损坏或螺母松动	1. 更换 2. 更换 3. 更换轴承或拧紧螺母
转向困难（手扶拖拉机）	转向时费力	1. 轮胎气压过低 2. 手扶拖拉机转向拉杆过长 3. 扶手把与罩壳连接螺栓松动，使扶手把下降 4. 转向拨叉脚严重磨损 5. 转向弹簧弹力不够或折断	1. 冲气至规定气压 2. 缩短手扶拖拉机转向拉杆符合要求 3. 紧固扶手把与罩壳连接螺栓 4. 更换转向拨叉 5. 更换转向弹簧
制动失灵	不制动	1. 手扶拖拉机制动自由行程过大 2. 制动环严重磨损 3. 制动器杆件或凸轮磨损严重	1. 调整制动自由行程至规定值 2. 更换制动环 3. 修复或更换制动器杆件或凸轮

3. 电气系统常见故障诊断与排除（表6－6）

表6－6　电气系统常见故障诊断与排除

故障名称	故障现象	故障原因	排除方法
灯光暗淡	灯光发红，亮度不足	1. 散光玻璃或反光镜上积有灰尘、油污 2. 灯泡玻璃表面发黑 3. 导线接头锈蚀使电阻增大 4. 发动机转速过低 5. 灯泡不合规格，灯丝不位于反光镜焦点上而引起散光 6. 发电机磁力减弱	1. 清除灰尘、油污 2. 更换灯泡 3. 清除接头锈蚀，重新接线 4. 提高发动机转速到额定转速 5. 更换灯泡 6. 检修发电机绕组

续表

故障名称	故障现象	故障原因	排除方法
灯光闪耀	灯光忽明忽暗	1. 接头松动，接触不良 2. 灯紧固螺母松动，内部搭铁线断开，随机振动，时接时开 3. 导线绝缘塑料皮磨破，时有短路现象	1. 检查接头，重新接牢 2. 检修内部搭铁线，紧固灯紧固螺母 3. 检修导线绝缘塑料皮，磨破处用胶布包好或更换导线
灯不亮	灯完全不亮	1. 导线断路 2. 灯泡搭铁线脱落 3. 灯丝烧断 4. 开关损坏 5. 导线连接错误或短路 6. 蓄电池无电	1. 检修线路，断路接通 2. 接牢搭铁线 3. 更换灯泡 4. 检修或更换开关 5. 检修线路，重新正确接线 6. 检查蓄电池电量，无电充电
喇叭不响	接通电源后喇叭不响	1. 蓄电池无电 2. 保险丝烧断 3. 喇叭线断路、搭铁不良或接头接触不良 4. 开关损坏或继电器触点烧蚀 5. 喇叭线圈烧断 6. 导线连接错误或短路	1. 检查蓄电池电量，无电充电 2. 更换保险丝 3. 检修喇叭线路、开关等 4. 检修开关、继电器或更换 5. 检修喇叭线圈或更换

4. 旋耕机常见故障诊断与排除（表 6－7）

表 6－7　旋耕机常见故障诊断与排除

故障名称	故障现象	故障原因	排除方法
漏油	结合部漏油	1. 油封或纸垫损坏 2. 箱体有裂纹	1. 更换油封或纸垫 2. 修复箱体
机器跳动	作业时机器会跳动	1. 土壤坚硬 2. 刀片安装不正确	1. 降低作业速度和犁刀转速 2. 检查和按规定安装刀片
犁刀变形或损坏	犁刀弯曲或折断	1. 与石块或硬地相碰 2. 转弯时犁刀仍工作 3. 犁刀质量不好 4. 旋耕机下降过猛使刀片受力过大	1. 消除石块 2. 规范操作，落机缓慢，转弯时应提起旋耕机 3. 更换犁刀 4. 缓慢下降旋耕机，矫正或更换刀片
刀轴不转	犁刀轴转不动	1. 齿轮或轴承损坏后咬死 2. 犁刀轴变形 3. 犁刀轴缠绕草、堵泥严重 4. 刀轴侧板变形 5. 链条或其他传动件损坏	1. 修复 2. 校正或更换犁刀轴 3. 清除缠草和堵物 4. 矫正侧板 5. 检查、修复链条或其他传动件

续表

故障名称	故障现象	故障原因	排除方法
旋耕后地表不平	旋耕后地表不平	1. 犁刀安装不对 2. 旋耕机左右不水平 3. 拖板调节不当 4. 机组前进作业速度与刀轴转速不协调	1. 左右弯犁刀在刀轴交错安装 2. 调节横向水平 3. 调节拖板位置 4. 调整机组前进作业速度与刀轴转速
旋耕机负荷过大	耕不动，排气管冒黑浓烟	1. 耕深过大 2. 土壤黏重、干硬	1. 减小耕深 2. 降低机速和刀速；减少耕幅，两端犁刀如向外安装可对调成向内安装
碎土不均	旋耕时间断出现大土块	犁刀弯曲、折断或丢失	矫正或更换旋耕刀片
异响	作业时有金属敲击声	1. 旋耕刀固定螺栓松脱 2. 刀轴两端犁刀变形，碰击侧板突出部分 3. 刀轴传动链过松 4. 万向节倾角过大	1. 拧紧固定螺栓 2. 矫正或更换犁刀 3. 调整链条张紧度 4. 限制提升高度
刀座开焊	刀座焊缝开裂	1. 焊接质量差 2. 犁刀遇石头，受力过大 3. 犁刀装反，受力过大 4. 旋耕机落下太猛，犁刀受力过大	1. 重新焊接 2. 消除石块，重新焊接或更换刀座 3. 重新安装刀片 4. 注意旋耕机下降速度

5. 铧式犁常见故障诊断与排除（表 6－8）

表 6－8　铧式犁常见故障诊断与排除

故障名称	故障现象	故障原因	排除方法
犁不易入土	犁不易入土	1. 土质过硬，犁身太轻 2. 犁铧刃口严重磨损或铧尖部分上翘变形 3. 悬挂机组上拉杆过长 4. 牵引犁的横拉杆偏低或拖拉机拖把偏高	1. 在犁架上加配重 2. 修复或更换犁铧 3. 缩短上拉杆，使犁架在规定耕深下保持水平 4. 适当提高牵引犁横拉杆或降低拖拉机的拖把
耕后地表不平	耕后地表不平	1. 牵引装置安置不当 2. 各铧磨损不一致 3. 水平调节不当 4. 相邻行程之间衔接不好	1. 调节牵引装置 2. 更换或修复严重磨损的犁铧 3. 调节机架水平位置 4. 调节犁体相互位置
犁耕阻力大	犁耕阻力大	1. 犁铧磨钝 2. 犁加犁柱变形，犁体在歪斜状态下工作	1. 磨锐或更换犁铧 2. 矫正或更换犁柱
重耕或漏耕	重耕或漏耕	1. 偏牵引犁架歪斜 2. 犁的前后距离安装不当 3. 犁柱变形	1. 重新调整偏牵引犁架 2. 安装调整前后犁位置 3. 修理或更换犁柱
拖拉机向一侧偏驶	拖拉机向一侧偏跑，操纵方向困难	偏牵引	1. 对牵引犁，平移纵拉杆：当拖拉机右偏驶时，左平移；左偏驶时，右平移 2. 对悬挂犁，转动正位调节手柄

续表

故障名称	故障现象	故障原因	排除方法
驱动轮打滑	驱动轮原地转动，跑坑，不前进	1. 拖拉机附着重量不够 2. 拖拉机驱动轮胎磨损	1. 在驱动轮上加配重 2. 驱动轮上加防滑装置或更换轮胎

五、植保机械常见故障诊断与排除

1. 背负式手动喷雾器常见故障诊断与排除（表6－9）

表6－9　背负式手动喷雾器常见故障诊断与排除

故障名称	故障现象	故障原因	排除方法
压杆下压费力	塞杆下压费力，压盖顶端冒水。松手后，杆自动上升	1. 气筒有裂纹 2. 阀壳中铜球有脏污，不能与阀体密合，失去阀的作用	1. 焊接修复 2. 清除脏污或更换铜球
塞杆下压轻松	塞杆下压轻松，松手自动下降，压力不足，雾化不良	1. 皮碗损坏 2. 底面螺丝松动 3. 进水球阀脏污 4. 吸水管脱落 5. 安全阀卸压	1. 修复或更换皮碗 2. 拧紧螺帽 3. 清洗球阀 4. 重新安装吸水管 5. 调整或更换安全阀弹簧
压盖漏气	气筒压盖和加水压盖漏气	1. 垫圈、垫片未垫平或损坏 2. 凸缘与气筒脱焊	1. 调整或更换新件 2. 焊修
雾化不良	喷头雾化不良或不出液	1. 喷头片孔堵塞或磨损 2. 喷头开关调节阀堵塞 3. 输液管堵塞 4. 药箱无压力或压力低	1. 清洗或更换喷头片 2. 清除 3. 清除 4. 旋紧药箱盖，检查并排除压力低故障
漏液	连接部位漏水	1. 连接部位松动 2. 密封垫失效 3. 喷雾盖板安装不对	1. 拧紧连接部位螺栓 2. 更换密封垫 3. 重新安装

2. 背负式机动弥雾喷粉机常见故障诊断与排除（表6－10）

表6－10　背负式机动弥雾喷粉机常见故障诊断与排除

故障名称	故障现象	故障原因	排除方法
喷粉时有静电	喷粉时产生静电	喷粉时粉剂在塑料喷管内高速冲刷，摩擦起电	在两卡环间以铜线相连，或用金属链将机架接地
喷雾量减少	喷雾量减少或不喷雾	1. 开关球阀或喷嘴堵塞 2. 过滤网组合或通气孔堵塞 3. 挡风板未打开 4. 药箱盖漏气 5. 汽油机转速下降 6. 进气管扭瘪	1. 清洗开关球阀和喷嘴 2. 清洗通气孔 3. 打开挡风板 4. 检查胶圈并盖严 5. 查明原因并排除故障 6. 通管道或重新安装

续表

故障名称	故障现象	故障原因	排除方法
药液进入风机	药液进入风机	1. 进气塞与胶圈间隙过大 2. 胶圈腐蚀失效 3. 进气塞与过滤阀组合之间进气管脱落	1. 更换进气胶圈或在进气塞的周围缠布 2. 更换胶圈 3. 重新安装并紧固
药粉进入风机	药粉进入风机	1. 吹粉管脱落 2. 吹粉管与进气胶圈密封不严 3. 加粉时风门未关严	1. 重新安装 2. 密封严实 3. 先关好风门再加粉
喷粉量少	喷粉量少	1. 粉门未全打开或堵塞 2. 药粉潮湿 3. 进气阀未全打开 4. 汽油机转速较低	1. 全打开粉门或清除堵塞 2. 换用干燥的药粉 3. 全打开进气阀 4. 检查排除汽油机转速较低故障
风机故障	运转时，风机有摩擦声和异响	1. 叶片变形 2. 轴承失油或损坏	1. 校正叶片或更换 2. 轴承加油或更换轴承
二冲程汽油机燃油系统故障	油路不畅或不供油导致启动困难	1. 油箱无油或开关未打开 2. 接头松动或喇叭口破裂 3. 汽油滤清器积垢太多，衬垫漏气 4. 浮子室油面过低，三角针卡住 5. 化油器油道堵塞 6. 油管堵塞或破裂 7. 油中有水或燃油过脏 8. 二冲程汽油机燃油混合配比不当	1. 加油，打开开关 2. 紧固接头，改制喇叭口 3. 清洗滤清器，紧固或更换衬垫 4. 调整浮子室油面，检修三角针 5. 疏通油道 6. 疏通堵塞或更换油管 7. 排除油中水或更换燃油 8. 按比例调配燃油
	混合气过浓导致启动困难	1. 空滤器堵塞 2. 化油器阻风门打不开或不能全开 3. 主量孔过大，油针旋出过多； 4. 浮子室油面过高 5. 浮子破裂	1. 清洗滤网，必要时更换润滑油 2. 检修阻风门 3. 检查主量孔，调整油针 4. 调整浮子室油面 5. 更换浮子
	混合气过稀导致启动困难、功率不足，化油器回火	1. 油道油管不畅或汽油滤清器堵塞 2. 主量孔堵塞，油针旋入过多 3. 浮子卡住或调整不当，油面过低 4. 化油器与进气管、进气歧管与机体间衬垫损坏或紧固螺丝松动 5. 油中有水	1. 清洗油道，疏通油管，清洗滤清器 2. 清洗主量孔，调整油针 3. 检查调整浮子，保持油面正常高度 4. 更换损坏的衬垫，均匀紧固拧紧螺丝 5. 放出积水
	怠速不良，转速过高或不稳	1. 节气门关闭不严或轴松旷 2. 怠速量孔或怠速空气量孔堵塞 3. 浮子室油面过高或过低 4. 衬垫损坏，进气歧管漏气，化油器固定螺丝松动	1. 检修节气门与节气门轴 2. 清洗疏通油道及油、气量孔 3. 调整浮子室油面高度 4. 更换衬垫，紧固螺丝

续表

故障名称	故障现象	故障原因	排除方法
二冲程汽油机燃油系统故障	加速不良，化油器回火，转速不易提高	1. 浮子室油面过低 2. 混合气过稀 3. 加速量孔或主油道堵塞 4. 主量孔堵塞或调节针调节不当 5. 油面拉杆调整不当 6. 节气阀转轴松旷，只能怠速运转，不能加速	1. 调整浮子室油面 2. 调整进油量 3. 清洗加速量孔或主油道 4. 清洗主量孔，调整调节针 5. 调节拉杆，使节气阀能全开 6. 修理或更换新件
二冲程汽油机点火系统故障	火花塞火花弱，起动困难	1. 火花塞绝缘不良或电极积炭及烧坏 2. 电容器、点火线圈工作不良 3. 电容器搭铁不良或击穿 4. 电极潮湿或有油污，不跳火 5. 电极间隙过大过小 6 火花塞未拧紧 7. 分火头有裂纹漏电	1. 如高压线端跳火强而电极间火花弱，说明火花塞绝缘不良、电极积炭，清除积炭或更换新件 2. 更换新件 3. 拆下重新安装，使搭铁良好或更换新件 4. 烘干电极或清除油污 5. 调整电极间隙到规定值 6. 拧紧火花塞 7. 更换分火头
	怠速正常高速或加大负荷即断火	1. 火花塞电极间距过大 2. 点火线圈或电容器有破损 3. 火花塞引线松脱 4. 火花塞绝缘不良	1. 按要求调整电极间距 2. 更换新件 3. 接牢火花塞引线 4. 更换火花塞
	缓慢断火	1. 燃油路堵塞 2. 油中有水	1. 清洁化油器等燃油路 2. 排除油中的水或更换燃油
	磁电机火花微弱	1. 断电器触点脏污或间隙调整不当 2. 电容器搭铁不良或击穿 3. 磁铁退磁 4. 感应线圈受潮 5. 断电器弹簧太软	1. 清理、磨平、调整触点间隙，必要时更换 2. 卸下并打磨搭铁接触部位，重新安装 3. 充磁 4. 烘干 5. 更换
	点火过早或过迟	1. 点火时间调整不当 2. 触点间隙调整不当	1. 按规定调整点火时间 2. 按要求调整点火间隙
运转不平稳	爆燃有敲击声和发动机断火	1. 发动机过热 2. 浮子室有水和沉积机油	1. 停机冷却发动机，避免长期高速运转 2. 清洗浮子室；燃油中混有水也可造成发动机断火，更换燃油
输出功率不足	压缩良好但功率不足	1. 空气滤清器的滤片堵塞 2. 主量孔等燃油路堵塞引起供油不足 3. 燃油有水 4. 消音器积炭	1. 清洗空气滤清器 2. 清洁主量孔等燃油路 3. 排除燃油中水或更换燃油 4. 清除

续表

故障名称	故障现象	故障原因	排除方法
输出功率不足	过热	1. 燃油浓度过低 2. 汽缸盖积炭 3. 润滑油质量不好 4. 没接大软管	1. 调节化油器 2. 清除 3. 采用专用机油 4. 接上
	有撞击声	1. 燃油质量不好 2. 燃烧室积炭过多 3. 缸套活塞、活塞环等运动件磨损严重	1. 更换 2. 清除积炭 3. 检查更换

六、微灌系统常见故障诊断与排除(表6－11)

表6－11　微灌系统常见故障诊断与排除

故障名称	故障现象	故障原因	排除方法
管路压力不足	出水不畅，水流细又慢	1. 管道堵塞、破损或接头渗漏 2. 阀门未全开或损坏 3. 水源水压低 4. 灌水器堵塞或失灵	1. 清洁修复管道 2. 全开阀门或更换阀门 3. 检查升高水源水压 4. 清洁或更换灌水器
不出水	打开阀门或开关，无水喷出或个别喷头不喷水	1. 阀门或开关损坏 2. 管道或滤网堵塞 3. 喷头堵塞	1. 修复或更换阀门或开关 2. 清洁管道和滤网 3. 清洁或更换喷头
漏水	管路漏水	1. 密封件损坏 2. 喷头内零件磨损 3. 连接接头松动或年久失修	1. 更换密封件 2. 修复或更换喷头 3. 检修或更换

第七章 设施园艺装备技术维护

相关知识

一、技术维护的意义

新的或大修的机械，其互相配合的零件，虽经过精细加工，但表面仍不很光滑，如直接投入负荷作业，就会使零件造成严重磨损，降低机器的使用寿命。机械投入生产作业后，由于零件的磨损、变形、腐蚀、断裂、松动等原因，会使零件的配合关系逐渐破坏，相互位置逐渐改变，彼此间工作协调性恶化，使各部分工作不能很好地配合，甚至完全丧失功能。

技术维护是指机械在使用前和使用过程中，定时地对机器各部分进行清洁、清洗、检查、调整、紧固、堵漏、添加以及更换某些易损零件等一整套技术措施和操作，使机器始终保持良好技术状况的预防性技术措施，以延长机件的磨损，减少故障，提高工效，降低成本，保证机械常年优质、高效、低耗、安全地进行生产。

设施园艺种植装备的技术维护是计划预防维护制的重要组成部分，必须坚持“防重于治，养重于修”的原则，认真做好技术维护工作是防止机器过度磨损、避免故障与事故，保证机器经常处于良好技术状态的重要手段。经验证明，保养好的机械，其“三率”（完好率、出勤率、时间利用率）高，维修费用低，使用寿命长；保养差的则出现漏油、漏水、漏气，故障多，耗油多，维修费用高，生产率低，误农时，机器效益差，安全性差。可见，正确执行保养制度是使用好农业机械的基础。

二、技术维护的内容和要求

机械技术维护的内容主要包括：机器的试运转、日常技术保养及定期技术保养和妥善的保管等。

（一）机器的试运转

试运转又称磨合。试运转的目的是在不同转速下和负荷下，通过一定的时间的运转，使新的或大修过的农业机械相对运动的零件表面进行磨合，并进一步对各部分检查，排除可能产生故障和事故的因素，为今后的正常作业，保证其使用寿命，打下良好的基础。

微耕机、手扶拖拉机和小四轮拖拉机等农业机械有各自的试运转规程。同类产品试运转各阶段时间的长短，各生产厂家的规定也彼此相差颇大。但就试运转的步骤而言，大致是相同的，如拖拉机一般分为 4 个阶段进行，即发动机空运转、带机组试运转、行走空载试运转和带负荷试运转。具体规定见各机械的使用说明书。试运转结束后，应对机械进行一次全面技术保养，更换润滑油，清洗或更换滤清器等。

（二）日常保养

日常保养又称班次保养，是在每班工作开始前或结束后进行的保养。尽管各种机械由于结构、材料和制造工艺上的差异，保养规程各不相同，但其保养的内容大致相同。一般包括清洁、检查、调整、紧固、润滑、添加油料和更换易损件等。

1. 清洁

①清扫机器内外和传感器上粘附的尘土、颖壳及其他附着物等。

②清理各传动皮带和传动链条等处的泥块、秸秆。

③清洁风机滤网、保温帘、发动机冷却水箱散热器、液压油散热器、空气滤清器等处的灰尘、草屑等污物。

④按规定定期清洗柴油、机油、液压油的滤清器和滤芯；定期清洗或清扫空气滤清器（注意：有些空气滤清器只能清扫不能清洗）。

⑤定期放出油箱、滤清器内的水和机械杂质等沉淀物。

2. 检查、紧固和调整

机械在工作过程中，由于震动及各种力的作用，原先已紧固、调整好的部位会发生松动和失调；还有不少零件由于磨损、变形等原因，导致配合间隙变大或传动带（链）变形，传动失效。因此，检查、紧固和调整是机械日常维护的重要内容。其主要内容有：

①检查各紧固螺钉有无松动情况，特别是检查各传动轴的轴承座、过桥轴输出皮带轮、传动轴皮带轮等处固定螺钉。

②检查动、定刀片的磨损情况，有无松动和损坏；检查动刀片与定刀片的间隙。

③检查各传动带、传动链的张紧度，必要时进行调整。

④检查密封等处的密封状态，是否有渗漏现象。

⑤检查制动系统、转向系统功能是否可靠，自由行程是否符合规定。

⑥检查控制室中各仪表、操纵机构、保护装置是否灵敏可靠。

⑦检查电气线路的连接和绝缘情况，有无损坏和接触。

3. 加添与润滑

（1）及时加添油料　加添油料最重要的是油的品种和牌号应符合说明书的要求，如柴油应沉淀48h以上，不含机械杂质和水分。

（2）及时检查加添冷却水　加添冷却水，最重要的是加添干净的软水（或纯净水），不要加脏污的硬水（钙盐、镁盐含量较多的水）等。

（3）定期检查蓄电池电解液　不足时及时补充。

（4）按规定给机械的各运动部位加添润滑油（剂）　如输送链条、各铰链连接点、轴承、各黄油嘴、发动机、传动箱、液压油箱和减速器箱等。

加添润滑剂最重要的是要做到“四定”，即“定质”、“定量”、“定时”、“定点”。“定质”就是要保证润滑剂的质量，润滑剂应选用规定的油品和牌号，保证润滑剂的清洁。“定量”就是按规定的量给各油箱、润滑点加油，不能多，也不能少。“定时”就是按规定的加油间隔期，给各润滑部位加油。“定点”就是要明确机械的润滑部位。

4. 更换

在机械中，有些零件属于易损件，必须按规定检查和更换，如“三滤”的滤芯、传动链、传动胶带、动、定刀片和密封件等。

（三）定期保养

定期保养是在机器工作了规定的时间后进行的保养。定期保养除了要完成班次保养的全部内容外，还要根据零件磨损规律，按各机械的使用说明书的要求增加部分保养项目。定期保养一般以“三滤”（空气滤清器、柴油滤清器、机油滤清器）、电动机、风机等的清洁、重要部位的检查调整，易损零部件的拆装更换为主。

三、机器入库保管

（一）入库保管的原则

1. 清洁原则

清洁机具表面的灰尘、草屑和泥土等粘附物、油污等沉积物、茎秆等缠绕物，清除锈蚀，涂防锈漆等。

2. 松弛原则

机器传动带、链条、液压油缸等受力部件要全部放松。

3. 润滑密封原则

各转动、运动、移动的部位都应加油润滑，能密封的部件尽量涂油或包扎密封保存。

4. 安全原则

做好防冻、防火、防水、防盗、防丢失、防锈蚀、防风吹雨打日晒等措施。

（二）保管制度

①入库保管，必须统一停放，排列整齐，便于出入，不影响其他机具运行。

②入库前，必须清理干净，无泥、无杂物等。

③每个作业季节结束后，应对机器进行维护、检修、涂油，保持状态完好，冬季应放净冷却水。

④外出作业的机器，由操作人员自行保管。

（三）入库保管的要求

使用时间短，保管时间长的机器，且该机结构单薄，稍有变形或锈蚀便失灵不能正常作业，因此，保管中必须格外谨慎。

1. 停放场地与环境

机器的停放场地应在库棚内；如放在露天，必须盖上棚布，防止风蚀和雨淋，并使其不受阳光直射，以免塑料机件老化或金属件锈蚀。

2. 防腐蚀

机器不能与农药、化肥、酸碱类等有腐蚀性物资存放一起，胶质轮不能沾染油污和受潮湿。

3. 防变形

为防止变形，机器要放在地势较高的平地且接地点匀称，绝对不得倾斜存放；机器上不能有任何杂物挤压，更不能堆放、牵绑其他物品，避免变形。

4. 塑料制品的保养

①塑料制品尽量不要把它放在阳光直射的地方，因为紫外线会加快塑料老化。

②避免暴热和暴冷，防止塑料热胀冷缩减短寿命。

③莫把塑料制品放在潮湿、空气不流通的地方。

④对于很久没有用过的塑料制品，要检查有没有裂痕。

5. 橡胶制品的保养

橡胶有一定的使用寿命，时间久了，就会老化。在保存方面，除了放置在日光照射不到，阴凉干燥处外，还要远离含强酸和强碱的物料。另外，还有一个延长使用寿命的方法：在橡胶制品不使用的时候，可在其外表涂抹一些滑石粉即可。

操作技能

一、保温物料的维护保养

1. 保温被的维护保养

温室大棚棚顶上经常外露部分可以用其他材料覆盖，棚顶上的保温被在未使用季节，建议把它拆下晒干，放于阴凉处。若一定要放在棚顶，必须用防水及厚重的覆盖物覆盖，以减缓材料老化。定期检查保温被表层，避免积雪过多；停用后应小心拆放，避免使用利器划伤表层。表面做到基本的清洁工作，不要有积水现象。保温被放入阴凉屋内存放时，注意通风干燥。注意明火。

2. 草苫子的维护保养

（1）卷帘速度要均匀　切忌卷速太快。

（2）卷帘机工作时　仔细观察尼龙绳的松紧，随时调整，直到每根尼龙绳的长度不再变化，均匀受力为止，保证草帘同时升降，避免草帘横向受力，缩短草帘寿命，增加费用，也降低效率。

（3）遇到雨雪天气时　草苫子上用废旧塑料薄膜覆盖，避免因潮湿霉烂。

（4）草苫不用时　要将草苫晒干，垛好，加防鼠药剂，一定要使用无纺布或者多层薄膜将草苫包好、封严，以防雨淋。

二、卷帘机的技术维护

（一）减速箱的技术维护

1. 检查减速箱体是否有裂纹、变形

2. 检查箱内的油质和油量

若油变黑、手指捻摸没有黏性，有杂质，说明油已失效，必须更换符合技术要求的润滑油。油量不足时要补充加足。减速箱齿轮油油位的检查方法，先要将减速箱置于水平位置，拧开有特殊标记的检油螺钉，通过观察检油螺钉孔是否有油漫出来进行判断。

3. 放油

①使用扳手拧开减速箱放油螺钉。

②使用油盆接取废油。

③从加油口注入少量柴油反复冲洗几次，将附着的残油与杂质排尽后，拧紧减速箱放油螺钉。

4. 添加润滑油

①拧开减速箱检油位螺钉。

②拧开减速箱加油口。

③放平机器。

④使用漏斗添加新机油。

⑤当检油口有机油溢出时停止加油。

⑥拧紧检油口螺钉，拧紧加油。

5. 检查密封垫

检查密封垫是否损坏、漏油，必要时更换新的密封垫。

6. 检查箱内齿轮、轴承、轴等

检查箱内齿轮、轴承、轴等有无损坏、变形，严重损坏的要更换。

7. 减速机电动机的技术维护

电动机是减速机的心脏，经过一段时间的使用，难免受潮或碰伤。

①检查时，用手旋转转子轴，看是否灵活，听机内有无摩擦和碰撞。如若风叶与机壳相碰，或是定子与转子相擦，一定要进行修复，调整其间隙。

②用手转动电机，若运转不灵活，检查轴承是否损坏，如未损坏，应拆洗上油；若已损坏，应更换新轴承。

③检查电机炭刷是否磨损，清除整流子表面污物，清除槽内污物。

④对定子和转子进行低温烘烤，驱除潮气。

⑤检查电动机接线是否牢固，电线有无破损。

⑥用兆欧表检查电机绕组的绝缘情况。发现有短路或断路时拆开修理。

（二）其他部件的技术维护

①检查供电线路和控制开关，发现线路老化，开关漏电，及时排除。

②检查保养制动系统，确保工作可靠。

③检查各连结件是否紧固可靠，如发现松动及时拧紧。

④检查卷帘轴与上、下臂有无损伤和弯曲变形；检查上、下臂铰链轴的磨损程度，特别是主机与上臂及卷帘轴的连接可靠性。

⑤检查各轴承、润滑点并及时加注润滑油、脂，主机润滑油每年更换一次。

⑥卷帘机使用完毕，可卷至上限位置，用塑料薄膜封存。如拆下存放要擦拭干净，放在干燥通风处。卷帘轴与上、下臂在库外存放时，要将其垫起离地面 0.2m 以上，并用防水物盖好，以免锈蚀，并应防止弯曲变形，必要时重新涂防锈漆。

（三）安全注意事项

①卷帘机在每年作业前应检修并保养一次。

②维护时，必须将卷帘机放至下限位置时进行，并应先切断电源。确需在温室面上维修时，应当用绳把卷帘轴固定好，严防误送电使卷帘轴滚落伤人。

三、卷膜机的技术维护

（一）卷膜机的技术维护

①检查各连结件是否紧固可靠，如发现松动及时拧紧。

②定期检查卷膜机与卷膜杆连接部分是否牢固，以防脱落，并保持卷膜杆水平。

③检查大棚压膜线的松紧程度，否则将影响卷膜机的正常开闭。

④定期对各连接部分（轴套）加油润滑（6个月），检查发现问题及时解决。

（二）注意事项

①卷膜机的安装应在有安装经验的人员指导下进行，以保证安装轴线的直线度和各连接件的正确安装，各转动件转动灵活，无卡阻现象。

②卷膜机应注意防潮，防锈，防卡死。

③不要随意将卷膜机拆卸和分解。

四、微耕机和手扶拖拉机机组的技术维护

微耕机和手扶拖拉机机组的维护保养包含机器试运转、日常技术保养、定期技术保养和入库前的技术保养。

（一）试运转

不同厂家生产的微耕机和手扶拖拉机机组有不同的磨合规范，应按说明书的规定进行，一般微耕机的磨合过程可分为发动机的空载运转、整机空载试运转、带负荷试运转和试运转结束后的维护保养4个阶段。

1. 发动机空载运转

①按说明书规定顺序启动发动机。

②启动后，使发动机怠速运转5～10min，观察发动机运转情况正常后，使发动机保持在中低速运转，待水温达到50℃以上后，再将发动机转速逐步提高到额定转速，进行空运转20～30min，并进行技术状态检查。注意各指示仪表的读数，特别应注意声音、机油压力、排气冒烟颜色及漏水、漏油、漏气等情况。

2. 整机空载试运转

发动机空载磨合并检查完毕后，即开始整机的空负荷磨合工作。整机空负荷磨合是在道路上和田间进行的，只用行走轮，不加载耕作机具。

①发动机在中速与高速运转下，操纵微耕机或手扶拖拉机各手柄，使机器在原地反复进行接合、分离及转向、运动等20～30次。检查操纵机构是否灵活，回位与升降机构动作是否正常，工作部件是否正常等。

②整机在低速、中速和高速分别行走2～3h，操纵机器各手柄，带动各工作部件运动。经常检查其各部技术状态是否正常。

3. 带负荷试运转

微耕机或手扶拖拉机机组下地作业时，先后带1/2、2/3的负荷分别在中速/中高速进行作业2～4h，后进行高速作业。注意各指示仪表的读数，特别应注意声音、机油压力、排气冒烟颜色及漏水、漏油、漏气等情况。

4. 试运转结束后的维护保养

①部分机型按说明书更换润滑油。有些机型20～50h更换润滑油。

②清洗柴油滤清器、机油滤清器和空气滤清器。

③拧紧气缸盖螺母，检查并调整各部位间隙、压力，检查各操纵机构的行程。

④部分机型更换冷却水。

⑤按润滑表对各润滑点加注规定的润滑脂。

⑥检查并拧紧所有外部紧固螺栓和螺母。

⑦将试运转的情况记入微耕机技术档案。

（二）日常技术保养

微耕机和手扶拖拉机机组日常保养主要包括清洁、检查、调整、紧固、润滑等内容。

1. 清洁

机具在田间工作，特别是外部沾有较多的泥污、杂物等堵塞或缠绕，每天作业结束后要进行清洁。

①用水清洗，注意避免水进入空气滤清器内和电气装置配件。

②清除旋耕机刀柄上的缠草时必须在发动机熄火后进行。

2. 检查

（1）发动机部分　作业后外部检查内容有检查机油位是否在规定位置、机油质量是否合格、油杯是否清洁、空气滤清器是否清洁等。

①机油检查。检查发动机机油最好是冷机，车辆停在平坦的路面上，以提高油位检测的准确度，如热机应熄灭发动机，等 5 ~ 10min，让一些停留在发动机上部的机油有充分的时间流入油底壳。取出机油尺用干净的棉布擦干净，再将机油尺重新插入发动机机油尺孔中，静等几秒让机油能完全黏附在机油尺上。最后，取出机油尺，观察机油尺上的机油痕迹最高处位置是否在规定范围内。

②空气滤清器检查。检查空气滤清器滤芯是否堵塞，如灰尘过多要及时清理。海棉滤芯中如有过多的机油，会造成发动机工作异常。

③燃油过滤器沉淀杯（油杯）检查。检查油杯内是否有杂质和水沉淀，如有要及时清洗。

④泄漏检查。检查和排除漏油、漏水和漏气现象。

（2）底盘部分

①检查变速箱紧固螺栓是否松动。

②检查变速箱润滑油数量和质量是否符合技术要求。

③检查变速箱通气孔是否堵塞。

（3）操纵控制部分

①离合器手柄检查。检查手柄是否动作顺滑灵敏，间隙正常。

②转向离合器手柄检查。每日检查转向手柄间隙是否在规定范围之内，避免转向不灵或始终转向的情况出现。

③油门手柄检查。每日检查油门手柄是否保持动作顺滑，检查油门手柄是否在规定位置，即手柄处于最小位置时油门同样处于最小位置，手柄处于最大位置时油门也处于最大位置。

④汽油机风门手柄检查。每日检查汽油风门拉线是否保持动作顺滑灵活，检查风门手柄是否在规定位置，即手柄拉出时风门关闭便于冷机启动，推入时风门打开正常供油是发动机达到正常工作状态。

（4）旋耕机刀片的检查

①检查刀片与刀座连接是否紧固可靠。

②检查刀座与轴是否脱焊，焊缝是否有裂纹。

③检查刀片磨损程度，严重时应成对更换刀片。

3. 调整

微耕机和手扶拖拉机的各配合间隙、皮带张紧度、拉线松紧度等若不符合技术要求，应调整到符合使用的技术要求。

4. 紧固

作业后每日须检查机器各连接紧固件是否紧固；如发动机与机架连接固定螺栓、行走部重要固定螺栓、旋耕机等重要的连接紧固螺栓。

5. 润滑

各连接部、支点部及运动部应每天清洗后涂上适量黄油。

（三）定期技术保养

1. 每工作100h或耗油200kg的技术保养

①完成日常保养的全部内容。

②洗空气滤清器和机油滤清器，并换机油。

③用柴油或煤油清洗柴油滤清器和滤网。

④检查气门间隙和减压机构工作情况，必要时调整。S195柴油机冷机进气门间隙为0.35mm，排气门间隙为0.45mm。

⑤热机放尽柴油机油底壳或传动箱体机油，用柴油清洗曲轴箱、油底壳、集油器或传动箱体，并加入新机油。

⑥检查并调整离合器分离轴承和分离杠杆头部之间的间隙，将离合器制动手柄放在“合”的位置，旋松锁紧螺母，旋转调整螺母，使三只分离杠杆的球头与分离轴承之间的间隙为0.4～0.7mm。

⑦检查并调整离合器及制动操纵手柄，将离合器制动操纵手柄放在“合”的位置，然后调整离合器拉杆的长短，使其自由行程为25～30mm，这样，当离合制动手柄处于“离”的位置，就能可靠分离。将离合制动手柄放在“离”的位置，调整制动拉杆的长短及调整螺母的位置，使弹簧与拉耳开始相顶，并使弹簧压缩3～5mm，然后拧紧调整螺母，这样再把手柄拉到“制动”位置，观察能否达到可靠制动。

⑧检查并调整传动链条的张紧度。

⑨检查轮胎气压是否为196kPa左右。

⑩检查万向节轴的十字轴、轴承润滑和磨损情况，并加注润滑脂，必要时进行清洁或更换。检查万向节轴的、开口销有否缺损。

⑪检查旋耕机刀轴两端轴承是否过度磨或因油封失效而进泥水，必要时拆开清洗，更换油封或轴承，加注黄油。

⑫检查旋耕机刀片是否，必要时拆下重新煅打磨刃或更换。

⑬检查犁的技术状态是否良好，各调节机构灵活自如。

⑭检查犁铧前、后壁，犁侧板等易磨损件的磨损情况，需更换的要及时更换。

2. 每工作500h或耗油1 000kg的技术保养

①完成每工作100h的保养项目。

②检查气门密封性，必要时研磨气门。

③清除气缸套、活塞上的积炭。

④拆洗曲轴、活塞，清洗连杆轴颈和曲轴油道。

⑤检查喷油器压力及雾化情况，必要时进行调整或用煤油清洗。

⑥清除发动机内水垢。

⑦检查供油提前角是否在压缩上止点前15°～18°，必要时进行调整。

⑧检查连杆瓦和主轴承间隙是否过大，必要时进行更换。

⑨拆洗离合器和轴承，检查摩擦片等零件的磨损情况，必要时更换，并向轴承加注黄油。

⑩清洁发电机的内部污物，检修定子、转子等。

⑪拆洗各传动、变速等箱体，更换齿轮油；检修密封圈、拨叉脚和链条等零件的变形、磨损等情况，必要时更换。

⑫拆下旋耕机全部刀片，进行检查矫正，然后涂上黄油保存起来。

⑬拆洗万向节轴总成，清洗十字轴滚针，必要时更换。

⑭不用时，在犁体等部件的工作表面涂防锈油，犁体要垫起并保持水平。

3. 每工作1 500～2 000h的技术保养

①拆开全部零部件并清洗干净。

②检查鉴定零部件的技术状态和磨损情况，必要时进行修理或更换新件。

③发动机的定期技术保养按发动机使用说明书的规定进行。

④大修装配后整机必须经过磨合试运转后，才能投入正常使用。

（四）入库技术保养

（1）按照日常保养的内容进行清洁、检查、调整、紧固、润滑等　做到运动部件无缠草和泥土，整体无明显污迹、灰尘。全面检查各机构的磨损、变形情况，恢复其原来形状和尺寸，调整各机构达到正常使用状态。

（2）汽油机

①排净燃油箱、沉淀杯、气化器内的剩余油料，并清洗内中积垢。否则燃油长期不用会有胶质沉淀，堵塞油路，造成启动困难。

②取下火花塞，向气缸内注入适量（20ml）的机油，将启动器拉动10转左右，使缸套、活塞环和活塞表面涂附上机油，然后装回火花塞或喷油器体，将活塞停在上止点位置。

（3）冬季，机车停放后　等水温降到60℃以下放尽发动机的冷却水，以免冻裂机体。

（4）柴油机油箱要加满柴油，防油箱内壁生锈

（5）各运动部位和规定注油处各运动部位和规定注油处充分注油　各工作表面如滑道、螺栓等部位要涂防锈油。

（6）农机具应停放在干燥的机库内　用木块将前、后轮支离地面。如条件所限，需停放在露天时，应用蓬布盖好，周围挖好排水沟。存放场地应远离火源（如油库、伙房等）。

（7）入库后放松传动皮带、链条等　各操纵手柄置于分离或中立位置，油门置于

停止供油位置，油门开关处于切断位置等。

(8) 包扎好排气管口等，防灰尘等进入

(9) 定期检查　蓄电池电解液的液面和高度，每月对蓄电池补充充电 1 次。

(10) 每隔 3 个月将发动机启动 1 次　启动后在各种转速下运行 10min，观察有无不正常现象。

五、植保机械的技术维护

(一) 背负式手动喷雾器的技术维护

①作业后放净药箱内残余药液。

②用清水洗净药箱、管路和喷射部件，尤其是橡胶件。

③清洁喷雾器表面泥污和灰尘。

④在活塞筒中安装活塞杆组件时，要将皮碗的一边斜放在筒中，然后使之旋转，将塞杆竖直，另一只手帮助将皮碗边沿压入筒内就可顺利装入，切勿硬行塞入。

⑤所有皮质垫圈存放时，要浸足机油，以免干缩硬化。

⑥检查各部螺丝是否有松动、丢失。如有松动、丢失，必须及时旋紧和补齐。

⑦将各个金属零件涂上黄油，以免锈蚀。小零件要包装并集中存放，以防丢失。

⑧保养后的机器应整机罩上一塑料膜，放在干燥通风处，远离火源，并避免日晒雨淋，以免橡胶件、塑料件过热变质，加速老化。存放环境温度也不得低于0℃。

(二) 背负式机动弥雾喷粉机的技术维护

①按背负式手动喷雾器的程序进行维护保养

②燃油应使用规定比例的混合油，其机油与汽油比例：新机或大修后前 50h，比例为 20：1；其他情况下，比例为 25：1。混合油要随用随配。加油时必须停机，注意防火。

③机油应选用二冲程专用机油，也可以用一般汽车用机油代替，夏季采用 12 号机油，冬季采用 6 号机油，严禁实用拖拉机油底壳中的机油。

④启动后和停机前必须空载低速运转 3 ~ 5min，严禁空载大油门高速运转和急剧停机。新机器在运行最初 4h，不要加速运转，以每分钟 4 000 ~ 4 500转即可。新机磨合要达 24h 以后方可加负荷工作。

⑤喷施粉剂时，要每天清洗汽化器、空气滤清器。

⑥长塑料管内不得存粉，可在拆卸之前空机运转 1 ~ 2min，借助喷管之风力将长管内残粉吹尽。

⑦长期不用时，应放尽油箱内和汽化器沉淀杯中的残留汽油，以免油针等结胶；取出空气滤清器中的滤芯，用汽油清洗干净；从进气孔向曲轴箱注入少量优质润滑油，转动曲轴数次。

⑧防锈蚀。用木片刮去火花塞、气缸盖、活塞等部件的积炭，并用润滑剂涂抹，同时润滑各活动部件，以免锈蚀。

六、微喷灌系统的技术维护

①对泵站、蓄水池等工程应按技术要求进行维修保养。对蓄水池沉积的泥沙等污物

应按期打扫洗刷。开敞式蓄水池的静水中易于滋生藻类，在灌溉季节应按期向池中投放绿矾，可避免藻类滋生和由微生物引起的堵塞。

②每周检查和清洗供水系统，减少水垢的沉积，尤其对网式或叠片式过滤器进行清洗以避免喷头的堵塞；检查滤网是否完好无损，否则更换新滤网。

③过滤器两端均需设压力表，作业中随时观察喷灌机上的压力表，注意保持喷灌机在额定的工作压力下工作，并保持喷头离作物高度与喷灌臂上喷头之间的距离相同，以保证喷灌机喷洒的均匀性。作业时当两端压力差大于0.3 kgf/cm^{2}时，须清洗过滤器。

④喷嘴出现杂质附着或堵塞问题时，应用细软毛刷或酸洗予以清除，避免采用牙签等硬质物品清除喷嘴中杂质，以免喷嘴磨损而影响喷洒均匀度。

⑤加强水质检测，按期进行化验分析，发现问题采取相应办法解决。

⑥经常维护水管路，防漏水。UPVC管与过滤器的连接通过内丝接头，管螺纹间用生料带密封。

⑦要使用经过严格过滤的净水或自来水，不要直接使用池塘或河流中的水。

⑧如果温室内冬季有低于0℃情况，所有管道和设备都要提前放水，注意防冻。

⑨预防堵塞：方法为定期检查和加强水质检测两种。如发生堵塞处理方法有两种：加氯处理法和酸处理法。

七、发动机空气滤清器滤芯的清洁或更换

①拆下空气滤清器的罩后，拆下滤芯。

②在融入中性洗涤剂的水中，将滤芯洗涤后甩干。将滤芯放入干净的机油中，然后再挤干。海棉滤芯脏污时，可用柴油清洗后拧干。

③擦拭空气滤清器壳体和罩内的污染后，加注机油。

④若滤芯破损变形应及时更换新滤芯。

⑤重新装好空气滤清器。

注意事项：拧干海绵滤芯时，不能用力拧搅，以防海绵破损变形。空气滤清器和滤芯的组装，如不能完全到位时，灰尘等污染物会进入发动机，造成发动机工作异常，磨损加剧。

八、发动机机油和机油滤清器的更换

机油长期不换，会造成机油缺少，机油变质，失去黏性，润滑性能变差，增加运动部件的磨损，严重时会使发动机出现“拉缸”、“抱瓦”现象。机油质量检查时先观察其透明度，色泽通透略带杂质说明还可以继续使用，若色泽发黑，闻起来带有酸味的时候就要去更换机油。检查油质黏稠度时，沾一点机油在手上，用两个手指检查机油是否还具有黏性，如果在手指中没有一点黏性，说明机油已达到使用极限，需要更换，以确保发动机的正常运作。

①在热机状态下，将机停在平坦地面上，熄灭发动机，等5~10min，使用扳手拆卸放油螺栓，使用接油盆接取废机油。同时还可以拉动启动拉绳使发动机反复运动几次，趁热放尽机油，拧紧放油螺塞。

②从加油口注入少量柴油反复冲洗几次，将附着的残油与杂质排尽。

③将机油与柴油的混合物加入发动机机油加油口。启动发动机，并使发动机低速运转数分钟，清洗机油道（注意油压指示，如发动机无油压应及时熄火）。

④拆下机油滤清器，放尽清洗油。

⑤换新机油。拧紧放油螺栓，用漏斗由检油口加入符合技术要求的新机油。

⑥换上新的机油滤清器，在新的机油滤清器密封圈上抹上机油，拧紧机油滤清器及放油螺塞。

⑦当加油量接近规定数值时，使用检油尺检查机油高度是否在“麻区”，当油位接近“麻区”上限时，停止加油。

⑧启动发动机，用低速运行，直到油压指示灯熄灭。

⑨关闭发动机，等待 5min 后，用机油尺复查机油量。

九、V 带的拆装和张紧度检查

1. 拆装

拆装 V 带时，应将张紧轮固定螺栓松开，不得硬将 V 带撬上或扒下。拆装时，可用起子将带拨出或拨入大胶带轮槽中，然后转动大皮带轮将 V 带逐步盘下或盘上。装好的胶带不应陷没到槽底或凸出在轮槽外。

2. 安装技术要求

安装皮带轮时，在同一传动回路中带轮轮槽对称中心应在同一平面内，允许的安装位置度偏差应不大于中心距的 0.3%。一般短中心距时允许偏差 2～3mm，中心距长的允许偏差 3～4mm。多根 V 带安装时，新旧 V 带不能混合使用，必要时，尺寸符合要求的旧 V 型带可以互相配用。

3. V 带张紧度的检查

V 带的正常张紧度是以 4kg 左右的力量加到皮带轮间的胶带上，用胶带产生的挠度检查 V 带张紧度。检查挠度值的一般原则是：中心距较短且传递动力较大的 V 带以 8～12mm 为宜；中心距较长且传递动力比较平稳的 V 带以 12～20mm 为宜；中心距较长但传递动力比较轻的 V 带以 20～30mm 为宜（图 7－1）。

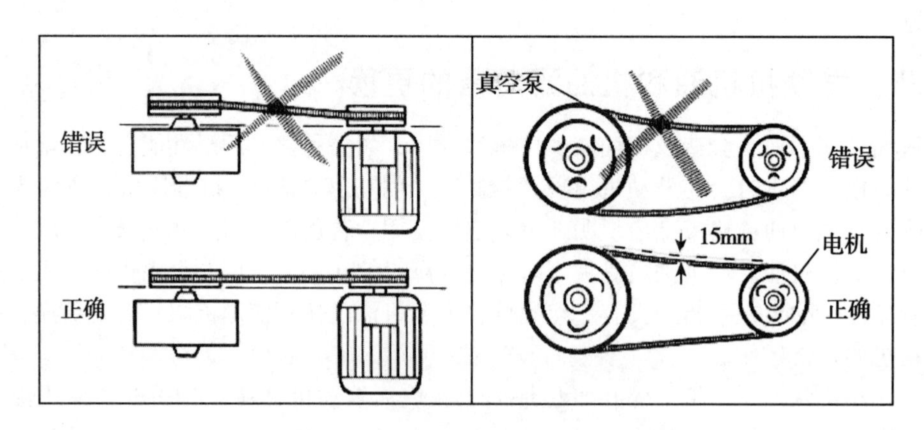

图 7－1　V 带松紧度安装调整示意图

第三部分　设施园艺装备操作工——中级技能

第八章　设施园艺装备作业准备

相关知识

一、温室环境的内涵

环境是指围绕着生物体周围的所有事物。温室环境是指围绕设施农业中生物生长发育和产品转化具有直接作用的主要环境因素。它一般可分为物理环境和化学环境两方面。物理环境包括温室周围的温度、光照（光的强度、波长和照射时间）和热辐射、空气流动（包括风向和风速）、水的运动状态和噪声等，其中，由空气温度、湿度、热辐射、空气与水的流动等因素所构成的环境称为热环境。热环境是自然界中在不同地区和不同季节变化最大、最易出现不利于农业生物生长发育条件的因素。化学环境主要是指生物周围空气、土壤和水中的化学物质成分组成，主要包括对农业栽培植物生长发育有害的 CO、H_2S、SO_2、NH_3等成分，以及土壤或水中的各种化学物质组成的情况。

环境是影响农业生物生长发育，决定其产品产量和品质的重要因素。影响和决定农业生物生长发育、产品产量和品质的各种因素可以概括为遗传和环境两个方面。遗传决定植物生长发育、产量高低和产品品质等方面的潜在能力，而环境则决定植物的遗传潜力能否实现或在多大程度上得以实现。再好的良种，如果没有适宜的环境条件，就不能充分发挥其遗传潜力。

二、温室环境对生物的影响

下面简单介绍温室光环境、温度环境、水分环境、气体环境和土壤环境对生物的影响。

（一）温室光环境对生物影响

光在温室中发挥多种机能，光是温室作物进行光合作用、形成温室内温度、湿度环境条件的能源，光照是以自然光为主要光源的温室进行光合作用的第一要素；光还和植物的花、芽等作物器官的形成关系密切，要调控作物的形态建成；光中的紫外线与作物器官（如花、果实等）的色素表达关系密切。要改变温室内的温、湿度时，首先要调节进入其中的光照，光照日长和入射光谱等的调节就是关键。

影响温室生物生长发育的光环境因素主要有：光照强度、光照时数、光的组成（光质）和光的分布均匀性。

1. 光照强度

温室内的光照强度，一般均比露天自然光照低。影响温室内光照强度的因素主要有：温室方位、骨架结构与设备的遮光率，透明覆盖材料的透光率，薄膜水滴的光照折射率，粉尘污染，薄膜老化等。另外，光照的入射角越大，光线的透光率就越低，入射角大于60°时透光率会急剧下降。

连栋温室比单栋温室采光面积比（采光面积与床面积之比）相应减少，结构遮阳增加。一般连栋温室的平均透光率为50%～60%。

不同季节和温室朝向对连栋温室的光照影响是很明显的，冬天，东西栋向连栋温室直射光日总量床面的平均透光率比南北栋向的大5%～25%（平均约为7%）。春季和秋季，朝向对光照的影响小一些，温室平均透光率相差约5%，夏季，南北栋向比东西栋向的平均透光率还要高一些。实测数据表明，建筑形式和规格完全一样的连栋温室，东西栋向比南北栋向的温室平均透光率约高3%。

2. 光照时数

温室内的光照时数会受到温室类型的影响。塑料大棚和大型连栋温室，因全面透光，无外覆盖，温室内的光照时数与露地基本相同。但日光温室等单屋面温室内的光照时数一般比露地要短。在寒冷季节，为防寒加保温被、草帘等覆盖会直接减少温室内受光时数。

3. 光质

温室内光谱组成（光质）与自然光不同，其与透明覆盖材料的性质有关。光线需透过玻璃、塑料薄膜或硬质塑料等采光材料后才进入到温室内，其中，紫外线和红外线的入射量受玻璃等影响透入很少，或基本不透入。覆盖材料主要影响的是波长380μm以下紫外光的透光率，虽然有一些塑料膜可以透过310～380μm的紫外光，但大多数覆盖材料不能透过波长310μm以下的紫外光。而紫外线对动植物的许多病原菌有很强的抑制作用，对植物的器官（如花瓣、果实等）的色素有很好的促进作用，缺少紫外线对防御动植物各种病害和植物果实等着色不利。此外，覆盖材料还可以影响红光和远红光的比例，缺少红外线影响棚室内温度升高，作物得不到足够的地温和气温，根系的吸收能力和地上部分物质的合成、运转、积累都会受到抑制，也不能进行正常生育。

4. 光分布

由于温室构架结构材料和保温墙壁的影响，会产生不均匀的光分布。据测定，日光温室栽培床上前、中、后排的黄瓜产量有很大的差异，前排光照条件好，产量最高，中排次之，后排最低。连栋温室内的光照，不会像日光温室出现山墙遮阴等情况，在水平分布方向上差异不明显，所以，连栋温室光照条件远比日光温室要好。另外，温室内不同部位的地面，距屋面的远近不同，光照条件也不同。

（二）温室温度环境对生物影响

温度是影响农业生物生长发育的最重要的环境因子，它影响着生物体内一切生理变化，是生物生命活动最基本的要素。温度环境包括气温和地温。气温即温室内空气的温度，它随外界的日温及季节气温变化而改变。地温是指温室内地面表层土壤的温度。温室内的温度过高，如不及时通风，室内生物易产生高温危害。反之温度过低，室内生物停止生长，甚至出现冻害。

（三）温室水分环境对生物影响

水是农业生物体的基本组成部分，一般温室作物的含水率高达80%～95%。温室作物的一切生命活动如光合作用、呼吸作用及蒸腾作用等均在水的参与下进行。温室水分环境由空气湿度和土壤湿度共同构成，水分含量的多少，又决定着植物的生长状况的好坏。温室内的空气湿度比露地湿度要大，在浇水后最大，随着时间的推移降低。

土壤湿度比露地高。土壤湿度直接影响到作物根系对水分、养分的吸收，进而影响到作物的生育、产量和品质。对植物生长有五大功能：①土壤中的水分直接影响作物对养分的吸收。②土壤中的有机养分的分解矿化离不开水分。③施入土壤中的化学肥料只有在水中才能溶解。④养分离子向根系表面迁移。⑤作物根系对养分的吸收都必须通过水分介质来实现。

（四）温室气体环境对生物影响

在自然状态下生长发育的农作物与大气中的气体关系密切。二氧化碳（CO_2）是作物进行光合作用的必需原料，若CO_2亏缺，使作物光合效率下降，光合产物减少，而造成减产减收。氧气（O_2）则是作物有氧呼吸的前提。因而温室内CO_2和O_2的含量发生变化，必然影响到作物的播种、生育及成熟的一系列过程。与此同时，温室空气中的有害气体虽然含量甚微，但它们的存在仍有可能对农作物造成不可逆的负作用。如若对温室内气体环境调控管理不当，不仅严重影响农业生物的正常生长，还常常引起气害。温室内空气流动不但对温、湿度有调节作用，并且能够及时排出有害气体，同时补充CO_2和O_2，对促进农业生物生育有重要意义。

1. 二氧化碳（CO_2）

CO_2是光合作用的重要原料之一，在一定范围内，植物的光合产物随CO_2浓度的增加而提高。自然界中大气CO_2含量平均约为0.03%，但CO_2浓度存在着一定的日变化和年变化规律：一般为日出前高、日中低，日较差在100ml/L左右；冬季高、夏季低，年较差在50μl/L左右。

温室和塑料大棚等设施内的二氧化碳主要来自大气以及植物和土壤微生物的呼吸活动，其空气中CO_2含量是随着作物的生长和天气的变化而变化的。设施内CO_2浓度变化一般为：夜间比白天高，阴天比晴天高。因夜间温室内生物通过呼吸作用，排出CO_2，但因缺乏光照，作物不能进行光合作用，使室内空气中CO_2含量相对增加。根据日光温室内栽培黄瓜的测试资料表明：日光温室内如果不进行通风换气，日出前室内CO_2浓度可高达1 100～1 300μl/L。日出后2h室内CO_2浓度就降至250μl/L以下，因太阳出来后，作物进行光合作用而吸收消耗CO_2，消耗逐渐大于补充，使室内CO_2浓度降低，尤其在晴天9～11时半，温室内绿色作物光合作用最强，CO_2浓度急剧下降；一般强的光照达2h后就降至CO_2补偿点以下（蔬菜作物大多数为三碳作物，一般CO_2的补偿点在0.005%左右）。放风前的11时左右就会降至150μl/L以下，此后放风，CO_2体积浓度可维持在300μl/L上下。盖草帘后CO_2浓度逐渐增加直至第二天早晨又达到最高值。各类温室CO_2浓度变化趋势基本是一致的，白天呈亏缺状况，远低于室外平均浓度，当温室封闭不通风时浓度会更低，而夜间会较高。

作物不同生育期，对CO_2浓度的要求和影响也不同。作物在出苗前或定植前，因呼吸强度大，排出CO_2量也较大，温室与大棚内CO_2浓度较高；在出苗后或定植后，因呼吸强度比出苗前或定植前弱，排出的CO_2量小，大棚内CO_2浓度就相对较低。

另外，CO_2浓度与温室或大棚容积有关，一般温室与大棚容积愈大，CO_2出现最低浓度的时间愈迟。

温室或大棚通常使用加温或降温的方法使室内温度适于作物生长，但由于与外界大气相对隔绝，会产生两个不利因素，其一是降低了日光透射率，其二是影响了与外界的气体交换。特别是在白天太阳升起后，作物进行光合作用，随着室内温度的升高，很快消耗掉大量的CO_2，而此时室内温度还没能升高到能够放风的温度，不能通过气体交换补充CO_2，因此必采取补充CO_2的措施。

2. 氧气

氧气（O_2）是地球上一切生物生存的前提和基础。农业生物本身需要O_2来维持生存和生长发育。除空气含氧量外，土壤O_2也极为重要。这是因为地上部分作物的生长，必须有地下部分的生长相配合，而地下部分的生长，土壤O_2则极为重要。为此，土壤中必须含有足够的O_2。通常采取的方法：如翻耕土地、改变土壤粒子结构、施用土壤改良剂等，其实质都是在设法供给土壤O_2，或提高对土壤的O_2供给量。

3. 有害气体与农业生物

由于空气是时时刻刻流通着的，因而大气中含有少量氯气、氨气、亚硝酸气、二氧化硫等有害气体对大田作物基本没有危害。在用温室或大棚种植蔬菜、花卉和水果时，由于温室或大棚密封较严，空气不对流，极易积存氨气、乙氧化碳、亚硝酸、亚硫酸和塑料制品散发的邻苯二甲酸二异丁酯等有害气体，当其超过一定浓度时，作物就会中毒，严重影响作物的生长发育，所以要经常检查和防除。

4. 空气流速

温室内空气流动缓慢是明显有别于露天的一大特点。在密闭的温室内，气流运动缓慢，气流的横向运动几乎为零，纵向运动也不如露地。栽培时，如室内气流静止或缓慢运动，叶片长期处于同一位置，影响光合作用、蒸腾作用等生理过程。气流静止或缓慢运动，还影响二氧化碳的活动，造成叶片密集区域严重缺乏CO_2，影响光合作用的进行。

气流静止的现象如不通过开窗通风或强制通风，对植物或动物的生长发育都有不良的影响。

（五）温室土壤环境对生物的影响

土壤是作物赖以生存的基础，俗语讲：“根深才能叶茂”，而作物根系发育的好坏决定于其所处的土壤环境；作物生长发育所需要的养分和水分，都需要从土壤中获得。所以，土壤条件的优劣直接关系到作物的产量和品质。

设施农业内温度高、空气湿度大，气体流动性差，光照较弱，而作物种植茬次多，生长期长，施肥量大，根系残留也较多，因而使得设施内土壤环境与露地土壤很不相同。

1. 设施农业内土壤养分特征

设施农业内蔬菜复种指数高，精耕细作，施肥量大，再加上多年连作造成设施内养分不平衡。据对哈尔滨、大庆、上海等地设施园区内分别种植了3年、5年和8年的温室的调查结果表明：

（1）土壤有机质含量随着温室种植年限的增加而增高　一般棚室土壤有机质含量

是露地菜田的1~3倍。

(2) N、P的含量随着温室种植年限的增加而增加，而K有所下降 据调查，速效P是露地菜田的5~10倍，碱解N为露地菜田的2~3倍，但速效K有降低的趋势。由于温室内主要是以果菜为主，对K的需求量很大，在生产中应注意K肥和微量元素的施用。

(3) 土壤盐类的含量随着温室种植年限的增加而积聚 据调查，温室大棚耕层土壤（0~25cm）盐分分别为露地的11.8倍和4倍，NO_3浓度是露地的16.5倍和5.9倍。

2. 土壤酸化

有研究表明，温室内土壤的pH值有随着种植年限的增加而降低的趋势，即土壤酸化。造成设施园艺土壤酸化最主要的原因是由于N肥施用量过大，残留量大引起的。土壤酸化除因pH值过低直接危害作物外，还抑制了P、Ca和Mg等元素的吸收，P在pH<6时，溶解度降低。研究证明，连续施用硫铵、氯化铵时pH值下降明显。

3. 连作障碍

同一种作物或近缘作物连作以后，即使在正常管理下，也会产生产量降低、品质变劣、病害严重、生育状况变差的现象，这一现象叫连作障碍，是温室中普遍存在的问题。这种连作障碍主要包括以下3个方面：①病虫害严重。温室连作后，由于其土壤理化性质的变化以及温室温湿度的特点，一些有益微生物（如铵化菌、硝化菌等）的生长受到抑制，而一些有害微生物则迅速得到繁殖，土壤微生物的自然平衡遭到破坏，这样不仅导致肥料分解过程的障碍，而且病害加剧；同时，一些害虫基本无越冬现象，周年危害作物。②根系生长过程中分泌的有毒物质得到积累，并进而影响作物的正常生长。③由于作物对土壤养分吸收的选择性，土壤中矿质元素的平衡状态遭到破坏，容易出现缺素症状，影响产量和品质。由于设施内作物栽培种类单一，为了获得较高的经济效益，往往会连续种植产值较高的作物，而忽视了轮作换茬。连作障碍的原因很多，但土传病害、土壤次生盐渍化和自毒作用是主要原因。

三、温室环境检测与调控常用仪器设备

温室和塑料大棚避开了外界环境的影响，同时利用温室效应为生物生长提供了一个良好、可控的生长环境。但其环境效应是相互影响、相互制约，且随季节和气象而变，既形成有利效应又形成不利效应，为满足植物生态要求，需及时对温室环境进行检测和调节，在尽可能的条件下为栽培对象提供比较理想的生长环境，保证作物高产、稳产。

温室环境检测与调控仪器设备常用的有光照强度的检测及调节设备、温湿度检测及调节设备和气体检测及调节设备三大类。

1. 光照强度的检测及调节设备

光照强度的检测及调节常用的设备有：光照度计、补光灯、遮阳系统等。

光照度计主要用于测量温室的光照强度。补光灯是用于当自然光源强度不够时进行的人工补光，经过大量实验证明，人工补光不仅能增加农作物的产量，更能有效地提高农作物的品质。遮阳系统的功用是控制炎热季节的光照强度，降低温室内温度。

2. 温湿度检测及调节设备

温湿度检测及调节常用的设备有：温湿度检测仪、风机、卷帘开窗系统、湿帘风机

降温系统、加热风炉等。

温湿度检测仪主要用于测量温室的温度和湿度。夏季温度、湿度过高时，采用风机、卷帘开窗机构、湿帘风机降温系统等互相配合，调节温室的温度和湿度。冬季温度不足时，采用加热风炉进行增温。

3. 气体检测及调节设备

气体检测及调节常用的设备有：二氧化碳检测仪、二氧化碳发生器。

二氧化碳检测仪主要用于检测温室二氧化碳浓度。常用的有手持式红外二氧化碳测定仪，采用红外线检测原理，可连续检测二氧化碳气体浓度。二氧化碳发生器用于增施二氧化碳，提高温室内二氧化碳的浓度，使其满足作物生长进行光合作用所需的适宜浓度。

4. 温室娃娃

温室娃娃是一种环境监测仪器，其功用是可对温室、大棚等的空气温度、空气湿度、露点温度、土壤温度、光照强度，土壤湿度（选配）等重要的环境参数进行实时监测。

操作技能

一、光照度计作业前技术状态检查

①检查光照度计连接线路是否接触良好。

②检查光度头的余弦修正器外表面是否清洁无损。

③检查照度计是否在室温或接近室温下工作。

二、补光灯作业前技术状态检查

①检查电源电压、频率是否符合补光灯使用的技术要求。

②检查放置补光灯的位置是否符合技术要求，配备是否合理，维护是否方便，是否避开在电气、煤气、煤油炉等取暖器的上方及其附近或直接遇到蒸汽的场所。

③检查补光灯各部件是否连接可靠，无松动。

④检查补光灯灯具表面是否清洁。

⑤检查补光灯近处是否有纸和布等易燃物品，如有应移至安全处。

⑥检查补光灯接线是否正确牢固，接地线是否良好。严禁用市电中性线代替接地线，架设的接地线与本设备连接要牢固。

三、遮阳系统作业前技术状态检查

①检查遮阳网表面是否平整，有无破损，确保遮阳网处于完好状态。

遮阳网出现问题的主要原因在于材料本身起鼓。在遮阳网材料不当的情况下，会构成材料在温度、紫外线、湿度的共同作用下出现不均匀收缩或伸长，从而使表面规则或不规则地出现缝隙，导致上下层空气对流现象的出现。

②检查钢索或拉幕线是否处于平直状态，有无断线、跳线、缠绕现象。

③检查减速器电机技术状态是否完好，润滑是否良好，不漏油。

④检查齿条、齿条箱和轴技术状态是否完好，润滑是否良好。齿条、驱动轴应无变形，连接牢固、接头无松动。齿条箱内应有一定的润滑油，无渗漏。

四、温湿度检测仪作业前技术状态检查

①检查温湿度计电池是否有电，如电量不足应及时更换电池。

②检查温湿度计外壳是否破损或有污渍。外壳破损应更换，如有污渍用潮湿的布(肥皂水）清洁外壳。不要使用侵蚀性清洁剂或溶液清洗。

五、开窗装置作业前技术状态检查

①检查机器各连接部位是否连接牢固，接头应无松动。

②检查电机技术状态是否良好，电路连接是否牢固，应无松动。

③检查各润滑部位的润滑是否良好。

④检查驱动轴是否笔直，应无变形，转动无障碍。

⑤齿轮开窗装置应检查齿轮、齿条啮合是否良好，齿条与膜窗框支承连接处是否良好，运动自如。

⑥卷膜开窗装置应检查卷膜轴是否变形、虚焊、断裂等，检查卷膜绳与卷膜轴上的膜等技术状态是否良好，发现情况应及时修复。

六、风机作业前技术状态检查

①风机使用前和使用中检查温室的门、窗是否全部关闭。检查温室内前、中、后三点的温度差，利用机械式通风和进风口的调节使温度一致。

②检查风机进、出风口有无影响排风效果的障碍物，风机与墙体之间密封是否完好，如有空隙，可用玻璃胶进行密封。风机附近严禁堆放杂物，尤其是轻便物品，以防风机吸入。

③清洁风机护网、风机壳体内壁、扇叶、百叶窗、电机、支撑架等部件上的黏附物。

④检查风机护网有无破损等。

⑤检查风机扇叶是否变形，扇叶与支架固定螺栓是否牢固；用手转动扇叶，检查扇叶与集风器间隙是否均匀，扇叶与集风器是否会有刮蹭现象，扇叶轴是否水平。

⑥检查风机皮带松紧度和磨损情况，皮带过松或过紧应调节电机位置。检查大、小皮带轮前端面是否保持在同一平面内，其误差不能超过1mm。

⑦风机不运行时检查百叶窗窗叶是否变形受损，清理窗叶上积尘。风机关闭后检查窗叶之间有无间隙，运行时检查百叶窗窗叶上下摆动是否灵活、顺畅，有无噪音；检查开启角度是否到位（窗叶水平)、不同窗叶开启角度是否保持一致。

⑧检查轴承运转情况。如缺油应加润滑脂，加脂量约为轴承内腔的2/3。

⑨检查电源电路、电机接线及接地线是否良好，风机外壳或电机外壳的接地必须可靠。

⑩打开电控柜，检查各种接线是否牢固，清除电器设备上的灰尘。

⑪检查电机固定是否牢固，电机电源线是否有损害（主要是鼠害造成)。

⑫风机安装合格首次使用时，应进行点动试运转，检查风机扇叶转向与转向标牌指示是否一致，如不一致则调换三相电机接线端子上的任两根线即可；检查电机运转声音是否异常，机壳有无过热现象，运行是否平稳，与集风器是否刮蹭，扇叶轴轴承有无异响等。

七、湿帘风机降温系统作业前技术状态检查

①检查供水水源是否符合要求。

②检查供水池水位是否保持在设置高度，浮球阀是否正常供水；检查池中水受污染程度，池底和池壁藻类滋生情况，以及能否保证循环用水。

③检查供水系统过滤器是否良好和污物残存情况，确保其功能完好，如过滤器已破损，则更换过滤器。

④检查湿帘上方的管线出水口，确保水流均匀分布于整个湿帘表面。

⑤检查湿帘固定是否牢固，湿帘表面有无破损，有无羽毛、树叶等杂物积存。

⑥检查湿帘纸之间有无空隙，如有空隙应修复。如果湿帘局部地方出现持续干燥，那么，室外热空气不仅可以顺利进入室内，而且还会抵消降温效果。

⑦检查湿帘内、外侧有无阻碍物。

⑧检查湿帘框架是否有变形，湿帘运行中接头处有无漏水现象和溢水现象。

⑨通电开启水泵，检查水泵运行是否正常。按照说明书进行开/关调节，检查供、回水管路有无渗漏和破损现象，湿帘纸垫干湿是否一致，有无水滴飞溅现象，水槽是否有漏水现象。

⑩风机作业前技术状态检查参照本节之六。

八、热风炉作业前技术状态检查

①采暖系统每年运行前，需检查所有采暖管道与散热设备是否符合技术要求。

②检查烟囱安装是否牢固可靠。检查烟尘在屋面出口位置密封情况，如有空隙应修理。

③检查炉膛内杂物是否清除干净，炉膛内有无烧损部位，炉条是否有脱落、损坏现象。如发现有损伤部位应停炉修复。

④检查并用软布擦净热风炉出风口和室内传感器，看其通电后显示是否正常。

⑤检查风机与炉体连接是否牢固，调风门开关是否灵活到位有效，如出现调风门开关不到位或卡阻现象应及时处理。试运转检查风机转向是否正确，运转声音是否异常。

⑥检查出风管路各连接处密封情况是否良好，发现漏风要及时处理。

⑦检查电源电路及接地线是否正常。

⑧打开电控柜，检查各种接线是否牢固，清除电器设备上的灰尘。

⑨检查仪表上下限温度的设置。一般热风炉出口温度上限为70℃，下限为55℃。设定上限时，把仪表面板上的设定开关拨到上限设定位置，用十字改锥调整上限设定旋钮（右旋为增大，左旋为减小），调整至所需温度，再把设定开关拨到下限设定位置，调整下限温度。注意上限温度一定要高于下限温度，否则设备将不能正常工作。最后把设定开关拨到中间位置。

⑩检查风机和水泵的技术状态是否良好。

⑪检查风机轴承是否缺油，如油不足加油润滑。

⑫检查进、出风口是否清洁。

⑬检查采暖管道、闸阀和散热设备等技术状态是否良好。

⑭检查压力表、温度计和水位计技术状态是否良好。

九、二氧化碳检测仪作业前技术状态检查

①检查电路接线是否正确。

②检查检测仪内部是否有水气，如有应烘干，以免造成损坏。

③接通电源后，用万用表检测出对应的电流或电压值是否符合技术要求。

④检查仪器使用环境是否符合技术要求。应避免化学试剂、油、粉尘等直接侵害传感器，勿在结露、极限温度环境下长期使用；不要使仪器受到冷、热冲击。

十、燃烧式二氧化碳发生器作业准备

①将燃烧式二氧化碳发生器筒身挂到温室（大棚）的最佳位置。

②检查电源和电压是否与发生器的电源电压匹配。

③检查燃烧式二氧化碳发生器技术状态是否完好。

④连结电路线。

⑤准备发生 CO_2 的燃料。最常用的燃料有丙烷、丁烷、酒精和天然气，这些碳氢化合物燃料成本较低、纯净、容易燃烧、便于自动控制，是很好的 CO_2来源。

⑥连接好原料出口和发生器进口，

十一、温室娃娃作业前技术状态检查

①检查电路接线是否正确，接头牢固。

②检查电池，确保电池有电。

③检查传感器，确保传感器能正常工作。

④接通电源后，用万用表检测对应的电流或电压值是否符合技术要求。

⑤校准温室娃娃变送器零位。因变送器长时间使用会产生偏移，为保证测量准确度，最好每年校准一次。

十二、小四轮拖拉机机组作业前技术状态检查

①参照初级手扶拖拉机机组作业前技术状态检查的内容和方法等进行检查。

②检查离合器分离间隙和离合器踏板自由行程是否符合技术要求，分、离动作灵敏可靠。

③检查制动间隙和制动踏板自由行程是否符合技术要求，制动灵敏可靠。

④检查变速箱操纵机构是否技术状态良好，挂挡、退挡灵活自如、动作可靠。

⑤检查变速箱内润滑油质量和油面高度是否符合技术要求，检查变速箱通气孔是否畅通，应无渗油现象。

⑥检查轮胎是否偏磨，如发生偏磨应将左右轮胎调换使用。

⑦检查方向盘自由行程是否超过30°，如超过应调整，其动作灵敏可靠。

⑧检查电气线路技术状态是否良好。其线路连接正确、接头应无松动。

⑨检查蓄电池内电解液面高度是否高出极板10～15mm，不足应时应加蒸馏水。

⑩检查发电机技术状态是否良好。

⑪检查启动电机技术状态是否良好。

⑫检查灯光、喇叭和仪表等技术状态是否良好。

⑬检查液压油箱内的油面、油质是否符合技术要求，必要时应添加或清洗更换。

⑭拨动液压操纵手柄，做无负荷升降试验，检查液压悬挂系统的升降性能是否符合技术要求，如不符，应进行调整。

第九章　设施园艺装备作业实施

相关知识

一、光照度计组成

光照度是指受照平面上接受的光通量的面密度。光照度计是用于测量被照面上的光照度的仪器，是光照度测量中用得最多的仪器之一。光照度计由光度头（又称受光探头，包括接收器、V（λ）对滤光器、余弦修正器）和读数显示器两部分组成。其结构示意图见图9－1。

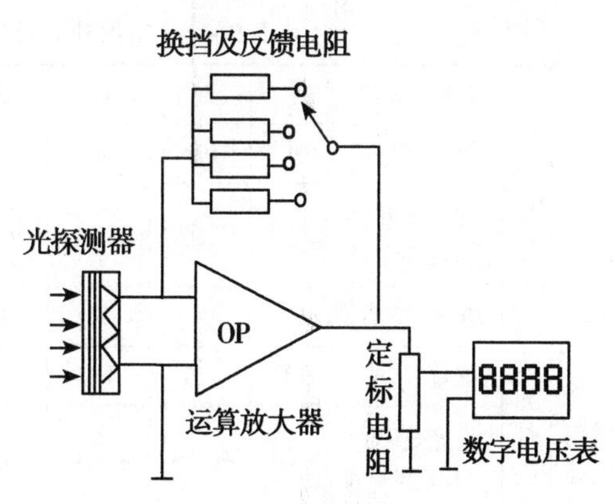

图9－1　光照度计的构成

二、常用补光灯性能特点

（一）补光灯的功用

光照通常是蔬菜、花卉等温室栽培植物生长发育的主要限制因素。最大限度的捕捉光能，充分发挥植物光合作用的潜力，将直接关系到农业生产的效益。当自然光源强度不够时（一般是在冬春季节，此时光照时间较短，光线较弱），就需要采用补光灯进行补光。人工补光的功用：①作为光合作用的能源，补充自然光的不足；据研究，当温室内床面上光照日总量小于100W/m^{2}时，或日照时数不足4.5h/d时，就应进行人工补光。②抑制或促进花芽分化，调节开花期，即满足蔬菜等作物光周期的需要；这种补充光照要求的光强较低，称为低强度补光或日长补光；例如，草莓等开花期的调节。经过大量实验证明，人工补光不仅能增加农作物的产量，更能有效的提高农作物的品质。越来越多的种植者已经开始应用人工光源对农作物进行补光。目前，人工补光已经广泛应用于观赏类植物如玫瑰、菊花、百合等的种植之中。在蔬菜的种植过程中也开始大规模应用，如番茄、黄瓜、甜椒、生菜等。

（二）常用补光灯性能特点

补光灯实属人工补光，用于人工补光的主要电光源及太阳光的辐射特性见表9－1。

表9－1　主要电光源及太阳光的辐射特性

光源	可见光/%	紫外线/%	红外线/%	热损耗/%	光效/（lm/W）
白炽灯	6	–	75	19	8～18
荧光灯	22	2	3.3	43	65～93
高压汞灯	14.8	18.2	15	52	50

续表

光源	可见光/%	紫外线/%	红外线/%	热损耗/%	光效/（1m/W）
氙灯	10~13	9.7	51.5	34	20~45
高压钠灯	30	0.5	20	49.5	125
太阳光	45	9	46	—	—

人工补光的光质与日光有所不同，其主要光谱特性，除荧光灯外，都比较集中，如白炽灯以红橙光为主，金属卤灯以蓝绿光或红橙光为主，高压钠灯或低压钠灯以黄光或黄橙光为主等等，选用时应根据植物生长需要和补光要求、补光方式而定。不同种类的灯，发光效率不同；同一种类的灯，功率不同，发光效率（即每瓦功率发生的光通量）也会不同。常用补光灯的功率、光通量和发光效率见表9-2。

表9-2　常用补光灯的功率、光通量和发光效率

常用补光灯类别												
	白炽灯	功率（W）	15	25	40	60	100	150	200	300	500	1000
		光通量（Lm）	101	198	340	540	1 050	1 845	2 660	4 350	7 700	17 000
		发光效率（Lm/W）	6.73	7.92	8.50	9.00	10.50	12.30	13.30	14.50	15.40	17.00
	荧光灯	功率（W）	6	8	10	15	15(细管)	20	30	30(细管)	40	
		光通量（Lm）	210	325	410	580	665	930	1 550	1 700	2 400	
		发光效率（Lm/W）	35.00	40.63	41.00	38.67	44.33	46.50	51.67	56.67	60.00	
	碘钨灯	功率（W）	300	500	1 000	2 000						
		光通量（Lm）	5 700	9 750	21 000	42 000						
		发光效率（Lm/W）	19.00	19.50	21.00	21.00						
	高压汞灯	功率（W）	50	80	125	175	250	400	700	1 000		
		光通量（Lm）	1 500	2 800	4 750	7 000	10 500	20 000	35 000	50 000		
		发光效率（Lm/W）	30.00	35.00	38.00	40.00	42.00	50.00	50.00	50.00		

温室常用补光灯有白炽灯、荧光灯、碘钨灯、高压水银（汞）灯、高低压钠灯及金属卤化物灯和半导体二极管灯等，其发光原理、主要性能参数和特点见表9-3。

表9-3　温室常用补光灯及其发光原理、主要性能参数、特点和应用范围

补光灯类别	发光原理	主要性能参数			特点和应用范围
		功率（W）	发光效率（Lm/W）	光谱特性	
白炽灯	电流通过灯丝的热能效应而产生光	15~1 000	10~20	红橙光	1. 辐射连续光谱，能量主要集中于红外辐射（占总能量的80%~90%），以橙红光为主，蓝紫光很少，几乎无紫外辐射 2. 构造简单，价格便宜，平均寿命1 000h 3. 发光效率低（10~15Lm/W） 4. 一般多用作荧光灯的补充光源。灯泡内充入卤素，称为卤灯，可提高光效和寿命
荧光灯	电流通过灯丝加热，氧化钍发射电子，冲击汞原子，刺激管壁荧光粉，发光	6~100	60~80	类似阳光	1. 涂用白色卤磷酸钙荧光粉的荧光灯发光光谱，主要集中在可见光区域，其成分一般为蓝紫光约16.1%、黄绿光约39.3%、红橙光约44.6%，波长范围为350~750nm，峰值580nm，接近日光，所以又称为日光灯 2. 成本低，放热少，平均寿命1 200h 3. 发光效率高，约有白炽灯的4倍，达60~80Lm/W，但功率小、功率因数低（0.5左右）并且附件多（镇流器、灯脚座等），故障环节也多，需经常维护 4. 一般多作为在组培室中培植幼苗的标准光源
碘钨灯	发光原理与白炽灯一样，高温条件下利用碘循环提高发光率和提高光效、寿命	500~2 000	20~30	红橙光	1. 光质与白炽灯类似，但其功率大，体积小（只有相同功率白炽灯泡体积的1/10）；光通稳定，整个使用期间光输出始终保持不变；发光效率较白炽灯高，约20~30Lm/W 2. 构造简单，适用可靠安装、修理方便，故障少。灯具经常配置有反光板，减少能量浪费。必须安装在专用的有隔热、散热、耐高温、阻燃的灯架上，以提高散热能力，维护使用寿命，减少热传导损失 3. 寿命长（平均寿命约2 000h） 4. 一般多用作温室的补光光源
水银灯（汞灯）	高强度放电管内装有主副电极，并充有一定大气压的水银蒸汽和少量氩气，电子冲击引起激发和电离产生辐射	50~1 000	40~60	蓝绿光紫外辐射	1. 产生的生理辐射占总辐射能量的85%左右，主要是蓝绿光及少量紫外光，很少有红光。发光效率随水银蒸发压力升高而增加，高压灯光效可达50~60Lm/W。功率最大可做到1 000W，发光效率高于荧光灯和碘钨灯 2. 水银灯在使用中需要利用镇流器高压启动，且启动后达几分钟时间才能达到应有亮度，断电后熄灭5~10min方能冷却，只有冷却后的灯才能重新启动。控制系统的设计，应满足与适合这些特点 3. 寿命较长，平均寿命：6 000h 4. 高压水银灯主要用于温室补光，低压水银灯主要用作紫外光源

续表

补光灯类别	发光原理	主要性能参数			特点和应用范围
		功率（W）	发光效率（Lm/W）	光谱特性	
金属卤化物灯	放电管内除放有高压汞蒸汽外，还添加碘、溴、锡、钠、镝等金属卤化物	200～400	70～90	蓝绿光、红橙光	1. 金属卤化物灯的光色和发光效率较高压水银灯有明显的改善和提高，如发光效率达 100 Lm/W,光色可随卤化物不同而改变（一般蓝－紫色区域的光更多） 2. 输出功率大、寿命更长，平均寿命为 6 000～14 000h 3. 是目前温室高强度人工光照的主要光源，补光时，一般都使用反光罩或反光板；为调节光质和节约能耗，往往与高压钠灯按 1：1 数量比搭配、安装使用
高压钠灯	利用石英放电管内的金属钠蒸汽放电产生辐射光，生理辐射强，单色性好	50～600	68～150	黄光、橙红光	1. 主要产生黄橙色光，基本无红光。发光效率极高，随着灯额定功率的升高（从 50～1 000W）,光效可高达 80～160Lm/W 或更高 2. 平均寿命为 20 000～24 000h 3. 高压钠灯只需反光罩或反光板配合使用，是温室中蔬菜及花卉常用的人工补光光源，也可用于其他照明
低压钠灯					1. 低压钠灯是一种很特殊的光源，只有 589nm 的发射波长 2. 在电光源中的发光效率最高 3. 由于产热量小．低压钠灯与高压钠灯可以更加接近作物
半导体二极管发光光源（LED）	随着半导体技术的发展形成了 LED 光源			红光、绿光、蓝色光	1. 节能寿命长（10 万小时），具有高亮度、高效率、重量轻、安装方便等特点 2. 发光过程中不发热，可贴近植物枝叶，提高光能利用率 3. 发光二级管可发红、绿、蓝色，并组合使用，可以按照植物生长或生产所需的特定波长进行定制与选择。工作电压仅 1.5～3V，亮度又能用电压（电流）调节，本身耐冲击、抗振动。缺点是成本较高 4. 是当前植物工厂内补光系统的最佳选择

（三）补光灯配制要点

补光时应考虑补光灯的配置布局与数量问题，一般用 100W 白炽灯泡的光度分配是除了灯泡上方近 60°角内近于无光外，在其他各个方向光度的分配是比较均匀的，如果配置反光灯罩，使光线集中向下方 120°范围内，以获得分布较为均匀的照度。

一般补光灯距植物 1～2m。每一温室按 300m^2 面积计算，如达到 3 000lx 以上光照强度需低压钠灯 50 个左右。按双行网格布局灯间距 2m，每排 25 个灯，双排布置可达到补光的目的。

三、遮阳系统组成及其种类与工作过程

（一）遮阳系统的功用与组成

遮阳系统的功用是控制光照强度，降低温室内温度。夏季的太阳辐射照度强，光照时间长，利用温室反季栽植本地品种或引种外地品种的植物，光照条件可能不适应植物的生态习性，尤其不适应短日照和喜弱光的植物，利用遮阳设备即可达到控制光照强度和降低温度。遮阳方式有室内遮阳和室外遮阳两种，图9－2是温室内设置遮阳网的情景。

图9－2　温室内设置的遮阳网情景

遮阳系统一般由遮光帘幕和收放控制机构组成。

不同材质遮阳网在同等太阳辐射透过的情况下，吸收太阳辐射的量不同。如黑纱网对太阳辐射的反射能力很低，而吸收太阳辐射量较高；铝箔网则对太阳辐射的反射率高，吸收太阳辐射量较低，因此降温效果好。图9－3为机织型铝箔遮阳保温幕，图9－4为经编型铝箔遮阳保温幕。

图9－3　机织型铝箔遮阳保温幕

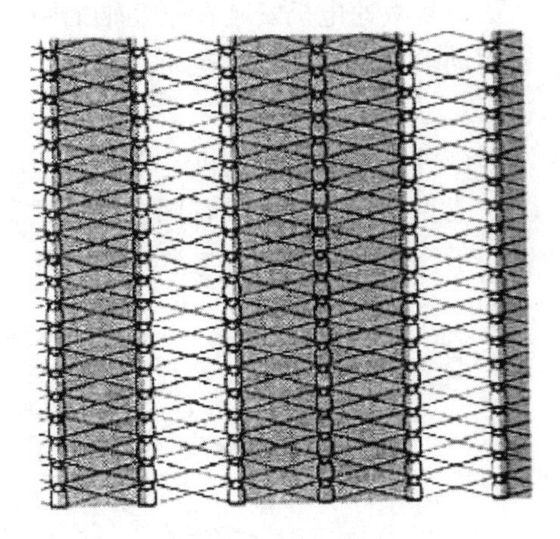

图9－4　经编型铝箔遮阳保温幕

（二）拉幕机的种类及其组成与工作过程

温室中用于遮阳网展开和收拢的设备称为拉幕机，拉幕机与遮阳网及托幕线等组成了拉幕系统。按照传动方式的不同，可以分为钢索拉幕机、齿条拉幕机和链式拉幕机等，目前在温室中普遍应用的是钢索拉幕机和齿条拉幕机。

1. 钢索拉幕机

该机主要由减速电机（电机直联减速器）、联轴器、驱动轴、轴支撑、驱动钢索、换向轮等组成（图9－5）。驱动钢索穿过换向轮后其两端在驱动轴上缠绕，形成一闭合环，减速电机通过联轴器带动驱动轴，使驱动钢索的一端在轴上缠绕，另一端从轴上放

开，从而实现驱动钢索沿钢索轴线方向的运动。遮阳网的一端固定在梁柱上，另一端固定在驱动钢索上，驱动钢索的运动就可以带动遮阳网完成展开和收拢的动作。

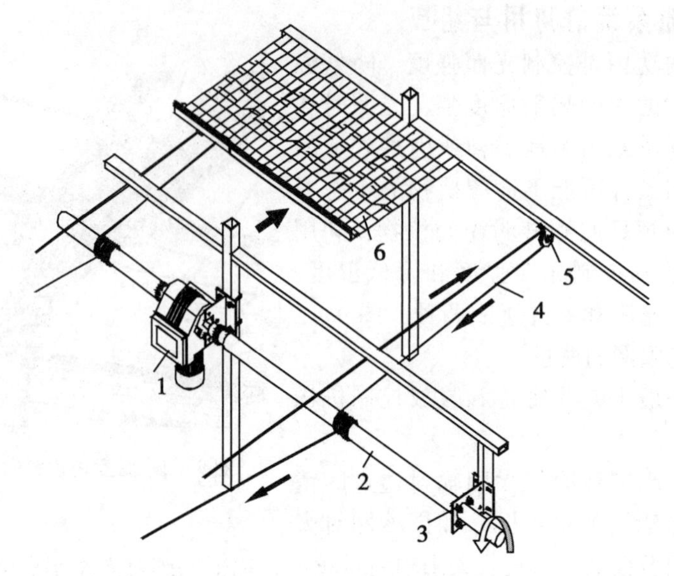

图 9－5 钢索拉幕机

1－减速电机；2－驱动轴；3－轴支撑；4－驱动钢索；5－换向轮；6－遮阳网

通常减速电机安装在驱动轴的中部，可使驱动轴的最大扭转角为最小，以保证缠绕在驱动轴上的驱动钢索运动一致。

2. 齿条拉幕机

该机主要由减速电机、驱动轴、齿条、齿轮盒、推拉杆、支撑滚轮等组成（图 9－6）。常见的齿条拉幕机有同轴传动和平行轴传动两种，同轴传动指齿条与推拉杆为同轴，平行轴传动指齿条与推拉杆平行。

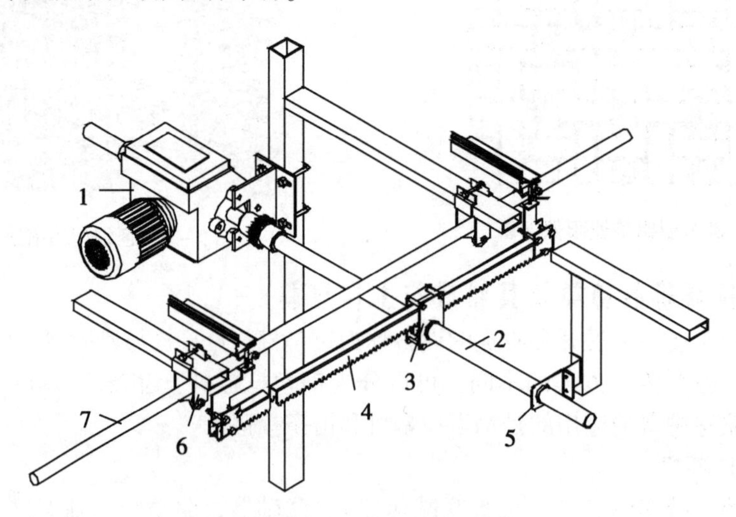

图 9－6 齿条拉幕机（平行轴传动）

1－减速电机；2－驱动轴；3－齿轮箱；4－齿条；5－轴承座；6－支撑滚轮；7－推拉杆

齿条拉幕机减速电机通过联轴器与驱动轴相联，减速电机见图9－7，基本参数见表9－4，驱动轴上等间距同轴安装若干个由齿轮箱（图9－8）和齿条组成的齿条机构（图9－9），齿条与推拉杆固接，推拉杆通过支撑滚轮安装在温室骨架上。电机带动驱动轴转动时，通过齿条机构带动推拉杆做直线往复运动。遮阳网一端与温室梁柱固定，另一端固定在推拉杆上时，就可实现遮阳网的展开和收拢动作。

图9－7　温室拉幕系统常用的减速电机外观

表9－4　减速电机的基本参数表

型号	扭矩（N. m）	转速（r/min）	功率（kW）	电压（V），相数	电流（A）
WJN40	400	2.6	0.37	380，3相	1.15
	400	5.2	0.55	380，3相	1.6
WJN80	800	2.6	0.75	380，3相	2
	800	5.2	0.75	380，3相	2

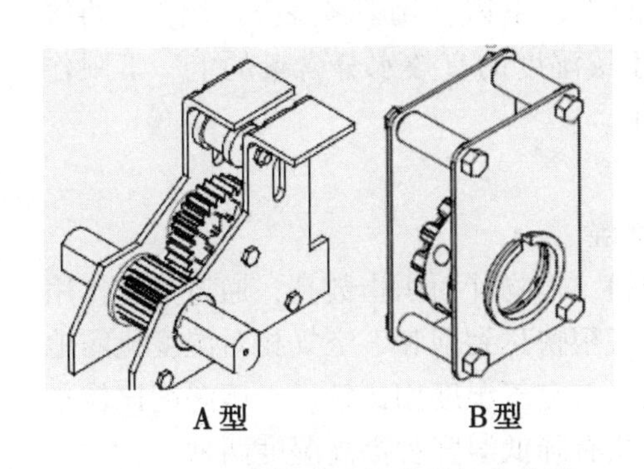

A型　B型

图9－8　温室拉幕系统常用的齿轮箱

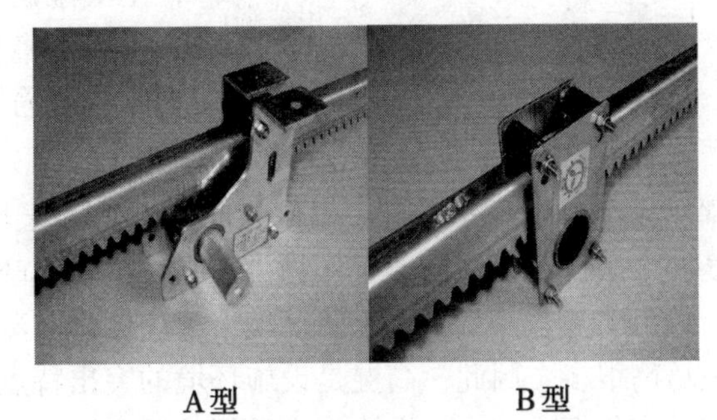

A型　B型

图9－9　温室拉幕系统常用的齿条与齿轮箱组装

四、湿度检测和调节方法

（一）湿度检测仪器

湿度检测常用干湿球湿度计、温湿度检测仪和负压式土壤湿度传感器。

1. 干湿球湿度计

干湿球湿度计的功用是通过测量干球温度和湿球温度差之间存在某种函数关系来确定空气湿度。干湿球湿度计由两支规格完全相同的温度计组成，一支称为干球温度计，其温泡暴露在空气中，用以测量环境温度；另一支称为湿球温度计，其温泡用特制的纱布包裹起来，并设法使纱布保持湿润，纱布中的水分不断向周围空气中蒸发并带走热量，使湿球温度下降。水分蒸发速率与周围空气含水量有关，空气湿度越低，水分蒸发速率越快，导致湿球温度越低。可见，空气湿度与干湿球温差之间存在某种函数关系，从而来确定空气湿度。该计的缺点是测量精确度较低。

2. 温湿度检测仪

温湿度检测仪的功用是检测环境中的温度和湿度，并具有同时显示、记录、实时时钟、数据通讯和超限报警、设备远程控制等功能。温湿度检测仪是精密型测量温度和湿度的仪器，该仪器是由测量部分、仪器本体与PC界面三大部分组成。它通过固定连接温湿度探头（温湿度模块）或无线电温湿度探头（需选配无线电模块）来测量瞬时温度、湿度和平均温度、湿度。

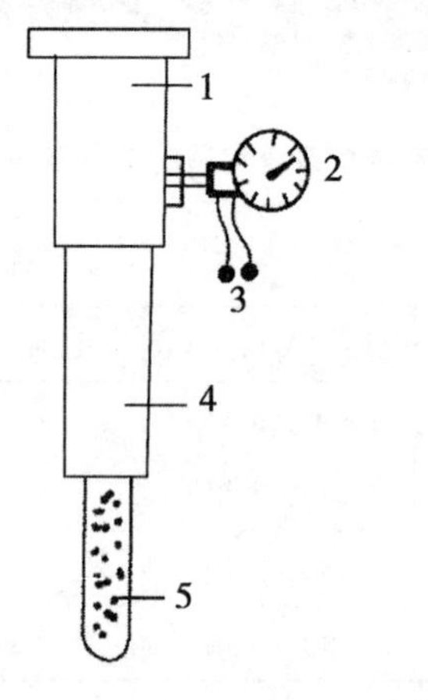

图9－10　负压式土壤湿度传感器

1－集气管；2－真空表；3－出线端；4－塑料密封管；5－陶瓷头

3. 负压式土壤湿度传感器

该装置如图9－10所示。湿敏元件为一端是中空多孔的陶瓷头，另一端接真空表或压力测定装置的密闭管。管内充水后埋置于土壤内，真空表头伸出地面。干燥的土壤从陶瓷空心头处向外吸水，真空表内形成局部真空，真空表指示相应读数。当灌水后土壤变湿，土壤水又被吸回多孔陶瓷空心头内，真空表读数下降，这样真空表就直接读出土壤水分张力。真空表读数在0～0.08MPa为正常。

若用相应的电气元件代替真空表，便可构成相应的自动检测和控制系统。若通过电气接点定出被控土壤湿度的上、下限，用真空表指针作为动接点，便可将土壤湿度的有效水分含量的上、下限作为临界值输出。

（二）湿度调节方法

设施内的湿度环境一般包含空气湿度和土壤湿度两个方面。设施内由于作物生长强势，代谢旺盛，作物叶面积指数高，通过蒸腾作用释放出大量水蒸气，在密闭环境下会使棚内水蒸气很快达到饱和，空气相对湿度比露地栽培高很多。因此，高湿是设施环境的突出特点。与空气湿度相比较，土壤湿度比较稳定，变化幅度较小。设施内常采用的湿度调节方法有降低湿度和提高湿度两种。

1. 降低湿度措施和设备

（1）通风换气　通风换气是温室降低温湿度常用方法。一般设施的通风排湿效果最佳时间是中午，此时设施内外的空气湿度差异最大，湿气容易排出。其他时间也要在保证温度要求的前提下，尽量延长通风时间。温室排湿时，要特别注意加强以下5个时期的排湿：浇水后的2～3天内、叶面追肥和喷药后的1～2天内、阴雨（雪）天、日落前后的数小时内（相对湿度大，降湿效果明显）、早春（温室蔬菜的发病高峰期，应加强排湿）。

（2）使用除湿机降低湿度　利用氯化锂等吸湿材料，通过吸湿机可降低设施内的空气湿度。也可使用除湿型热交换通风装置，除湿时能防止随通风而产生的室温下降，同时可补充室内二氧化碳。

2. 提高湿度措施和设备

大型园艺设施尤其是连栋玻璃温室在进行周年生产时，到了高温季节会遇到空气湿度不够的问题，当栽培要求空气湿度高的作物如黄瓜和某些花卉时，也必须加湿以提高空气湿度。常见的加湿方式有以下几种。

（1）喷雾加湿 常用的喷雾器种类较多，如103型三相电动喷雾加湿器、空气洗涤器、离心式喷雾器、超声波喷雾等，可根据设施面积选择合适的喷雾气。此法效果明显，常与降温（中午高温）结合使用。

（2）湿帘加湿 该方法主要是用来降温的，同时也可达到增加室内湿度的目的。

（3）温室内顶部安装水管喷雾系统 降温的同时加湿。

五、温室通风系统功用方式及设备组成特点

（一）温室通风系统的功用

温室通风即指温室内、外的气体进行充分的交换。其功用是排除温室内多余热量，防止温室内高温；排除温室内多余水分，防止温室内湿度过高；调节温室内空气成分，排走有害气体减少其含量，提高温室空气中CO_2的浓度，使作物生长环境良好。

通风时，温室内的温度、湿度和空气成分均要发生不同程度的变化。夏秋季节通风主要是进行降温，靠空气流动带走大量的余热，因此需要最大的通风量。冬季通风主要是调节温室的湿度和气体成分。为减少冬季通风时带走大量的热量，仅维持最低的通风量即可。

（二）温室通风方式

温室通风方式主要有自然通风和机械通风两种（图9－11）。

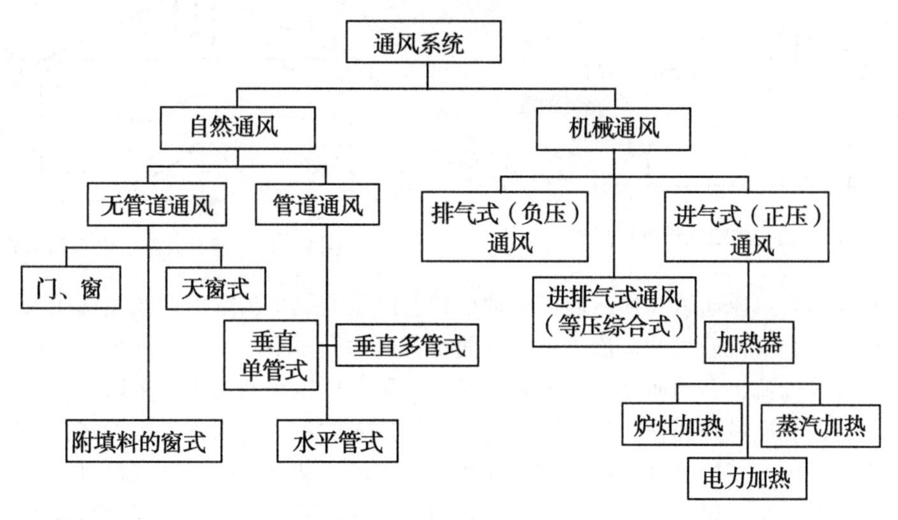

图9－11 温室通风方式

1. 自然通风

自然通风又称为重力通风或管道通风。自然通风是借助温室内外的温度差产生的“风压”（自然风力产生）或者“热压”，促使温室内外的空气通过开启的门、窗和天窗，专门建造的通风管道或孔隙等进行流动的一种通风方式。其优点是不消耗动力，设备简单，运行管理费用较低；缺点是除通风能力相对较小和通风效果易受外界自然条件影响外，还因需设置较大面积的通风窗口，冬季室内的热量损失较大，夏季无风时流通

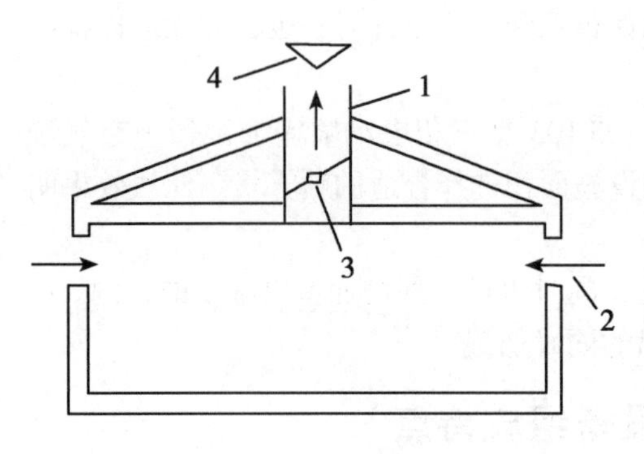

图 9-12 自然通风
1-排气管道；2-进气口；
3-调节活门；4-风帽

效果较差。它常用于开放式或半封闭式温室，尤其是适用于跨度小于 12m 的温室。

自然通风由排气管道、风帽和进气口和调节通风量的调节活门等组成（图 9-12）。通风管道有正方形或圆形断面两种；正方形的每边宽度应不小于 500~600mm，圆形的直径不小于 500mm。空气进口有通孔及缝孔两种形式。通孔式空气进口设在窗间的墙上，在外面有挡风护罩，在里面有调节活门（图 9-13）。活门的作用：一方面将进来的冷空气引向上方，使之和温室内温热空气混合，并且进行预热，因而避免作物直接接触冷空气而患病；另一方面可以调节进入的空气量。每个通孔式进气口面积不大于 400~450cm^2。缝孔式空气进口由设在天棚和纵墙接合处的开口和天棚上的缝孔空气进口组成（图 9-14）。在建造温室时，应预先留出开口，通常开口间距为 2~4m，开口尺寸一般为 40cm×20cm。新鲜空气由开口或天窗进入天棚上面的空间，稍加预热，再通过缝孔进口进入室内，在温室四周形成一比较干燥温暖的空气层。

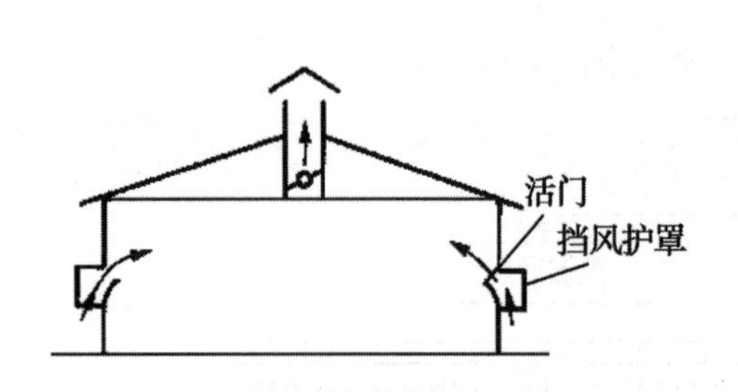

图 9-13 通孔式空气进气口形式

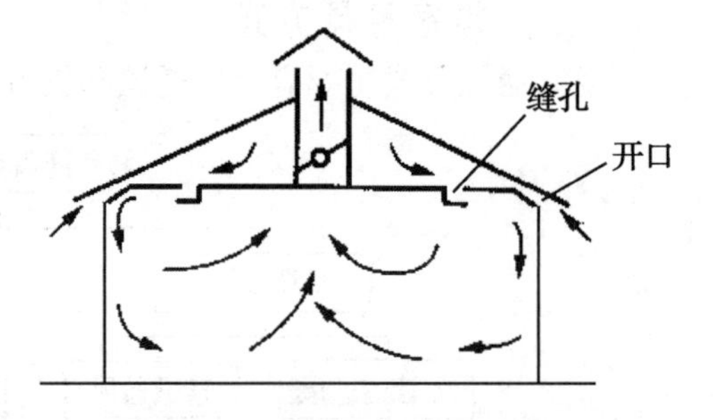

图 9-14 缝孔式空气进气口形式

自然通风有风压通风和热压通风 2 种形式。风压通风是当室内迎风面气压大于室内气压形成正压，气流通过开口流进室内，而室背风面气压小于室内气压形成负压，则室内气流从背风面流出，周而复始形成风压通风。风压通风量的大小主要取决于室外风速的大小、风向和通风口面积。热压通风是当室外进入或室内地面空气被加热，其密度小于室外空气，因而变轻上升，从温室上部的开口流出，新鲜空气经进气口进入室内以补充废气的排出。决定热压通风量大小的主要因素有室内外温差、温室通风口高差、通风口面积和通风口孔口阻力。大多数情况下，自然通风是在“热压”和“风压”同时作用下进行。

2. 机械通风

机械通风又称强制通风，是依靠风机产生的风压强制空气流动，使室内外空气交换的技术措施。其特点是通风能力强，通风效果稳定；可以根据需要配用合适的风机型号、动力的大小、数量和通风量，调节控制方便；可对进入室内空气进行加温、降温、除尘等处理，实现温室环境智能控制通风。缺点是风机在运行中会产生噪声，设备和运行费用较高。它适用于密闭式或者较大的有窗式温室。

机械通风又可分为负压通风、正压通风、联合通风和全气候式通风4种方式。

（1）负压通风　它是用设置在排气口的排风机将温室内的污浊空气抽出，造成室内负压，形成室内外的大气压力差，促使屋檐下长条形缝隙式进气口不断从外界吸入新鲜空气进入室内。其特点是易于实现大风量的通风，换气效率高；依靠适当布置风机和进风口的位置，容易实现室内气流的均匀布置；如果有降温要求时，很容易和湿帘组成降温设备。此外，负压通风还具有设备简单，施工维护方便，投资费用较低等优点。因此，负压通风在设施农业中的应用最为广泛，当温室跨度在12m以下时，排风机可设在单侧墙上；跨度在12m以上时设在两侧墙上。其缺点是室内在负压通风时，难以进行卫生隔离；由于室内外压差不大，也难于对入室内的空气进行净化、加热或者降温处理。

负压通风根据风机的安装位置与气流方向，分为上部排风、下部排风、横向通风、纵向通风四种方式。

（2）正压通风　它是通过吸引风机的运动，将室外新鲜空气通过室内上方管道口或孔口强制压入室内，使室内压力增高，室内污浊空气在此压力下通过出风口或者风管自然排走的换气方式。其优点是可对进入室内的空气进行加热、冷却或者过滤净化等预处理，从而可有效地保证室内的适宜温、湿状态和清洁的空气环境，尤其适合养殖小型畜禽使用。另外，正压通风在寒冷、炎热地区都可以使用。其缺点是由于风机出口朝向室内，不易实现大风量的通风，设备比较复杂，造价高，管理费用也大；同时室内气流不易均匀分布，容易产生气流死角，降低换气效率。

正压通风分为顶部送风和风管送风两种方式。

（3）联合式通风　它是同时采用机械送风和机械排气的通风方式，常见的有管道进气式和天花板进气式两种。管道进气式通风设备包括进气百叶窗、进气风机、管道和排气风机等。空气由进气风机通过管道进入室内，由管道上的许多小孔分布于温室，污浊空气由排风机排出（图9－15a）。冬季空气在进入管道之前可以进行加热。天花板进气式的通风是由山墙上的进气风机将空气压入天棚上方，然后由均布于天花板上的进气孔进入室内，污浊空气由排气风机抽走（图9－15b）。这种方式进气可以进行预先加热或降温。

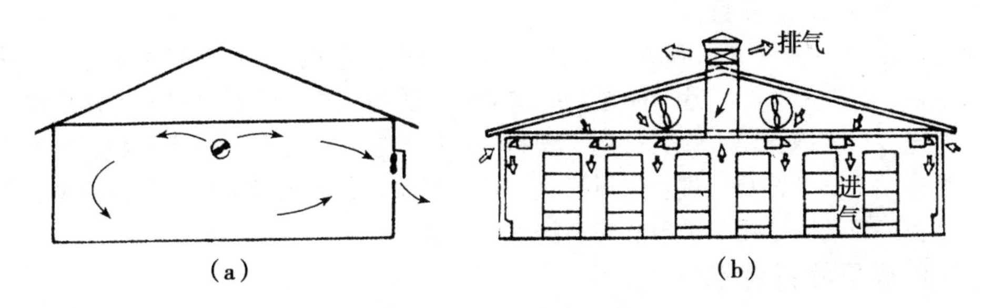

图9－15　联合式通风示意图

a－管道进气式示意图；b－天花板进气式示意图

（4）全气候式通风　它是由联合式通风和负压式通风组合而成，通过两者有机的结合，能适合不同季节的需要。它由百叶窗式进气口、管道风机、管道、排风机组成（图 9 - 16），并和供热降温设备相配合。整个设备可调节至某一设定温度，进行智能化控制。

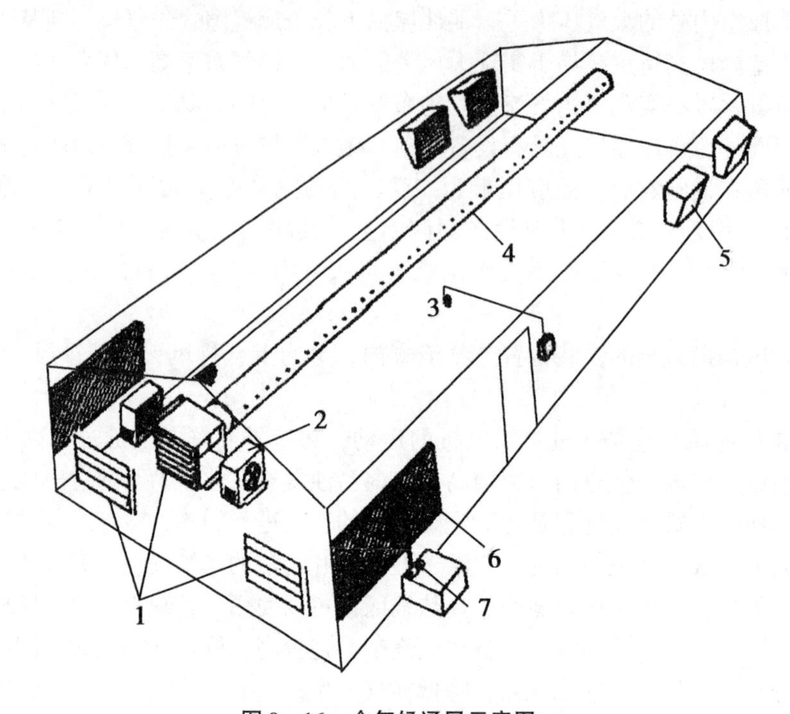

图 9 - 16　全气候通风示意图

1 - 百叶窗；2 - 加热器；3 - 温度传感器；4 - 管道；5 - 排风机；6 - 湿帘；7 - 水泵

六、降温设备种类及其组成与工作性能

温室内的降温最简单的途径就是通风，但在温度过高（超过 30℃时）依靠自然通风不能满足作物生长要求时，必须进行机械通风降温。温室常用的机械降温设备除遮阳系统外，还有齿条开窗装置、卷膜开窗装置、轴流风机、离心风机和湿帘风机降温系统。

（一）齿条开窗装置

该装置由电机减速器、齿轮、齿条和窗等组成。电机主要有两种形式。一种为 220V或 380V 的普通电机；另一种为 220 ~ 240V 的管道电机。管道电机由于体积小、重量轻，遮光少、变速比小，尤其适用于塑料温室的开窗。工作时，电机正转，齿轮带动齿条向外移动，推开窗户，进行通风换气；若电机反转，齿轮带动齿条向内移动，关闭窗户，停止通风。它常用于玻璃和塑料温室（大棚）。

（二）卷膜开窗装置

该装置主要用在塑料温室的侧墙开窗和屋顶卷膜开窗。是将覆盖塑料薄膜底端卷在钢管（卷膜轴）上，工作时，卷膜器带动固定于薄膜软帘下的卷膜轴作正反向转动，可以卷起或放下塑料薄膜窗扉，以达到开、闭窗口通风的目的。

1. 卷膜开窗装置的种类和组成

卷膜开窗装置按操作力可分为手动、电动两大类，按功用部位可分为侧卷膜和顶卷膜。其核心机构是手动或电动卷膜器，其中，手动卷膜器又有摇柄式和捣链式之分。

（1）侧卷膜开窗装置　该装置由卷膜器（电动或手动）、卷膜轴、导向竖杆、导向器、膜卡、连接件、紧固件等组成。

（2）顶卷膜开窗装置　该装置由卷膜器（电动或手动）、卷膜轴、伸缩杆、伸缩杆支座、膜卡、连接件、紧固件等组成。

卷膜开窗装置的导向竖杆一般为3/4英寸（Φ26.8mm×2.75mm）热镀锌焊接钢管；手动卷膜器用卷膜轴一般为外径19mm或22mm热镀锌钢管，电动卷膜器常用卷膜轴一般为外径25mm或3/4英寸热镀锌焊接钢管。由于目前手动、电动卷膜器规格、形式较多，组成卷膜开窗装置的单元会略有不同。因此整体卷膜开窗装置的配置，应根据应用部位和卷膜器的型式、规格确定。如部分捣链手动卷膜器主要技术参数见表9－5、电动卷膜器主要技术参数见表9－6。

表9－5　捣链手动卷膜器主要技术参数

型　号	用　途	卷膜能力（长×宽）	速比	额定扭矩
NA105	顶卷膜	100m×2m	5∶1	40 N.m
NS105	侧卷膜	100m×2m	5∶1	40 N.m

表9－6　电动卷膜器主要技术参数

型　号	用　途	卷膜能力	额定电压	额定功率	输出轴转速	最大输出扭矩
ERU－A	顶、侧卷膜	100m×4m	DC24V	60W	3.6r/min	60 N.m
ERU－B	顶、侧卷膜	100m×6m	DC24V	100W	3.6r/min	80 N.m

当前，电动卷膜器在大型膜覆盖温室的卷膜通风装置上普遍应用。它与手动卷膜相比，具有运行平稳、节省劳力、寿命长、便于实现自动控制等诸多优点和优势。它与伸缩杆匹配，可用于温室拱顶弧面通风口卷膜；与导向竖杆和导向器匹配，可用于温室侧立面（包括山墙立面）通风孔卷膜。为便于调控卷膜轴行程、转数和保持运行平稳与用电安全，电动机基本都采用安全电压（24V）、小功率（功率≤80W）、直流电动机。因此，应用时，需要配置整流器——直流电源。其总的造价比起框架结构开窗系统总造价低，便于维护与修理等。

近几年，又研制出管道电机卷膜，是将管道电机套于卷膜轴中，电机通电即可带动卷膜轴直接进行卷膜作业。特点是占有空间更小、功率更大的卷膜方式，缺点是价格贵。由于管式电机功率大，极限卷膜长度是常用电机卷膜器难以匹敌的。因此，只有当常用电动卷膜装置难以排布（如在温室四周都要求卷膜时）或难以工作时，才采用此种卷膜机构。

2. 卷膜机开窗装置特点

该装置的特点是结构简单、安装方便、易于维修、经济实用。广泛用于中、低档膜覆盖温室或大棚的自然通风系统。缺点是密封性差。目前增加密封性的措施有：①合理布置压膜线；②增加固定膜与卷动膜之间的重叠量；③在膜窗扉两端由高到低的边沿重合部之室外一侧，增加防飘压板，防止负压风将窗膜飘离固定膜或风力将窗膜吹撕裂，减少动膜与固定膜之间出现缝隙而导致透风。④是室内、室外都有防飘压板，类似"夹"板（两板之间有一定间隙），并在发生有相对运动的相向两面之间加贴柔软保护层，以防划破窗膜等等。

除此，目前应用的开窗装置还有轨道推杆式、摆臂推杆式等。

（三）轴流式风机

轴流式风机的叶片倾斜，直接装在电动机的转动轴上，与叶轮轴线呈一定夹角，叶轮转动时，风机所吸入空气和送出空气的流向和风机叶片轴的方向平行，故称之为轴流式风机。

图 9－17　轴流风机结构图

1－电机；2－小皮带轮；3－皮带；4－大皮带轮；5－叶片；6－集风器；7－百叶窗；8－机架；9－护网

1. 组成

它由电机、皮带轮、叶片、轴、外壳、集风器、流线体、整流器、扩散器、百叶窗、机架和护网等部件组成（图 9－17）。

2. 特点

轴流风机的特点是风压小风量大，正好能满足温室通风系统的要求（通风阻力小，通常在 50Pa 以下，产生的风压较小，在 500Pa 以下，一般比离心风机低，而输送的风量却比离心式风机大）；工作在低静压下噪声较低，耗能少、效率较高；易安装和维护；风机叶轮可以逆转，当旋转方向改变时，输送气流的方向也随之改变，但风压、风量的大小不变。风机之间进气气流分布也较均匀，与风机配套的防风雨活页式百叶窗，可以进行机械传动开闭，既能送风，也能排气。在风机未启动时，活页关闭，防止室外冷空气进入；风机启动时，活页打开使空气流通，特别适合设施农业的通风换气。

轴流风机的流量和静压大小与叶片倾斜角度和叶轮转速有关。在实际应用中，一般采用改变转速的方法或采用多台风机投入运行来改变温室内的通风量。

3. 安装

（1）各组风机应单独安装、独立控制　一般一个风机安装一套控制装置和保护装置，这样，便于定期维修保养，清洁除尘，加注润滑油，也便于调节舍内的局部通风量。安装风管时，接头处一定要严密，以防漏气，影响通风效果。

（2）风机的安装位置　轴流式风机一般直接安装在屋顶上或畜禽舍墙壁上的进、

排气口中。负压式通风有屋顶排风式（风机安装在屋顶上的排气口中，两侧纵墙上设进气口）、两侧排风式（风机安装在两侧纵墙上的排气口中，舍外新鲜空气从墙上的进气口经风管均匀地进入舍内）和穿堂风式（风机安装在一侧纵墙上的排气口中，舍外新鲜空气从另一侧纵墙上的进气口进入舍内，形成穿堂风）3 种。若使风机反转，排气口成为进气口，进气口成为排气口，就是正压式通风。

（四）离心式风机

离心式风机由蜗牛形机壳、叶轮、机轴、吸气口、排气口、轴承、底座等部件组成（图 9－18）。离心式风机的各部件中，叶轮是最关键性的部件，特别是叶轮上叶片的形式很多，可分为闪向式、径向式和后向式三种。机壳一般呈螺旋形，它的作用是吸进从叶轮中甩出的空气，并通过气流断面的渐扩作用，将空气的动压力转化为静压力。

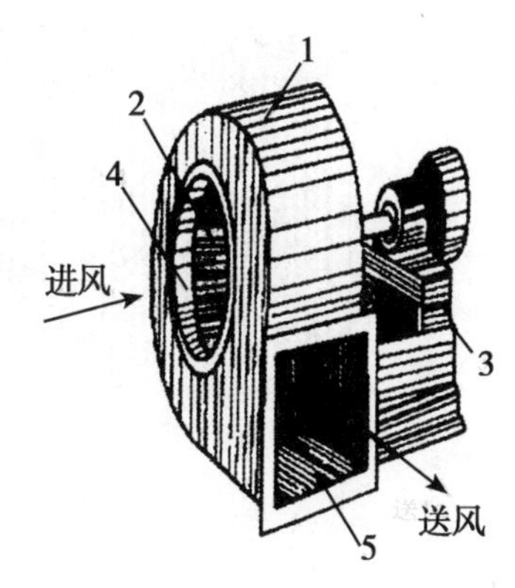

图 9－18　离心式风机

1－蜗牛型外壳；2－工作轮；3－机座；4－进风口；5－出风口

离心式通风机所产生的压力一般小于 15 000Pa。压力小于 1 000Pa 的称为低压风机，一般用于空气调节设备。压力小于 3 000Pa 的称为中压风机，一般用于通风除尘设备。压力大于 3 000Pa 的称为高压风机，一般用于气力输送设备。离心式风机不具有逆转性，压力较强，在温室通风换气中，主要在集中输送热风和冷风时使用。另外，还用于需要对空气进行处理的正压通风设备和联合式通风设备。

（五）湿帘风机降温系统

湿帘风机降温是设施农业中最普遍采用的夏季降温方法，采用该方法组成的降温系统称为湿帘风机降温系统。

1. 湿帘风机降温系统组成

湿帘风机降温系统由湿帘、风机和辅助装置（集水箱、过滤装置、水泵、水管、框架、循环水设备等）组成。

（1）湿帘　湿帘是水蒸发的关键设备。制造湿帘的材料一般有木刨花、棕丝、塑料、棉麻、纤维纸等，目前最常用的是波纹纸。波纹纸质湿帘是由经树脂处理并在原料中添加了特种化学成分的纤维纸黏结而成，呈蜂窝状，厚度一般为 100～200mm。它具有足够的湿挺度、高吸水性能、耐腐蚀、通风阻力小、蒸发降温效率高、能承受较高的过流风速、使用寿命长、便于自立支撑安装和维护等特点。此外，湿帘还能够净化进入温室内的空气。湿帘的组成见图 9－19。

湿帘的技术性能参数主要有降温效率和通风阻力。这两个参数的数值大小取决于湿帘厚度和过帘风速 y（通风量/湿帘面积）。湿帘越厚和过帘风速越低，降温效率越高；湿帘越厚、过帘风速越高，则通风阻力越大。为使湿帘具有较高的降温效率，同时减小通风阻力，过帘风速不宜过高，但也不能过低，否则使需要的湿帘面积增大，增加投资，一般取过帘风速 1～1.5m/s。一般当湿帘厚度为 100～150mm、过帘风速为 1～1.5m/s 时，降温效率为 70%～90%，通风阻力为 10～60Pa。湿帘的水流量应为每米帘宽度 4～5L/s，水箱容量为每平方米湿帘面积 20L。

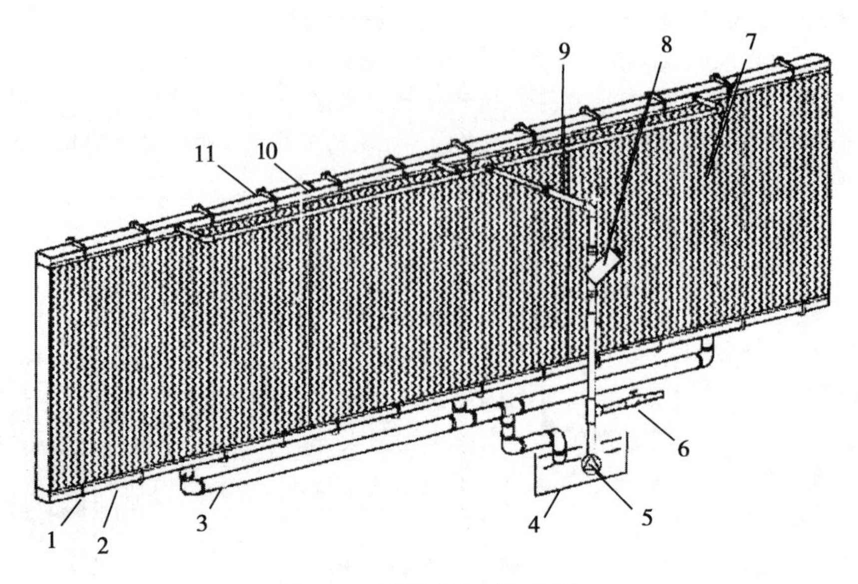

图 9－19　湿帘的组成示意图

1－框架托板；2－下框架；3－回水管；4－水池；5－水泵；6－排水球阀；
7－湿帘；8－过滤器；9－供水主管；10－上框架；11－框架挂钩

有资料报道：当室外气温为 28～38℃时，湿帘可使室温降低 2～8℃。但室外空气湿度对降温效果有明显影响，经试验，当空气湿度为 50%、60%、75%时，采用湿帘可使室温分别降低 6.5℃、5℃和 2℃，因此，在干旱的内陆地区，湿帘通风降温系统的效果更为理想。

湿帘应安装在通风系统的进气口，以增加空气流速，提高蒸发降温效果。水箱设在靠近湿帘的室外地面上，水箱由浮子装置保持固定水面。其安装位置、安装高度要适宜，应与风机统一布局，尽量减少通风死角，确保室内通风均匀、温度一致。同时在湿帘进风一侧设置沙网（25 目左右），用来防尘和防止杂物吸附在湿帘上。湿帘进水口前设置过滤器，防喷淋口堵塞。

安装时，应将湿帘纸拼接处压紧压实，确保紧密连接，湿帘上端横向下水管道下水口应朝上安装，同时湿帘的上下水管道安装时要考虑日后的维护，最好为半开放式安装；并通过拉线对湿帘横向水管进行找平，保证整体保持水平状态，且湿帘的固定物不可紧贴湿帘纸。安装完毕后对整个水循环系统进行密闭处理。

（2）风机　风机通常采用低压大流量轴流风机。

（3）辅助装置　湿帘风机降温系统除了湿帘和风机外，其余都属辅助装置，简称辅件。主要有配水管、湿帘支撑构件、回水管路、集水箱、过滤网、过滤装置、供水管路、回水管路、溢流管、浮球阀、水泵等。辅助装置的主要作用是水箱中的水按照所要求的循环水量供给湿帘均匀湿润，并保证一定的泄水量，使循环水矿化度不至于过高，以保持湿帘较高的降温效率。

2. 湿帘风机降温系统运行模式

根据国内温室所在地理位置、气候条件等因素，大多设置 3 种气候控制模式。

（1）夏季运行模式　夏季以防暑降温为目的，须保证夏季最大通风量。一般温室内的风速应在1.2～1.8m/s为宜，不宜超过2m/s。

（2）春、秋季运行模式　春、秋天的气候比较温和，主要以通风换气为主。这两个季节一般关闭湿帘装置，依据设定温度，通过自动开启不同数量的风机进行通风换气。

（3）冬季运行模式　寒冷季节中，通风的目的是为温室提供新鲜空气并保持热量的同时排除室内多余水分、尘埃和有害气体，以保证温室最小通风换气量为原则，风速应小于0.3m/s。

3. 湿帘冷风机

湿帘冷风机是湿帘与风机一体化的降温设备，由湿帘、轴流风机、水循环设备及机壳等部分组成。风机安装在湿帘围成的箱体出口处，水循环设备从上部喷淋湿润湿帘，并将湿帘下部流出的多余未蒸发的水汇集起来循环利用。风机运行时向外排风，使箱体内形成负压，外部空气在吸入的过程中通过湿帘被加湿降温，风机排出的降温后的空气由与之相连接的风管送入要降温的地方。湿帘冷风机的出风方向有上吹式、下吹式和侧吹式（图9－20）。

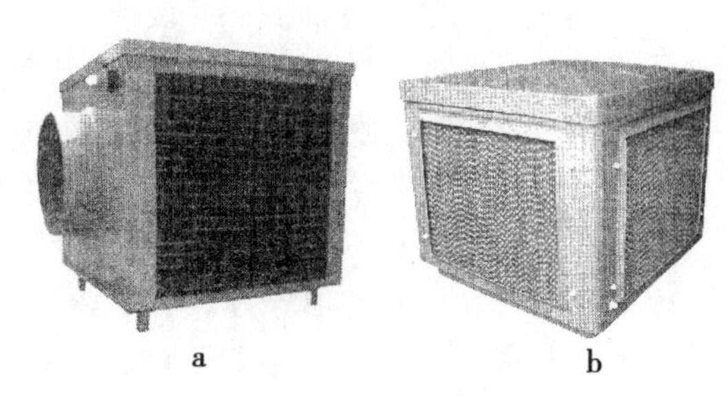

图9－20　湿帘冷风机
a－侧吹式；b－下吹式

湿帘冷风机使用灵活，温室是否密闭均可采用，并且可以控制降温后冷风的输送方向和位置，尤其适合室内局部降温的要求。湿帘冷风机的出风量在2 000～9 000m^3/L之间。其降温效率、湿帘阻力等特性与湿帘风机降温系统相似。不同的是湿帘冷风机采用的是正压通风的方式，其设备投资费用较大。

七、加温供暖设备的种类及其组成与性能特点

随着外界气温的下降，用人工加温的方法补充设施内放出的热量，才能使其内部维持一定的温度。为了既能保护设施内的作物正常生长发育，又能节省能源、降低成本、提高经济效益，在加温设计上必须满足如下要求：加温设备的容量应经常保持室内的设定温度；设备和加温费要尽量少；保护设施内温度空间分布均匀，时间变化稳定；遮阴少，占地少，便于栽培作业。

加温供暖设备有火炉加温供暖、热风式加温供暖、电加温供暖和热水式加温供暖系统。

1. 火炉加温供暖系统

该系统用炉筒或烟道散热，将烟排出设施外。它主要燃烧无烟煤，通过炉筒或烟道的热辐射作用提高气温。该法结构简单，成本较低，多用于简易温室及小型加温温室，但其预热时间较长，难以控制，费工费力。

2. 热风式加温供暖系统

热风式加温供暖是利用热风机（炉）产生的热空气（热风）通过管道直接输送到温室内。热风式加温供暖系统由热风机（炉）、空气换热器、风机、管道和出风口等组

成。工作时，空气通过热风机（炉）产生的热源被加热，再由风机通过管道送入温室内。它的优点是温度分布比较均匀，热惰性小，可与冬季通风相结合，避免了冬季冷风对作物的危害，在为温室内提供热量的同时，也提供了新鲜空气，降低了能源消耗，易于实现温度调节，设备投资少。缺点是：不适宜远距离输送，运行费用和耗电量要高于热水采暖系统。

按热源和换热设备的不同，热风式加温供暖设备可分热风机（炉）式、蒸汽（或热水）加热式和电热式。在设施农业中广泛使用的是热风机（炉）式加温设备。

（1）热风机（炉）式加温供暖设备　根据对空气加热形式可分直接加热式和间接加热式，按燃料形式可分燃煤、燃油和燃气3种形式。图9－21为燃煤热风机外观，图9－22和图9－23则分别为燃油和燃气热风机外形。其中，燃煤热风机（炉）结构最简单，操作方便，一次性投资小，应用最广，但烟气的污染也最重，其他两种燃料的热风机（炉）仅适用于燃料产地及有条件的地方。

燃煤热风炉（机）的加煤方式有手烧、机烧两种，以换热器摆布形式分为立式和卧式。一般温室加温用燃煤热风机（炉）大多为手烧、间接式。表9－7为JML－D型温室自动燃煤热风机技术参数。

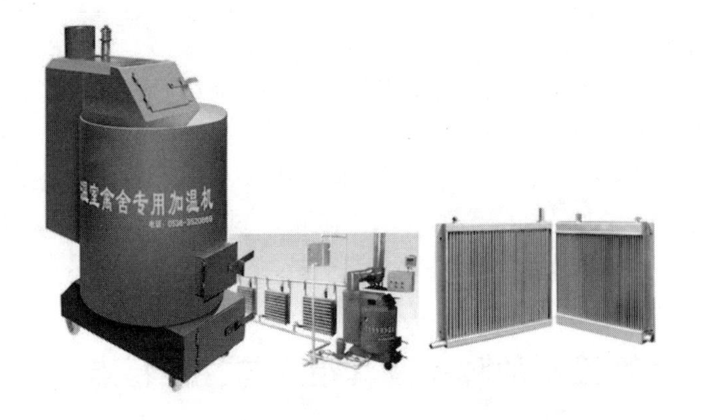

图9－21　温室燃煤热风机

图9－22　温室燃油热风机

图9－23　温室燃气热风机

表9-7　JML-D型温室自动燃煤热风机技术参数表

基本参数	单位	JML-5D	JML-10D	JML-20D	JML-30D
额定发热量	万大卡	5	10	20	30
热效率	%	≥90	≥90	≥90	≥90
热风出口温度	℃	≥40	≥40	≥40	≥40
额定热风量	m^3h	8×10^3	15×10^3	20×10^3	30×10^3
额定耗煤量	kg/h	≤15	≤25	≤35	≤45
适用燃料	大卡	无烟块煤≥6 000	无烟块煤≥6 000	无烟块煤≥6 000	无烟块煤≥6 000
功率	kW	1.62	1.97	2.4	3.15
外形尺寸	mm	1 700×950×1 950	1 900×950×2 250	2 100×1 150×2 250	2 580×1 340×2 450
重量	kg	≈580	≈680	≈820	≈980
电源	V	220/380	220/380	220/380	220/380
供热面积	m^2	200~400	500~700	800~1 200	1 600~2 000

供暖用燃煤热风机（炉）属非压力类产品，无水、无压，不需要水处理装置，不像水暖系统跑冒滴漏非常严重；不需要散热器，而是将热风直接送入温室，热损失小；采用分散供暖，可随时启动热风机（炉）送热风和停止供热，采暖空间升温速度快，所需供暖时间短。该设备主要包括热风机（炉）炉体、离心风机、电控柜、有孔风管等四部分（图9-24）。

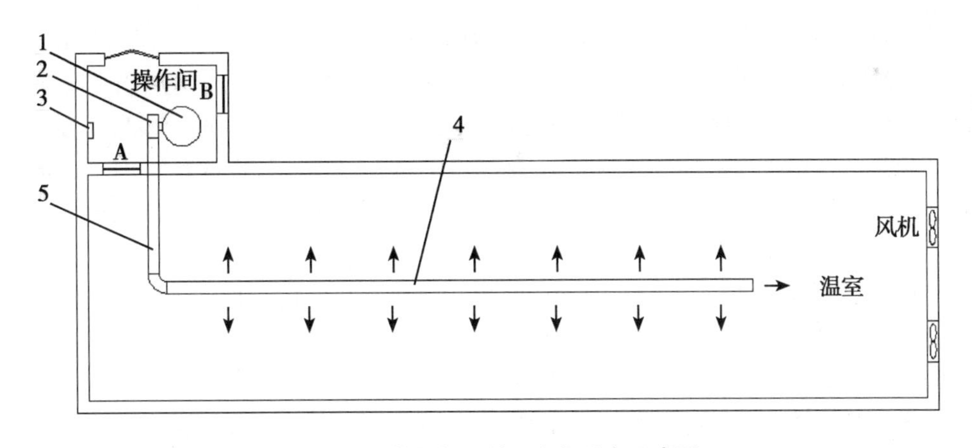

图9-24　热风机（炉）加温设备示意图

1-热风机（炉）炉体；2-离心风机；3-电控柜；4-有孔风管；5-连接风管

①热风机（炉）炉体。它实际上是一种气与气的热交换器，是以空气为介质，采用间接加热的燃料换热装置。目前有卧式与立式两种形式，其工作原理基本相同。

②离心风机。其功能是用来向温室内输送热风。风机进风口与热风机（炉）的热风出口直接对接，风机出风口则与送风管路相连，通过送风管路将热风输送入温室内。

③电控柜。电控柜中包括两套温度显示系统，其中一套温度显示系统的温度传感器设置在热风机（炉）的热风出口处，控制风机启动和关停。另一套温度显示系统的温

度传感器设置在温室内，将温室内不同点的温度在电控柜内显示出来，并在高于或低于限定温度时自动报警，提醒操作者采取措施。

④有孔风管。有孔风管用以将热风炉产生的热风引向温室内并均匀扩散。该管是一条长度约为供暖长度2/3的圆管，每隔1m左右开一个排风口，管的末端敞开，多余热风全部从末端排出。有孔风管可用镀锌薄钢板卷制，也可用帆布缝制或塑料薄膜粘接。

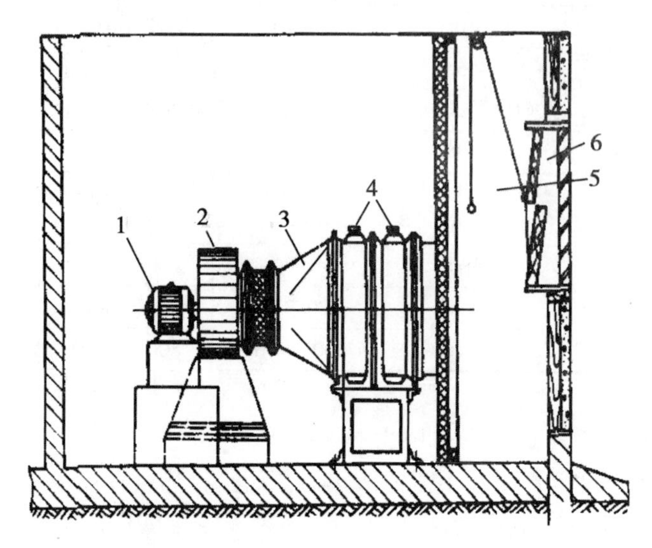

图9－25　蒸汽（或热水）加热式供暖设备结构图

1－电动机；2－风机；3－吸气管；4－散热器；5－气流室；6－气流窗

热风机（炉）式加温可实现单纯加温、加温加通风和单独通风3种运行模式。

①单纯加温（内循环运行）。当不要求换气、只要求加热时，可将热风机（炉）操作间与室外的通风口关闭，而将温室内与热风机（炉）工作间之间的通风口打开，使温室内的温热空气再次进入热风机（炉）内加热，通过有孔风管进入温室内。这样热风是在室内与热风炉（机）操作间循环（又称内循环），可迅速提高温室内温度，又节省燃煤。

②加温加通风（外循环运行）。当既需要加温保持温室内温度，又需要温室内通风换气时，可将温室内与热风机（炉）操作间之间的通风窗口关闭，打开热风机（炉）操作间与室外的通风窗口，启动热风机（炉）向室内送热风，并同时启动舍另一端的风机以增加换气量，这样可在不降低温室内温度的前题下，对温室内进行通风换气。

③单独通风。在热风机（炉）不生火的情况下，启动热风机（炉）离心风机，将室外的新鲜空气通过离心风机、有孔风管进入室内，与室内的空气混合后，经室内另一端的风机排出室外，达到彻底通风的目的。

（2）蒸汽（或热水）加热式供暖设备　该设备一般设在温室的中部，它由气流窗、气流室、散热器、风机和吸气管等组成（图9－25）。散热器是有散热片的成排管子，锅炉供应的蒸汽或热水通过管内。室外的新鲜空气通过可调节的气流窗被风机的吸力吸入室内，再由此经过过滤器进入散热器受到加热，最后被风机吸入并沿暖管进入温室内。

除了上述自行选择装配的蒸汽（或热水）加热器式热风供热系统以外，还有用蒸汽或热水加热的暖风机。它由散热器、风机和电动机等组成。散热器是一排有散热片的管子，由锅炉供应的蒸汽或热水在管内通过，空气由风机吹过散热器，在通过后被加热，然后进入室内。

3. 电加温供暖设备

该设备主要使用电炉、电暖器以及电热线等，利用电能对设施进行加温，具有加温快，无污染且温度易于控制等优点，但也存在着加温成本高、受电源限制较大以及易漏电等一系列问题，主要用于小型设施的临时性加温和育苗床的加温。

4. 热水式加温供暖系统

该系统由锅炉、水泵、输水管道、散热器、控制阀门、压力表等组成。锅炉是提供热源。输水管道是锅炉和散热器之间相连进、回水管路。水泵功用是使水在整个系统内强制循环，一般设置在回水管路中。散热器的功用是以对流和幅射的方式将流入散热器中热水热量传递给周围的空气，达到温室供暖的目的。温室常用的散热器有圆翼型散热器和光管散热器；其中，圆翼型散热器散热面积大，节省材料，占地小，美观，温室常用；光管散热器常做成蛇形，直接给植物根部加热。该系统加温供暖均匀性好，但费用较高，主要用于玻璃温室以及其他大型温室和连栋塑料大棚中。

八、二氧化碳检测仪及二氧化碳浓度调节方法

（一）二氧化碳检测仪

二氧化碳检测仪的功用是检测环境中 CO_2 含量，便于决定是否增施气肥或需通风换气。一般以 mg/L 为单位，有效范围在 100 ~ 1 000mg/L。它可用在温室、大棚中，也可用在密封、半密封的畜禽舍中。温室中主要检测有光照情况下 CO_2 含量是否低于作物光合作用的最佳浓度，以便于及时通风换气。单栋温室、大棚安装 1 个即可。

较为常用的有手持式红外二氧化碳测定仪，采用红外线检测原理，可连续检测二氧化碳气体浓度。

（二）二氧化碳浓度调节方法

塑料拱棚、温室等设施内的二氧化碳主要来自大气以及植物和土壤微生物的呼吸活动。由于塑料大棚、温室等设施的保温需要而密闭，其温室内白天二氧化碳浓度大都低于作物生长的适宜浓度，适宜作物生长的 CO_2 浓度的保持时间只有 0. 5h 左右，不能满足作物高产栽培的需要。此时若得不到外来的 CO_2 补充，会造成严重的 CO_2 亏缺，使作物光合效率下降，光合产物减少，而造成减产减收。增加设施内 CO_2 浓度的方法有以下几种：

1. 通风换气法

此法采用强制通风或自然通风。在设施内 CO_2 浓度低于大气中 CO_2 浓度时，通风换气法可迅速补充 CO_2 亏缺，使设施内 CO_2 浓度增加至与大气 CO_2 浓度相同(约 300μl/L)，具有成本低、易操作的特点，目前生产中应用最广。但由于该法只能使 CO_2 浓度增加到 300μl/L，达不到作物光合作用最适浓度，且易受外界气温限制，冬季使用有一定困难。

2. 土壤施肥法

通过向土壤施用可产生 CO_2 的各种肥料，利用其分解缓释出的 CO_2 持续不断地补充

于设施内，供给作物生长发育的需要。但 CO_2 浓度不易调控，当晴天上午需要高浓度 CO_2 时，往往增加量不大而无法满足作物生长的需要。

3. 生物生态法

通过实行蔬菜与食用菌培养间作，菌料发酵中可产生 CO_2 或发展种养一体的棚室蔬菜生产，利用动物产生的 CO_2 供给蔬菜生长，是一种很好的生物 CO_2 供给法。有些地区发展"种、养、沼"三位一体生物生态法向作物提供 CO_2，是一种简易且经济有效的 CO_2 施肥法，应大力倡导、积极推广。

4. 化学反应法

（1）这是利用酸与碳酸盐反应生成 CO_2 的方法　是目前设施内增施 CO_2 的主要方式。原料来源广泛，成本低廉，方法简便。所用原料为硫酸和碳酸氢铵化肥，反应后可生成 CO_2 和硫酸铵肥料，不产生对作物有害物质。一般 1 亩的温室大棚每天用碳酸氢铵 3 ~ 4kg，加入硫酸 2.0 ~ 2.5kg，可使设施内 CO_2 浓度达约 1 000ml/L，其计算公式为：

每日用碳酸氢铵量（g）= 设施内体积（m^3）× 所需 CO_2 浓度 × 0.0036

每日用硫酸量（g）= 每日需要碳酸氢铵量 × 0.62

（2）CO_2 施放点分布　由于 CO_2 比空气重，扩散缓慢，应多设施放点才能使 CO_2 浓度分布均匀，每个施放点控制容积以 20 m^3 左右为宜，每亩设置 30 ~ 40 个点，施放点可挖 0.3m × 0.3m × 0.3m 的小坑，为使 CO_2 分布均匀，也可用塑料桶挂至距地面 0.5m 的高度，内加硫酸和碳酸氢钠铵作为施放点，有利于 CO_2 扩散均匀和被植物吸收利用。

（3）施用方法　在塑料桶内或地面的小坑内，可一次加入稀释后硫酸 3 日量 0.7 ~ 1.0kg。每天于接点后将碳酸氢铵日用量分别加入到 30 ~ 40 个坑（桶）内，每个坑（桶）内加入 100g 左右，使酸和碳酸氢铵反应生成 CO_2。

为了简化 CO_2 施肥方法，目前，生产上应用了简易塑料桶 CO_2 发生装置，其主要结构由贮酸罐、CO_2 净化吸收桶与输气导管部分组成，通过控制硫酸供给量可有效控制 CO_2 生产量。

近几年相继开发出多种成套 CO_2 施肥装置，主要结构包括有反应腔、贮液腔与缓冲腔，净化腔等组成。有的可通过 CO_2 气体补施量去控制 CO_2 生成量，方法简便，操作安全，应用效果较好。

5. 液体（钢瓶）CO_2 法

液态 CO_2 是一些化工厂、酿造厂的副产品，纯度很高，一般一个 40L 的钢瓶内可装放 25kg 纯净的 CO_2，不含有害气体。使用时开启减压阀门，通过出口压力和开启时间控制 CO_2 施用量，与有孔的塑料管连接可将 CO_2 均匀地分布到设施内的各个角落，使用时间、数量、浓度可自由调控，安全方便，但成本较高，适用于大型连栋温室或高产值作物应用。

6. 燃烧法

该法通过燃烧煤或其他碳氢化合物（如燃油、沼气、煤气）等燃料产生 CO_2，进行设施内 CO_2 施肥。按燃烧方式分为火焰式和红外式两种。燃烧法由于燃料不同及燃烧程度差异，可能在所产生的气体中混有 SO_2 等有害气体，因此，一定要采取措施以加以滤除，防止其对作物产生不利影响。例如有些公司研制开发的"CO_2 气肥发生器"是将煤燃烧产生的气体，经过滤除去SO_2等有害气体，获得较纯净的CO_2，通过管道输入到设施内。燃烧1kg煤炭或液化石油气，可产生3kgCO_2，具有应用时间、浓度易调控，方法简便等优点，但成本较高。

九、燃烧式CO_2发生器的组成及其性能特点

该发生器主要包括燃料供应系统（贮油箱、输油管道、滤清器、油泵、电磁阀和喷油嘴等）、点火装置（有电子式高压点火器和机电式高压点火器等）、燃烧室、风机和自动监控装置等。燃料供应系统的主要作用是提供清洁适量的燃油或压力适当的燃气；点火装置是按照开机信号发出火花点燃燃料，并在燃烧室内充分燃烧（图9－26）；风机一方面为燃烧室提供新鲜的空气助燃，另一方面将产生的CO_2均匀混合吹入温室空间。自动监控装置是按一定时间程序或设定的上下限浓度自动开停机，有的监控系统还含有通风自动停机的功能。工作时，由开机信号发出高压电火花点燃由喷油嘴喷出的油雾，在燃烧室内燃烧，通风机一方面送入新鲜空气助燃，另一方面将产生的CO_2气体（烟气）送入温室内。CO_2烟气浓度和送气时间等由控制器自动调控。

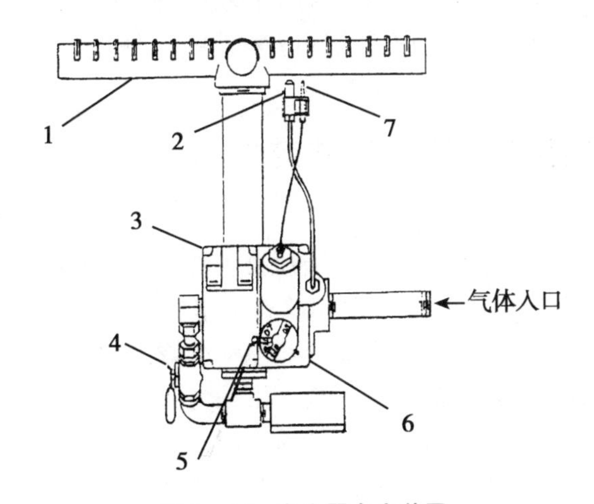

图9－26　发生器点火装置

1－燃烧器；2－点火器；3－电磁阀（控制供气）；4－手动燃气阀；5－燃速指针；6－点火控制旋钮；7－热电偶

图9－27　燃烧式CO_2发生器外形图

二氧化碳发生器一般设计为筒式结构（图9－27）。顶部均有紧固挂环，可以方便地将筒身挂到温室（大棚）的最佳位置使用，不占场地。燃烧式CO_2发生器在产生CO_2的同时，会产生副产物—热量，对于667m^2的日光温室，每次施肥可以提高温室内温度3～4℃。这些热量对寒冷地区的温室，特别是冬季栽培是有益的。

十、温室娃娃功用及工作性能

温室娃娃见图9－28，它可对温室、大棚等的空气温度、空气湿度、露点温度、土壤温度、光照强度，土壤湿度（选配）等重要的环境参数进行实时监测。测量信息可以在中文液晶屏上直观的显示出来，同时可根据用户设置的适宜条件判断当前环境因素是否符合用户所种植作物的当前生长阶段，并通过语音方式把所测环境参数值、管理作物方法及仪器本身的工作情况等信息通知用户。仪器可随时将所测量值存入存储器中便

图 9－28　温室娃娃外观图

于用户查询，同时通过串行通讯口把数据发送给计算机。仪器配有上位机软件，可以对下位机进行参数设置、显示实时数据列表和曲线、显示历史数据列表和曲线、历史数据分析等操作。

十一、小四轮拖拉机液压系统组成和液压悬挂装置

1. 液压系统组成和功用

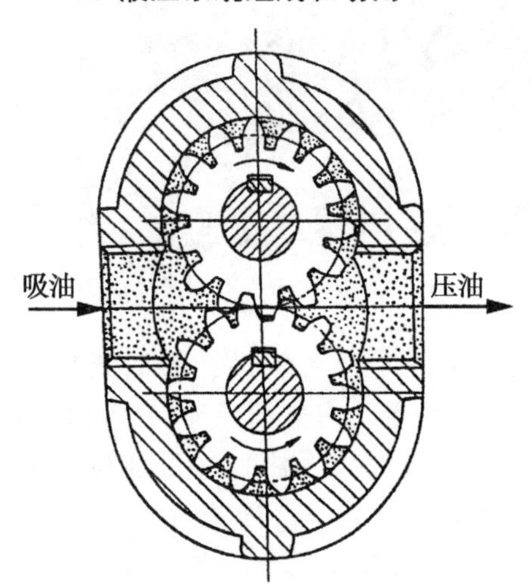

图 9－29　外啮合齿轮泵示意图

该机液压系统一般由液压泵、液压缸、液压阀、辅助部件和工作介质五大部分组成。

（1）液压泵　液压泵是将原动机输入的机械能转换为液压能的装置。其作用是为液压系统提供压力油，它是液压系统的动力源，常用外啮合齿轮泵。该齿轮泵主要由泵体和两个互相啮合转动的齿轮所组成（图 9－29）。泵体两端和前后端盖封闭的情况下，内部形成密封容腔。容腔分：吸油腔和压油腔。

外啮合齿轮泵结构简单，制造方便，价格低廉，工作可靠，自吸能力强，对油液污染不敏感。但噪声大，且输油量不均。

（2）液压缸和液压马达　液压缸和液压马达是将液体的液压能转换为机械能的装置，其作用是在压力油的推动下输出力和速度（或力矩和转速），以驱动工作部件。液压缸输出是往复直线运动，液压马达输出是旋转运动。

液压缸可以分为活塞式、柱塞式和摆动式 3 种，其中以活塞式应用较多。活塞式液压缸的结构基本可以分为缸筒和缸盖、活塞和活塞杆、密封装置、缓冲装置、排气装置 5 个部分。

（3）控制阀　该阀是用来控制和调节液流方向、压力和流量，从而控制执行元件

的运动方向、输出的力或力矩、运动速度、动作顺序，以及限制和调节液压系统的工作压力，防止过载。根据用途和工作特点的不同，主要分方向控制阀、压力控制阀和流量控制阀3类。

①方向控制阀。用来控制油液流动方向以改变执行机构的运动方向，分为单向阀和换向阀两大类。单向阀的作用是允许油液按一个方向流动，不能反向流动。换向阀的作用是利用阀芯和阀体间相对位置的改变，控制油液流动方向，接通或关闭油路，从而改变液压系统的工作状态。

下面以三位四通阀为例（图9－30）说明换向阀是如何实现换向的。三位四通换向阀有3个工作位置和每个工作位置有4个通路口。3个工作位置就是滑阀在中间以及滑阀移动到左、右两端时的位置，4个通路口即压力油口 P、回油口 O 及通往执行元件两端油口 A 和 B。由于滑阀相对阀体作轴向移动，改变了位置，所以，各油口的连接关系就改变了，这就是滑阀式换向阀的换向原理。

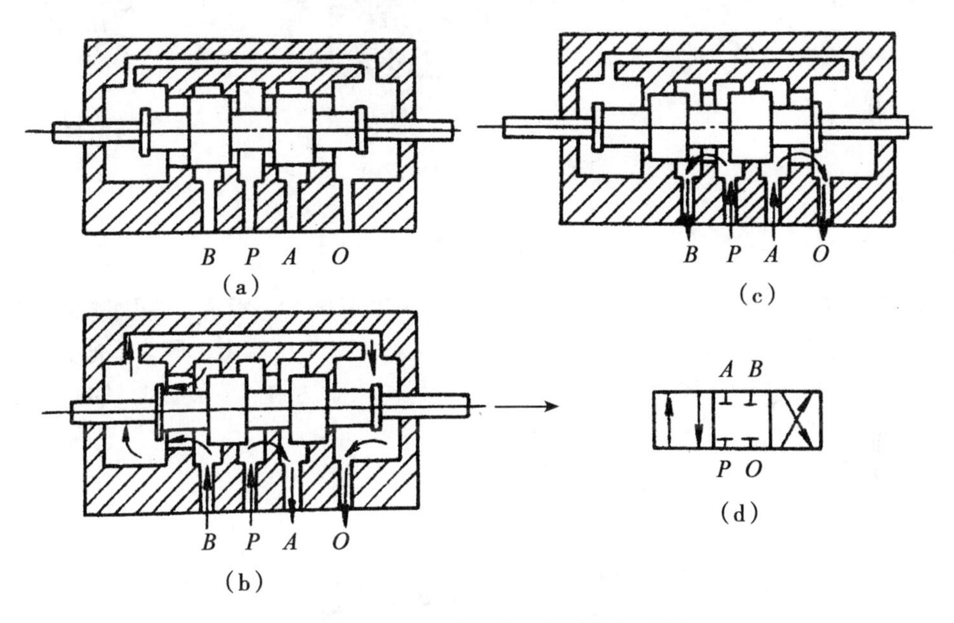

图9－30　三位四通换向阀的换向原理

a－换向阀处于中间；b－换向阀处于右端；c－换向阀处于左端；d－换向阀职能符号

小四轮拖拉机一般采用三位四通换向阀来代替分配器，控制液压油液的流向和流量，决定油缸油腔内的压力，从而控制液压悬挂装置的升、降位置和速度及耕深。

②压力控制阀。用于控制工作液体压力。常用的压力控制阀有溢流阀、减压阀、顺序阀。溢流阀在液压系统中起溢流和稳压作用，当系统压力超过极限压力时才打开的溢流阀称为安全阀。溢流阀的工作原理是：如图9－31所示，当活塞底部的推力小于弹簧力时，滑阀在弹簧力作用下下移，阀口关闭；当系统压力升高到大于弹簧力时，弹簧压缩，滑阀上移，阀口打开；部分油液流回油箱，限制系统压力继续升高，并使系统压力保持在 $P=F/S$ 的数值。调节弹簧力 F，即可调节液压泵供油压力。

③流量控制阀。流量控制阀是靠改变工作开口的大小来控制通过阀的流量，从而调节执行机构（液压缸或液压马达）运动速度的液压元件。油液流经小孔、狭缝或毛细

管时，会遇到阻力，阀口流通面积越小，油液通过时阻力就越大，因而通过的流量就越少。流量控制阀就是利用这个原理制造的。常用的流量控制阀有普通节流阀、调速阀、温度补偿调速阀以及这些阀和单向阀、行程阀的各种组合阀。

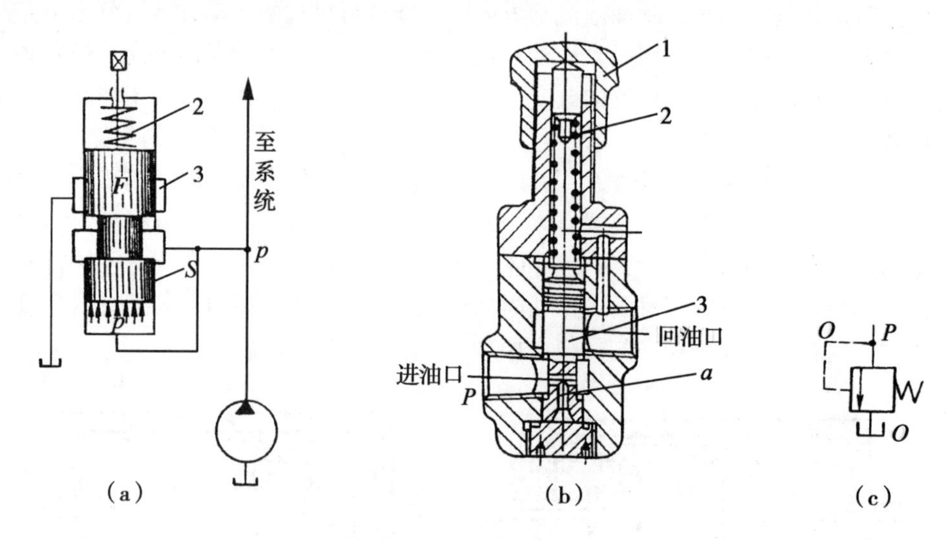

图 9－31　直动式溢流阀

(a) 原理图；(b) 结构图；(c) 职能符号

1－调节螺母；2－弹簧；3－阀芯

普通节流阀的节流口的形式是轴向三角槽式，如图 9－32 所示。油从进油口 P_1 流入，经孔 b 和阀芯 1 右端的节流槽 *c* 进入孔 *a*，再从出油口 P_2 流出。调节手把 3 即可利用推杆 2 使阀芯 1 作轴向移动，以改变节流口面积，从而达到调节流量的目的。弹簧 4 的作用是使阀芯 1 始终向右压紧杆 2。

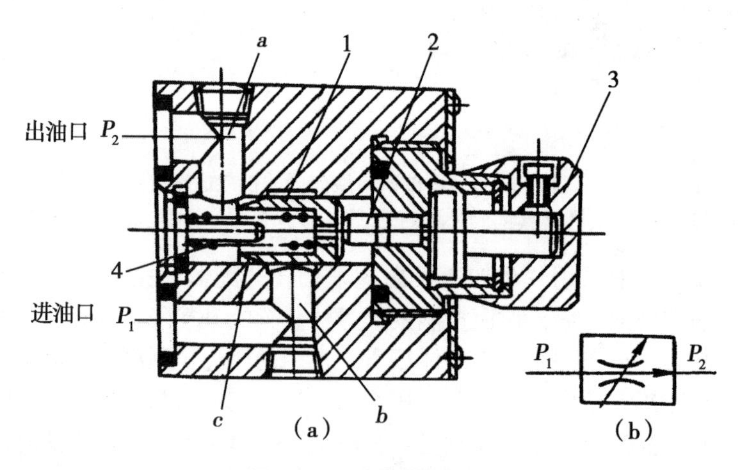

图 9－32　普通节流阀

(a) 结构图　(b) 职能符号

1－阀芯；2－推杆；3－手把；4－弹簧

(4) 辅助部件　它指油箱、油管、滤油器、压力表、流量表等。这些元件分别起散热贮油、输油、连接、过滤、测量压力和测量流量等作用，以保证系统正常工作。

（5）工作介质　它指传动液体，通常为液压油。其作用是实现运动和动力传递。

2. 液压悬挂装置

液压悬挂装置为后置式三点悬挂。主要由分配器、液压提升器和悬挂臂等组成。

（1）分配器　小四轮拖拉机是用三位四通换向阀代替分配器的，手动操纵三位四通换向的3个工作位置来带动农具的上升、中立和下降。为防止农具在提升过程中出现过载而损坏液压元件，换向阀内增设了系统安全阀。该分配器通过提升器等能调节悬挂农具的高度和位置。

（2）提升器

①中立。如图9－33所示，当三位四通换向阀处于中立位置。油泵来油经中位回油孔直接流回油箱，农具不动。

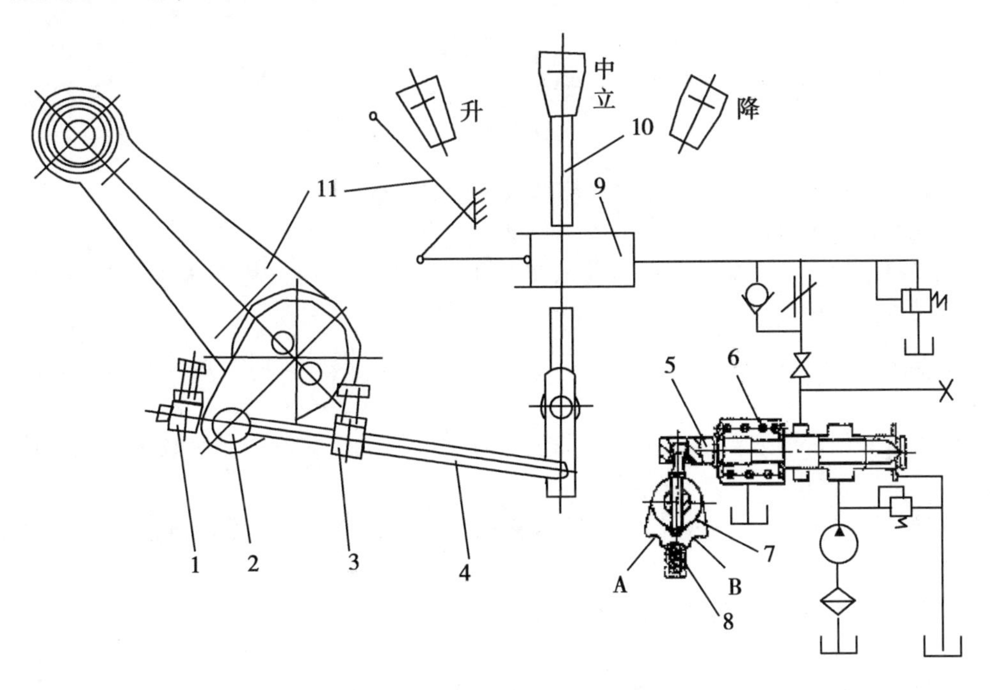

图9－33　提升器工作示意图

1－提升回位挡块；2－回位挡销；3－下降回位挡块；4－手柄回位推杆；5－三位四通换向阀；6－换向阀回位弹簧；7－手柄定位块；8－定位钢球；9－油缸；10－操纵手柄；11－外提升臂

②下降。将操纵手柄10扳到下降位置时，定位钢球8落入定位块7上的下降定位槽B内，三位四通阀5同时右移到下降位置。油缸内油液通过三位四阀5流回油箱，农具开始降落。随着农具的逐渐降落，固定在提升轴挡板上的回位挡销2与提升轴一起绕提升轴反时针转动并沿回位推杆4滑动，当滑动到与固定在回位推杆上的下降限位挡块3接触后，便带动回位推杆4一起右移，同时转动操纵手柄，直到定位钢球8被推出定位槽B。此时在三位四通阀回位弹簧6的张力作用下，操纵手柄10和主控制阀5同时跳回到中立位置。油缸停止回油。农具也是停止了降落。由此可见，农具降落位置取决于下降回位挡块3在回位推杆4上的固定位置。即下降回位挡板与操纵手柄间的距离越

近，农具降落的位置就越低。放松下降回位挡板的紧固螺栓，回位推杆就失去了使操纵手柄返回中立位置的能力。三位四通阀始终停留在下降位置，此时油缸将一直处在“浮动”状态下工作。

③提升。当提升农具时，将操纵手柄 10 推到提升位置。此时定位钢球落入定位槽 A 内，三位四通阀 5 左移到提升位置。农具开始提升，随着农具逐渐升起，同时，回位挡销 2 绕提升轴顺时针转动，当挡销滑动到与提升挡块 1 接触后，带动回位推杆 4 左移，并同时转动操纵手柄 10，直到将定位钢球 8 拉出定位槽 A。此时在回位弹簧 6 的张力作用下，操纵手柄 10 和主控制阀 5 同时跳回到中立位置。油泵停止向油缸供油，农具也随之停止上升。农具升起的高度取决于提升回位挡板 1 在回位推杆 4 上的固定位置。回位挡块 1 距回位推杆端头愈近，农具升起就愈高。

操作技能

一、操作光照度计进行作业

①打开电源。

②打开光检测器盖子，并将光检测器水平放在测量位置。

③选择适合测量挡位。

如果显示屏左端只显示“1”，表示照度过量，需要按下量程键，调整测量倍数。

④照度计开始工作，并在显示屏上显示照度值。

⑤显示屏上显示数据不断地变动，当显示数据比较稳定时，按下量程键，锁定数据。

⑥读取并记录读数器中显示的观测值。观测值等于读数器中显示数字与量程值的乘积。

比如，屏幕上显示 500，右下角显示状态为“×2 000”，照度测量值为 1 000 000 lx，即（500×2 000）。

⑦再按一下锁定开关，取消读值锁定功能。

⑧每一次观测时，连续读数三次并记录。

⑨每一次测量工作完成后，按下电源开关键，切断电源。

⑩盖上光检测器盖子，并放回盒里。

二、操作补光灯进行作业

①检查补光灯控制柜电源、开关、保险装置、电线、灯具和接地线等符合技术要求。

②合上补光灯电路开关通电。

③观察补光灯 3min 左右，逐渐由暗变明亮，为正常。

③不需要补光时，打开补光灯开关，断电，灯逐渐熄灭。

⑤作业注意事项：

A. 钠灯泡必须与相应规格的镇流器、触发器配套使用，照明金属卤化物灯泡必须与相应规格的镇流器、电容、电阻配套使用，否则影响使用寿命或损坏。

B. 电源电压允许在 ±5% 范围内波动，否则会影响灯泡寿命、光效显色性和正常启动点燃。

C. 维修前，应切断电源，待灯泡冷却后方可进行。因灯泡燃点时工作温度较高，同时灯头外壳金属带电，防止烫伤和触电事故。

D. 为保持良好的发光效率，应定期用柔软布清除灰尘，使反射器光洁明亮。但必须切断电源后进行。

E. 灯泡中途损坏或其他故障时，必须及时切断电源，防止电子触发器在空载下长时间工作而导致损坏。

F. 灯泡点燃过程中若有断电等其他原因造成灯泡熄灭时，应先切断电源，待灯泡冷却后（约 20min）方可启动点燃灯泡。

三、操作遮阳系统进行作业

①根据遮阳网的运行情况，调整遮阳电机的行程限位装置，保证遮阳网在打开和关闭的极限位置时电机能够自动地断开，以保证整个遮阳系统工作的安全可靠。

②在遮阳网的前 3～5 次运行之后，检查外遮阳网定位卡丝、卡簧、尼龙线扣是否脱落，发现问题及时处理。

③电机每半年应进行一次检修，并对系统加油保养，以保证系统的稳定运行。

四、操作温湿度检测仪进行作业

①仔细检查和确保检测仪接线正确后，接通 24V 或 12V 直流电源，用万用表测量时就会输出对应的电流或电压值。

②带液晶显示的变送器，通电后，可直接观察显示检测仪工作是否正确。

③如需要拆卸变送器时，必须先断开电源，然后再进行拆卸。

④该变送器为室内型，变送器内部不得有水进入，以免造成损坏；如果需要在室外使用，必须加装通风的防护罩。

⑤检测仪应避免在易于传热且会直接造成与待测区域产生温差的地带安装，否则会造成温湿度测量不准确。

五、操作开窗装置进行通风作业

（一）操作齿条开窗装置进行通风作业

①操作人员必须经过专业培训。

②检查电动机、电源和齿条开窗机构等技术状态符合要求后，按下电源开关，接通电源启动电动机。

③通过控制“倒顺开关”的正转、反转和停止挡位来实现电机的正反转，移动齿条将窗口打开和关闭。

④当窗口打开至适当位置（面积）或关闭时，应及时关闭电动机，严禁超过极限位置。

（二）操作卷膜开窗装置进行通风作业

①必须由经过专业培训的人员操作。

②检查电动卷膜机、电源和卷膜轴等技术状态符合要求后，按下电源开关，接通电源启动电动机。

③通过控制“倒顺开关”的正转、反转和停止挡位来实现卷膜和放膜作业；膜卷至适当位置或放铺至底部时，应及时关机。

④作业注意事项：

A. 操作者切勿站在电机下面或其前方，应距电机伸缩轴端面一定距离（大于1m）。

B. 卷膜过程中，操作者必须随时注意观察卷膜机伸缩管的伸缩情况。如出现不能自由伸缩等意外情况，应及时采取措施，停机检查，经调整正常后方可继续运转。

C. 卷膜过程中，还必须注意观察卷膜电机的情况，如遇噪声加大等异常现象时，应及时采取措施，停机检修。

六、操作风机进行通风作业

①检查风机、电路等技术状态符合要求后，按下电源开关，接通电源启动电动机。

②风机开启时，温室内所有门窗必须保持关闭状态，同一温室部分风机运转时，其余风机百叶窗应处于关闭状态，防止空气流短路。

③作业时要检查温室内前、中、后三点的温度差，并利用机械式通风和进风口的调节使其温度一致。

④风机停机时，严禁使用外力开启百叶窗，以避免破坏百叶窗的密合性。

⑤作业注意事项：

A. 风机在转动时严禁将身体任何部位和物件伸入百叶窗或防护网，严禁无防护网运行。

B. 在运行过程中如发现有风机振动、风量变小、噪音变大、电机有“嗡嗡”的异常声响、电机过热、轴承温升过高等异常情况，应立即待机，检修排除故障后重新试机，以免由于小的故障导致风机的严重损坏。

C. 当突然断电时，应关闭温室总电源，以防来电后设备自行启动，立即开启温室应急窗（侧墙通风窗）防止被闷死，并迅速通知专职供电人员，尽快开动自备发电机供电。

七、操作湿帘风机降温系统进行作业

①当温室外环境温度低于27℃时，一般采用风机进行通风降温，湿帘系统不开；当超过27℃时，启用湿帘系统。

②启动湿帘风机前，应先关闭温室所有门窗和屋顶、侧墙的通风窗。

③开启水泵通电，检查水泵是否正常，检查供、回水管线有无漏水现象，湿帘纸垫干湿是否一致，有无水滴飞溅现象，水槽是否有漏水现象。

④进行水量调控　通过调节供水管路上溢流阀门的开口大小控制水量。供水应使湿帘均匀湿透，每平方米湿帘顶层面积供水量为60L/min，如果在干燥高温地区，供水量要增加10%～20%。从感官上看，所有湿帘纸应均匀浸湿，有细细的水流沿着湿帘纸波纹往下流，不应有未被湿透的干条纹，内外表面也不应有集中水流。

⑤进行水质控制　湿帘使用的水应该是井水或者自来水，不可使用未经处理的地表水，以防止湿帘滋生藻类。湿帘降温原理为水分蒸发吸收空气中热量，当启动湿帘系统时，水被蒸发掉，而其中的杂质及来自空气中的尘土杂物被留下来，导致在水中浓度越来越高，会在湿帘表面形成水垢，故要经常放掉一部分水，补充一些新鲜水，同时在重新进入供水管道前要过滤。保持水源清洁，水的酸碱度在6～9，电导率小于1000μΩ。

⑥系统每次使用结束后，水泵应比风机提前10～30min关闭，使湿帘水分蒸发晾干，以免湿帘上生长水苔。

⑦系统停止运行后，检查水槽中积水是否排空，避免湿帘底部长期浸在水中。

⑧作业注意事项：

A. 水泵不要直接放在水箱（或水池）底部。当水箱（或水池）缺水或水位高度不够时，严禁启动水泵，否则会造成水泵空转发热而烧坏水泵。

B. 不要频繁启动或长时间运行湿帘。每天至少关闭水泵和风机1h，可选择在凌晨。

C. 检查湿帘状况，特别要注意其表面结垢及藻类孳生情况。每天要使湿帘彻底干燥一次，抑制藻类生长。在水泵停止运行30min后关停风机可使湿帘完全晾干。

D. 保证循环用水，注意适宜水温不要高于15℃。

E. 当温室外空气相对湿度大于85%时，湿帘效果会较差，此时应停止使用湿帘降温。

F. 湿帘的开启最好连接在温度控制仪上，用温度和时间同时控制，尽量不用人工开关，以防温度不均匀。

八、操作热风炉进行作业

（1）烘炉　热风炉烘炉前，对热风炉设备及所有电器进行检查，确认无异常现象后，着手点火烘炉。炉排上堆放干木柴，点火燃烧，时间一般持续4h左右，燃烧时适当加添干木柴。

（2）点火　当达到烘炉要求后，在木柴上加少量的煤，煤燃烧起来后，再将其红火逐渐向周围拨弄，直到整个炉条上布满煤火，方可加大布煤量。燃煤热风炉点火与送风可同时运行或点火后立即开动风机送风，但送风不得晚于点火后5min。

燃气热风炉必须先开动送风机，将管道内空气排尽后点火。

（3）热风炉点火后　应先小火燃烧，待热风炉炉胆全部预热后再强燃烧，相应送风量自始至终应该满负荷运行。

（4）加煤燃烧的要领是　应做到“三勤”、“四快”。“三勤”为：勤添煤、勤拨火、勤捅火。“四快”为：开闭炉门快，但动作轻；加煤快，要匀散；拨火动作快，不准出现窜冷风口；出渣快，不得碰坏炉内耐火材料。

（5）正常运行中加煤时　布煤要均匀，煤层厚度在100～150mm，根据煤种不同确定煤层厚度。热风炉正常运行时应检查炉箅上燃烧情况，要求是：火床平，火焰实而均匀，颜色呈淡黄色，没有窜冷风的火口，从烟囱冒出的烟呈淡灰色。通过调整清灰门开启的大小来调节炉膛的供风量，从而调整热风炉的燃烧程度。

（6）要及时清理炉膛下面炉渣　防止闷炉。

(7) 使用一段时间后，如果炉火不旺，可能是烟灰堵塞管路　可打开检修口清理后再使用。

(8) 风机的启动与关停

①风机启动前，先检查送风管路风门调节手柄是否处于关闭位置，启动约半分钟后，方可逐渐打开到正常位置。

②停止送热风时，应先闷火或熄火后继续送风，待风温度降至100℃以下时停止送风。

风机有手动和自动两种控制方法：a. 手动时只需将开关拨到“手动”位置，风机即运转，不用时拨到中间位置。b. 自动控制时，将开关都拨到“自动”位置，当热风炉出口处温度过高时，则启动离心风机及时将热量排出，降低热风炉内的温度，当热风炉的热风出口温度降下来时，离心风机则自动停机。

(9) 停炉熄火时　要先让炉内燃料燃尽或将燃料掏出，直到炉温低于炉温设定下限值时，才可以关闭离心风机，在此之前不得切断电源或强制停机。

(10) 供暖结束时　关闭清灰门，打开炉门，将燃料燃尽或加煤粉均匀封盖火床压火，待炉膛内温度降低后（当出风口传感器显示温度低于55℃时）停止风机运行，以免炉膛内温度过高烧损设备。

(11) 作业中经常观察压力表、温度计、流量计等的读数是否正常　检查热风炉出风口热风温度；检查烟囱排烟是否正常；检查采暖管道、阀门及有关设备是否良好等。

(12) 检查门窗是否关闭、室内采暖温度是否正常　如不正常，根据加热温度的均匀程度调节室内采暖系统，调节时应从温度较高的设备开始，调节热水流量通过开大或关小阀门进行。

(13) 每班做好作业记录

(14) 作业注意事项

①操作间应有足够的操作空间，不应堆放杂物，尤其易燃物品；保持清洁卫生，保证进入温室内的热空气的清洁。

②烟囱高度要足够，在烟囱上口和防雨帽之间要铺设金属网，防止火星窜出发生火灾。检查烟囱排烟是否正常。

③热风炉运行中突然停电时，应立即将出风口传感器拔出，并将炉火封住，用煤粉压火，打开炉门，关闭清灰门。

④热风炉运行时必须有专人看管，如果出现停电、设备故障等情况时必须及时处理，以防止设备受到损坏；短时间离岗时要封炉。

⑤检查热风出口温度不得高于设备铭牌标示的最高使用温度，当温度过高时应及时关闭清灰门，以降低炉膛温度。

⑥热风炉运行时热风出口不得有漏烟现象发生，若发现有漏烟现象，应采取措施消除后再继续运行。

⑦避免无风强烧，高温时，不得停止风机。

⑧经常检查温室内通风是否良好。尤其是在冬季气温低的情况下，操作者更要纠正只注意保暖而忽视了正常通风的不良做法。通风良好时室内无异味，如果发现室内异味很浓、灰尘弥漫，说明室内通风极度不良，有害气体氨、硫化氢、一氧化碳等超标，应

立即加强通风，这时应关闭清灰门，打开炉门。

⑨检查温室内温度及均匀分布情况，查验温度计上的温度和实际要求的温度是否吻合。

⑩检查温室门窗关闭情况，热风炉运行时必须做到关闭温室所有门窗和屋顶、侧墙通风口。

九、操作二氧化碳检测仪进行作业

①将仪器放在检测环境中，按“ON/OFF”键打开电源。

②等待20s倒计时结束，仪器显示稳定即可读数。

③直接读数为ppm值。ppm值可与百分数直接换算（1ppm等于百万分之一），例如100ppm＝0.01%。

④检测结束，按“ON/OFF”键关闭电源。

十、操作燃烧式二氧化碳发生器进行作业

（1）检查燃烧式CO_2发生器　符合技术要求后，用输送软管连接好发生器进口和原料的出口。

（2）先微开原料瓶或罐的阀门　再接通电源点火开关。

（3）拧大阀门，调整燃烧状态　控制燃料在充分燃烧的情况下产生CO_2。

当燃烧产生蓝色、白色或无色火焰时，生成有用的CO_2；如果是红色、橙色或黄色火焰，说明燃料燃烧不完全，将产生CO。少量的CO就会对植物和人体产生致命的毒害。CO对蔬菜作物叶片组织产生漂白作用，使叶片白化或黄化，严重时造成叶片枯死。含硫或硫化物的燃料燃烧时会产生有毒的副产物SO_2，不能使用。

（4）当温室内CO_2含量满足要求时　先关闭原料瓶或罐的阀门再关闭电源。

（5）作业注意事项

增施二氧化碳作业并不是其浓度越高越好，而是要根据不同的情况增施。

①在肥力较高的土壤上栽种瓜果类蔬菜作物时，多在定植缓苗后或开花时开始施用，一直到瓜果摘收终止前几天停止，不可半途终止使用气体肥料。

②苗期是气肥施用效果较佳的时期，利于培育壮苗，缩短苗龄，加速苗期发育，提早果菜类蔬菜花芽分化，对提高早期产量十分明显。

③叶菜类需求的二氧化碳浓度要大于果菜类，叶菜类一般在定植出苗时开始施用二氧化碳，要连续使用，通常连续使用气肥7～10d，就可以看出增施气肥的效果。

④对于果菜类蔬菜如番茄、黄瓜、长瓜等瓜果作物从定植到开花期间可少施气肥，适当控制营养生长，加强整枝打叶、点花保果，在开花期至果实膨大期使用二氧化碳气肥效果最佳，可加速果实膨大和成熟过程，减少畸形果的发生，提高早期产量和蔬菜的商品性，一般使用10～20d后效果明显。

⑤设施内施用二氧化碳，要求设施结构具有良好的密闭性能，如果温室大棚里的地温或者气温过低，增施气肥的作用就不大了，这时候可以暂停使用。

⑥增施气肥基本上不改变原来的田间管理方法，但是由于增施气肥后作物生长旺盛，水、肥量还应适当增加，但应避免水、肥过多而造成徒长，宜增施磷、钾肥，适当

控制氮肥。

⑦为达到增产、又可降低成本、同时还可防止二氧化碳浓度过高对作物的危害，研究认为二氧化碳浓度应控制在作物饱和点以下，一般不超过 1 200mg/kg 为好。

⑧每天的二氧化碳施放量应灵活掌握，晴天充足施放，多云的天气施放量可减少20% ~30%；而在阴天，一般可比晴天减少 50%；雨雪天就可不施放。

⑨连续施用比间歇或时用、时停增产效果要好，深冬期间棚室不放风，追施二氧化碳的时间不应间断，故除雨雪天气外，应连续使用不可突然终止使用气肥。

⑩使用有机物质发酵法时可释放出部分有害气体，应防止有害气体过多形成气害中毒，采用二氧化碳发生器可以避免中毒，要注意栽培管理措施的配套。

十一、操作温室娃娃进行作业

①严格按照接线方式，将多个测量参数传感器、外扩音箱、耳机和直流电源等外部设备插入温室娃娃对应的 USB 接口，显示检测到设备对话框。第一次使用时，需要安装驱动程序，点击下一次选择“自动安装软件”至完成。

②为了尽可能减少电干扰、电磁干扰或其他人为因素的影响，安装时应该使传感器和传感器的数据传输线远离电源或电线，以及产生大负载变化的机电设备，如：继电器、开关等。

③应使测量参数传感器均匀分布于温室或大棚之中，使得测量范围更加广泛、准确。

④记录仪与软件自动连接且识别过程结束后，设备内部设置自动显示在属性栏内。

⑤在使用记录仪之前，首先需要打开电源，启动设备。

⑥液晶信息显示界面。

如图 9 - 34 所示，当系统启动或完成设置后，自动进入信息显示界面。系统自动轮流显示实时测量的气温、地温、湿度、露点、光照、剩余电量、机号、语音状态、键盘锁定状况、存储时间间隔以及已经存储的记录数。如果某项监测数据超过了报警限，则采用语音进行报警，指导用户采取合理的措施。

图 9 - 34　参数设置界面图

如果电池电量低，系统需要充电时，屏幕显示“请及时充电”的信息。当接通外接电源（6V/1A）时红灯亮，给电池充电时指示灯为红色。

⑦系统参数设置（图9－35）。

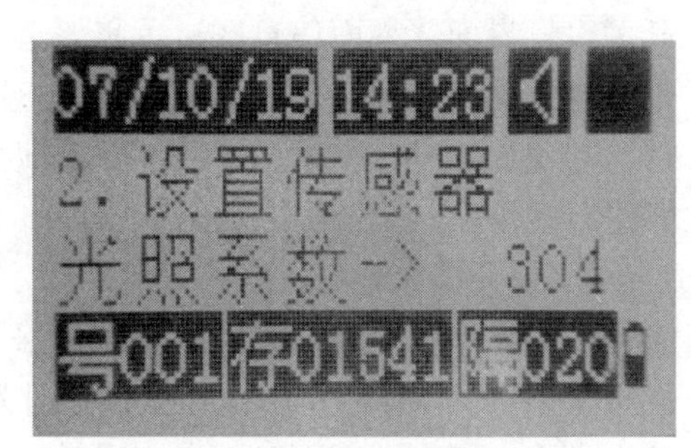

图9－35 光照系数设置

温室娃娃的操作面板上共有20个按健，分别为开关键、功能键和数字键。长时间按开关按键，液晶显示器出现“欢迎界面”后立即松开，温室娃娃启动，系统开机。系统设置：按“设置”按键进入系统设置的一级菜单，一级菜单在中文LCD液晶显示器的上行显示，然后按“确认”键，进入相应设置操作。可以按数字键或上翻键（▲）、下翻键（▼）进行参数设置。按“取消”键退出设置。一级菜单的参数设置界面如下：

A. 设置本机号码。在一级菜单显示“设置本机机号”时，按“确认”键进入号码设置界面。界面信息区显示当前的机号，可按上翻页▲键和下翻页▼可增减号码大小，也可按相应数字键选择号码进行修改，t键和u键改变设置位置。修改后按“确认”键光标右移一位，移到最后按“确认”键设置成功，按“取消”键返回一级菜单。本机号码作为系统组网时本系统在整个分布式系统中的身份识别标志，选择范围1～32。组网时，分布式系统内不能出现重复的机器编号。机号在屏幕的左下角显示。

B. 设置传感器。在一级菜单显示“设置传感器”时，按“确认”键进入传感器设置选项界面。界面信息区显示各传感器“有”或“无”选项。按上翻页▲键和下翻页▼键来选择选项“有”或“无”。然后按“确认”键设置成功，根据实际传感器连接情况进行“气温”、“地温”、“湿度”、“露点”、“光照”、“光照系数”设置（图9－35）。在所有参数设置完成后，按“取消”键返回到一级菜单。注：光照系数默认是304，需要根据光照传感器底部提供的光照系数进行设置，提高测量精度。

C. 设置系统日期。在一级菜单显示“设置系统日期”时，按“确认”键进入系统日期设置界面。界面信息区显示当前日期（年、月、日），可按上翻页▲键和下翻页▼键可增减日期大小，也可按相应数字键选择号码进行修改。当修改结束选定后按“确认”键光标右移一位（t键和u键改变设置位置），移到最后按“确认”键设置成功，按“取消”键返回上一级菜单。屏幕的第1行会显示设置的系统日期。

D. 设置系统时间。在一级菜单显示“设置系统时间”时，按“确认”键进入系统时间设置界面。界面信息区显示当前时间（时，分，秒），可按上翻页▲键和下翻页▼可增减时间大小，也可按相应数字键来设置相应的时间。t键和u键改变设置位置，同时选定后按“确认”键光标也可以右移一位，对时间进行一一设置，一直移到最后，即秒设置完后，按“确认”键设置成功，然后按“取消”键返回一级菜单。屏幕第1行会显示设置的系统时间。

E. 设置存储间隔。在一级菜单显示“设置存储间隔”时，按“确认”键进入数据存储间隔设置界面。界面信息区显示温室娃娃当前数据的存储间隔（存储间隔选择范围1～240min），可按上翻页▲键和下翻页▼可增减间隔时间的大小，也可按相应数字键选择号码。选定后按“确认”键光标右移一位，移到最后按“确认”键设置成功，按“取消”键返回一级菜单。屏幕第4行时间间隔会产生相应的变化。

F. 设置语音开关。在一级菜单显示“设置语音开关”时，按“确认”键进入语音开关设置界面。界面信息区显示将要选择的语音开关状态，按上翻页▲键和下翻页▼键来选择“始终关闭”或“娃娃声音”或“超限开启”或“始终开启”。选定后按“确认”键设置成功，然后按“取消”键返回一级菜单。显示屏上第1行会通过喇叭的形式进行显示。

G. 设置报警条件。在一级菜单显示“设置报警条件”时，按“确认”键进入报警条件设置界面。界面信息区显示各传感器的日、夜的上下限值。首先按上翻页▲键和下翻页▼来选择“日出时间”、“日落时间”，进入“日出时间”、“日落时间”界面后，按上翻页▲键和下翻页▼键来增减时间大小，也可按相应数字键选择号码，然后选定后按“确认”键光标右移一位，直到移到最后，按“确认”键设置完成。

接着按上翻页▲键和下翻页▼键选择各传感器日、夜上下限设置，分别进入“气温日上限”、“气温日下限”、“气温夜上限”、“气温夜下限”、“湿度日上限”、“湿度日下限”、“湿度夜上限”、“湿度夜下限”、“光照上限”、“光照下限”、“地温日上限”、“地温日下限”、“地温夜上限”、“地温夜上限”界面进行设置，按上翻页▲键和下翻页▼键或者按相应数字键来设置传感器的报警上下限的值。可根据用户所在地的实际情况，设置上下限值，零下到零上都可以设。选定后按“确认”键光标右移一位，直到移到最后，设置完成后，按“取消”键返回一级菜单。

H. 清除存储数据。在一级菜单显示“清除存储数据”时，按“确认”键进入清除所有存储数据操作界面。界面信息区显示“是否清除?”，按上翻页▲键和下翻页▼可选择“是”或“否”，选定后按“确认”键执行相应操作，按“取消”键返回一级菜单。

图9-36 设置键盘锁定

I. 设置键盘锁定。在一级菜单显示“设置键盘锁定”时（图9-36），按“确认”键，屏幕出现“键盘已被锁定”时，键盘已被锁定，键盘操作无效。通过按“设置”键和“确认”键，键盘解锁。

J. 退出设置。在一级菜单显示“结束设置”时，按“确认”键退出设置程序，进入测量状态。

⑧功能按键设置

A. 静音设置。在温室娃娃正在语音测量过程中，可以通过“静音”键快速关闭语音系统，以降低功耗，提高系统工作时间。

B. 复位设置。当出现死机情况下（温室娃娃关闭不了）可以通过该键关闭系统，由于死机出现的概率比较小，不推荐使用。

注意：除本机号之外的所有的设置参数，可在配套的计算机软件设置后，通过RS485总线发送到当前系统，设置效果与手动设置效果相同。

⑨测量结束后，将设备插入电脑USB接口，单击工具栏中的“下载”按钮，软件自动将设备中所存记录保存在电脑上。更多软件操作说明见软件“帮助”菜单栏。

⑩作业注意事项：

A. 尽量避免在高温、高湿度场所下使用。

B. 尽量远离大功率干扰设备，以免造成测量的不准确。

十二、操作小四轮拖拉机机组进行作业

（一）小四轮拖拉机的基本操作

1. 发动机的启动

（1）启动前　检查燃油、润滑油、提升器中液压油、冷却水是否已加足，油路是否畅通无空气，检查并确信各部件及电器线路等处于正常技术状态。

（2）将变速杆置于空挡位置　动力输出分离杆处于分离状态，手油门放置在大油门位置。

①手摇启动时：左手将减压手柄扳至在减压位置，右手握手摇把加速摇车，随之将减压手柄扳至非减压位置，发动机即启动。

②电启动时：人坐在驾驶座位上，将减压手柄扳至在减压位置，顺时针扭转启动开关，启动电机即带动发动机运转。发动机一旦开始工作，应立即按逆时针方向将启动开关钥匙转到电瓶充电位置。

（3）启动注意事项　①启动电机每次启动时间不超过5～10s，两次启动时间间隔不少于2min。②夏季电启动时，可以不用减压措施，冬季启动困难，可以用加热水或加热的方法帮助启动，亦可使用预热装置帮助启动。

2. 拖拉机的起步

①发动机启动后，在中速运转5～10 min使发动机预热，待水温升至60℃以上。

②提起悬挂农具。

③踏下离合器踏板，将变速操纵杆放置在所需的低挡位，脱开制动器踏板锁定爪。

④观察周围有无障碍物等，并鸣喇叭唤人注意。

⑤缓慢松开离合器踏板，并逐渐加大油门，拖拉机即起步。

3. 拖拉机的驾驶

①拖拉机在工作时，应经常注意观察各仪表的读数是否正常。

②两手扶握方向盘，眼看前方，脚控制油门，平稳前行。

③转弯时，方向盘向左转，拖拉机左转弯；反之，方向盘向右转，右转弯。在田间低速作业时，可使用单边制动配合转弯和减小转弯半径。

④挡位选择。拖拉机作业时，应正确选择挡位，以得到最高的生产率和经济性。拖拉机各挡用途见表9－8。

表9－8　拖拉机各挡用途参照表

挡次	低1挡	低2挡	低3挡、低4挡、高1挡	高2挡、高3挡、高4挡	倒1挡、倒2挡
项目	旋耕	旋耕、移栽	耕、耙、播	运输	挂接农具

4. 拖拉机的停车

①减小供油量，以降低拖拉机速度。

②迅速踏下离合器踏板，将主变速杆推至空挡位置。

③松开离合器踏板，使发动机低速空转。

④踏下制动器踏板，使拖拉机停稳，并用定位爪锁住。

⑤如果停车时间较长，将发动机熄火。当发动机卸载后，应低速运转一段时间，待冷却水的温度降至70℃以下，拉动熄火拉杆，使发动机断油停车。

⑥将启动开关置于“OFF”位置，取下钥匙。停车时间长时应关闭燃油箱开关。

⑦在气温低于0℃的情况下停车时，应拧开水箱盖，打开水箱底部和缸体上的放水阀，在发动机怠速状态下将水放尽，以免冻坏机体和水箱（加防冻液除外）。

5. 差速锁的使用

拖拉机在行驶和作业中，如发现一只驱动轮严重打滑，使拖拉机不能前进时，按下列方法操纵差速锁。

（1）踩下离合器踏板，挂上低速挡

（2）将手油门开至最大位置

（3）按下位于驾驶座右下方的差速锁操纵杆　缓慢地松开离合器踏板，使离合器接合。此时，拖拉机两驱动轮同时转动，使拖拉机驶过打滑区。

（4）拖拉机驶过打滑区后，拖拉机不能转弯　否则有损坏机件的危险。

（5）注意事项　①在拖拉机正常行驶中和转弯时，严禁使用差速锁，一旦使用差速锁会阻止拖拉机转弯，会损坏机件和加速轮胎磨损，转弯时易产生拖拉机侧翻事故。②如果有1个后轮打滑，踩下差速锁前将发动机转速降低，避免对传动箱的冲击。③当差速锁接合后，应立即松开差速锁操纵杆，使其回位。

6. 驾驶操作注意事项

①驾驶员必须受过专门培训，取得驾驶执照并按时接受审验。拖拉机严禁无证驾驶、无牌照作业，严禁超载。

②不要在离开驾驶座的位置去启动或操纵拖拉机，应尽可能不使用手摇启动拖拉机，非使用手摇启动不可时，应将各变速杆置于“空挡”位置，并先轻摇数圈，确保拖拉机不会行走。从拖拉机上下来前，应将各变速杆拨到“空挡”位置。

③拖拉机起步时，应注意道路上有无障碍物；在拖拉机和后面农具之间是否有人，然后再鸣号起步。

④拖拉机行驶中不得上下拖拉机。发动机运转时，不允许爬到车底进行检修。严禁挡泥板上坐人，停车后必须加以驻车制动。

⑤拖拉机在作业中，严禁驾驶员把脚放在离合器踏板上，以免离合器经常处于半接合状态而过热烧损。

⑥拖拉机在上下陡坡前、泥泞的道路上行驶时，应预先挂低速挡，禁止在陡坡途中换挡。在下陡时严禁发动机熄火、空挡滑行和急转弯。驾驶时不可太靠近沟渠边，防止拖拉机在自重的作用下引起渠岸边的下陷等，引起伤亡事故。

⑦运输作业或路上行驶时，必须将左、右制动踏板用联锁片锁住。拖拉机在高速作业或公路运输中严禁用单边制动作急转弯，以免翻车和损坏机件。

⑧在紧急停车时，应同时踏下离合器踏板和制动器踏板。不能单独踏下制动器踏板，以免损坏机件。

⑨四轮驱动拖拉机在空驶或运输作业时，前驱动操纵杆应处在空挡位置。

⑩在公路上行驶时，农机具不可工作。

⑪配带悬挂农具进行地块转移或运行时，不准高速行驶，一定要使入土的农具工作部件升出地面，以免悬挂装置、提升机构机件损坏。驾驶员离开拖拉机时，一定要将农具降到地面，将发动机熄火，取下钥匙，以免他人发动拖拉机。

（二）操作小四轮拖拉机组进行旋耕作业

1. 拖拉机动力输出轴的操作

动力输出轴动力的接合和切断是通过操纵传动箱右侧的动力输出轴手柄来实现的。动力输出轴的转速为540r/min或720r/min。当把操纵手柄由前上方往下推时，动力输出轴接合；向上扳动手柄，动力输出轴则分离。

2. 拖拉机双速动力输出轴的操纵和使用

双速动力输出轴动力的接合和切断是通过操纵传动箱右后侧的双速动力输出轴手柄来实现的。分离手柄有高挡、低挡和空挡3个位置。双速动力输出轴的转速为540r/min和1 000r/min或540r/min和720r/min。当操纵手柄处于中间位置时，动力输出轴为切断状态，当把操纵手柄由中间的空挡位置向上拉为高挡，向下推为低挡。

3. 挂接旋耕机进行作业

①检查万向节传动轴两端的花键套是否与拖拉机动力输出轴及旋耕机动力输入轴的花键是否匹配，万向节传动轴长度是否适宜。

②将拖拉机移至旋耕机前，并使拖拉机的悬挂装置对准旋耕机的上挂接孔；踩下离合器踏板，将主变速杆放在空挡位置；发动熄火，挂上刹车；拆下动力输出轴护罩等；插上悬挂装置和旋耕机上的挂接孔插销和开口销，连接万向节传动轴两端的花键套。

③将悬挂装置的左右拉杆和旋耕机连接，插上插销和开口销，并转动拉杆调节螺母调节水平等。

④启动拖拉机，操作液压手柄，慢慢提升旋耕机离开地面2cm。

⑤踩下离合器踏板，使离合器分离，再将动力输出轴操纵手柄板至“合”的位置。

⑥缓慢松开离合器踏板，以小油门低速运转，检查旋耕机工作是否正常。再踩下离合器踏板，将动力输出轴操纵手柄板至“分”的位置。提升旋耕机离地高度。

⑦将拖拉机开到田边或大棚田头，脚踩离合器和挂上刹车，主变速挂空挡，操作液压手柄，慢慢放下旋耕机。

⑧选择拖拉机作业挡位，接合旋耕机动力，慢慢松开离合器，开始旋耕。

⑨到地头时，操作液压手柄，提升旋耕机离开地面，进行转弯。

4. 作业注意事项

①使用动力输出轴时应加安全防护罩，防护罩上严禁站人，当不使用动力输出轴时应装上动力输出轴轴套。

②在选择农具时，应使农具转速与拖拉机的动力输出轴转速匹配。

③联接农具时发动机应熄火。

④与动力输出轴挂接时，万向节偏角不能太大，否则易损坏万向节。

⑤将离合器彻底分离后再挂接万向节。

⑥机组长距离运行时，应将操纵手柄扳至空挡位置，切断动力，以免损坏农具和造成人身事故。

⑦动力输出轴接合时，禁止非工作人员靠近农机具，以确保人身安全。

⑧当发动机工作时，无论结合或分离动力输出轴时，都必须踩下离合器踏板。

（三）操作小四轮拖拉机组进行犁耕作业

1. 拖拉机液压悬挂装置的操作

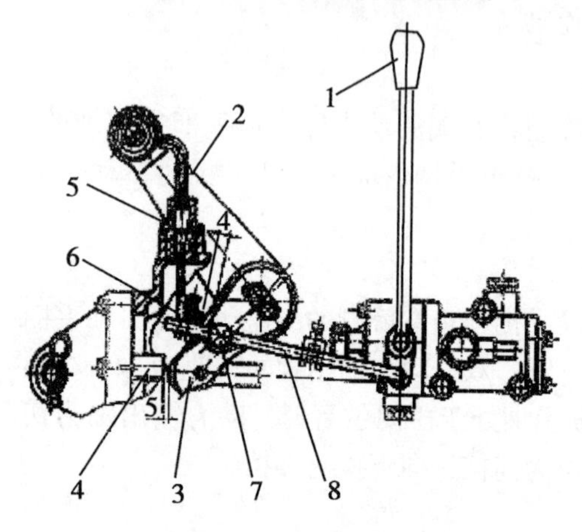

图9－37 提升位置调整

1－操纵手柄；2－提升臂总成；3－内提升臂；4－限位销；5－通气塞；6－挡块；7－挡销；8－回位推杆

（1）位置调节　使用位置调节时，农机具的升降位置是通过扳动分配器操纵手柄，调整限位块在回位推杆上的位置来实现的。当达到使用要求时，用螺栓将挡块固紧在推杆上。

耕深调节可在耕作过程中进行。使用位置调节时，农具不需要装地轮。

①最大提升位置的调整。将操纵手柄1置于图9－37所示的中立位置上，再将提升臂总成2向提升方向转动，使内提升臂3端部至限位销4间的距离不小于5mm（从通气塞5处插入一垫块，控制此尺寸大小）。调整挡板6与挡销7间的距离L为9～11mm，然后用螺栓和螺母将挡板固紧在回位推杆8上。

②下降位置调整。将操纵手柄1置于中立位置，再将提升臂总成2向下降方向转动，当达到要求的降落位置后，调整限位挡板3与挡销4间的距离L为9～10mm。使用位调节应在机组行进中调整，农具降落入土后，当螺栓和螺母将挡板3固紧在回位推杆5上（图9－38）。然后，提升农具再重复试验，检查调整是否合适。

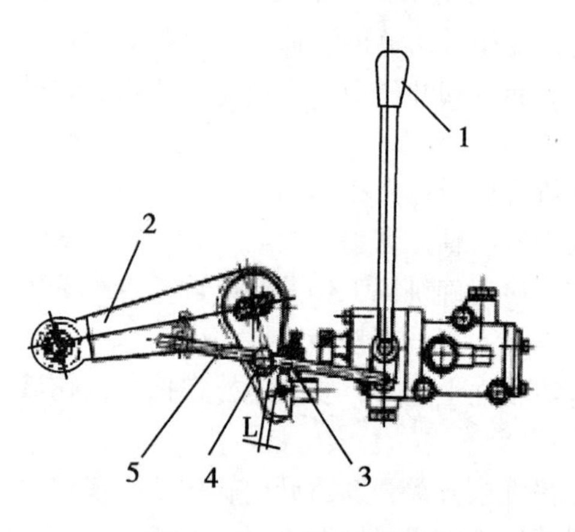

图9－38 下降位置调整

1－操纵手柄；2－提升臂总成；3－限位挡块；4－挡销；5－回位推杆

若使用带地轮的农具时，需要采用高度调节。此时，下降限位挡块3应调整到不使分配器操纵手柄1回到中立位置。

（2）高度调节　对于旱地耕作，可以采用高度调节。使用高度调节时，农具需要装地轮。耕作过程中，分配器操作手柄应处于下降位置（即控制分配器操纵手柄下降回位挡块，不应使操纵手柄回到中立位置）。此时，液压系统油路处于“浮动”状态。

使用高度调节时，耕地的深浅是通过调节地轮至耕地面的高度来控制，这对土壤比阻变化较大的旱地，可获得均匀的耕深。

（3）下降速度调节　调节下降速度可以控制农具的降落快慢。选择合适的农具降落速度，以防农具与地面接触时产生严重的冲击而损坏农具，使用中根据农具的轻重程度和地面的软硬程度去选择。

调整时，可通过转动调节阀螺栓来调节农具下降速度的快慢。顺时针方向转动调节螺栓，农具下降速度慢，反时针方向转动调节螺栓，农具下降速度加快。当下降速度调整适当后，用锁紧螺钉将调节阀螺栓锁死。

(4) 安全阀的调整　出厂时，安全阀已经调整好了，使用中一般情况下不得随意拆卸。当需要重新调整时，应在专门的压力调整台上进行。试验用油为 HC－8（SYll 52－77），油温控制在65℃ ±5℃。当安全阀压紧螺塞向顺时针转动时，开启压力增大，反之，开启压力则减少。

2. 挂接悬挂犁

①检查犁的技术状态是否良好。

②将拖拉机移至犁前，并使拖拉机的悬挂装置对准犁上挂接孔；发动机熄火，挂上刹车；插上插销和开口销，连接拖拉机和悬挂犁。

③启动拖拉机，操作液压手柄置于上升位置，慢慢提升悬挂犁离开地面。再操作液压手柄置于下降位置，慢慢将悬挂犁降低到地面。检查其动作是否灵活，技术状态是否良好。

3. 悬挂犁的调整

(1) 轮式拖拉机轮距的调整　拖拉机的轮距与犁的耕幅应该相适应，使拖拉机牵引力通过犁的阻力中心，同时使耕地过程中前犁的铧翼偏过拖拉机右轮内侧 10～25mm，拖拉机的左、右下拉杆处于对称位置。通常拖拉机一侧的驱动轮走在前趟犁沟中，如拖拉机轮距过宽，易造成偏牵引，影响机组直线行驶，此时可以缩小轮距，克服或减小偏牵引的影响。

(2) 耕深调整　犁的耕深是通过改变犁上的限深轮高度来调节的，耕地时拖拉机液压系统处于浮动位置。

(3) 水平调整　犁耕过程中，当犁开始入土时应有一入土角，即前犁铧尖着地时，犁体支持面与地面的夹角约3°～5°，待入土达预定深度耕深时，犁架应保持水平。当遇干硬土壤犁不易入土时，应适当缩短上拉杆，增大入土角以缩短犁的入土行程。为保证前后犁铧耕深一致，对犁应进行纵向水平和横向水平的调整（图 9－39）。

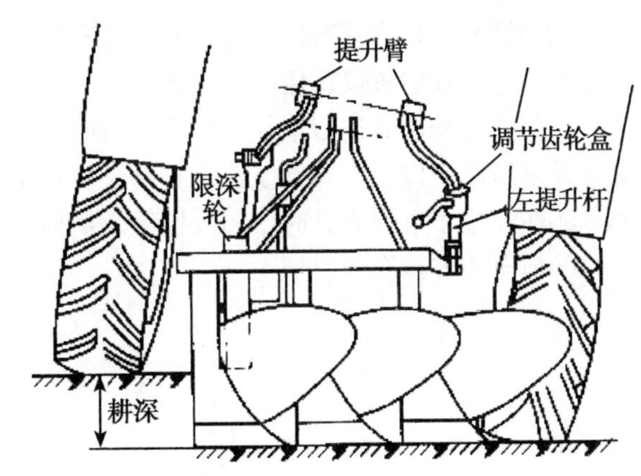

图 9－39　悬挂犁的水平调节

①纵向水平的调整。调整悬挂机构上拉杆的长度，使犁架纵向保持水平，以达到各犁铧耕深一致。当出现前铧犁深、后铧犁或犁踵离开沟底时，应伸长上拉杆；当出现前铧犁浅、后铧深或犁踵将沟底压得很紧时，应缩短上拉杆。

②横向水平的调节。调节右提升杆长度，使犁架保持横向水平。右提升杆伸长，第一铧的耕深增加；右提升杆缩短，第一铧的耕深变浅。一般情况下，左提升杆不作调整。只有在右提升杆调整量不够时，才调整左提升杆，以使各铧耕深一致。

（4）正位调整　耕地时必须保持第一犁的正常耕宽，使犁架的纵梁平行于机组的前进方向。如土壤松软，当沟墙抵不住犁侧板承受的土壤侧压力时，左、右下拉杆及犁架向未耕地方向偏斜，前犁产生漏耕，这时可通过正位调节于柄转动悬挂轴，使悬挂轴右端的曲拐向前，左端曲拐向后，使犁架纵梁相对前进方向再偏斜一个角，也就是使犁尖指向已耕地，犁侧板末端偏向未耕地，这时犁侧板的未端就偏向铧尖的左侧。因土壤压缩性较小，在犁耕过程中靠沟墙对犁侧板酌反力作用下，犁体向右摆动，犁架及两下拉杆摆正，消除漏耕。当犁架向另一方向偏斜、第一犁重耕时，可进行相反的调整。

经上述调整，犁架摆正后如第一犁仍出现漏耕或重耕，则可将悬挂轴做轴向移动。如前犁漏耕，可将悬挂轴相对犁架向左移动，从而使犁向已耕地方向移动而消除漏耕。

由于上述各项调整是相互联系的，因此，应根据使用中的具体情况配合调整，才能获得较好的耕地质量。

限位链能使机组在田间作业时具有良好的操纵性，以及在地头升起农具转弯时防止农具有过大的摆动而撞击拖拉机后轮。农具在耕作位置时，限位链处于松弛状态，允许拖拉机与农具之间有一定的摆动量。耕地时严禁用拉紧限位链的方法来调整农具的偏牵引。

4. 操作小四轮拖拉机进行犁耕作业

①踩下离合器踏板，分离离合器，将主变速杆挂上适当的挡位，松开离合器。

②将拖拉机开到田边或大棚田头，脚踩离合器和挂上刹车，主变速挂空挡，操作液压手柄，慢慢放下悬挂犁。

③选择拖拉机作业挡位，慢慢松开离合器，开始犁耕。

④犁到地头时，操作液压手柄，提升入土的犁铧升出地面后，方可进行转弯。

5. 作业注意事项

①操纵液压提升器时应远离提升杆提升区。

②三点悬挂装置仅适用于为三点悬挂装置设计的农具。

③配带悬挂农具进行地块转移或运行时，不准高速行驶，一定要使入土的农具工作部件升出地面，以免提升系统、悬挂系统机件损坏。

④在挂接了重型农具时，提升操纵手柄应缓慢上移，以免拖拉机翻倾。

⑤拖车应连接在牵引板上。

第十章　设施园艺装备故障诊断与排除

相关知识

一、光照度计工作原理

常用光照度计有硒光电池照度计和硅光电池照度计。现以硒光电池照度计工作原理为例(图10－1)。当光线射到硒光电池表面时，入射光透过金属薄膜4到达半导体硒层2和金属薄膜4的分界面3上，在界面上产生光电效应。产生的光生电流的大小与光电池受光表面上的照度有一定的比例关系。这时如果接上外电路，就会有电流通过，电流值从以勒克斯（Lx）为刻度的微安表上指示出来。光电流的大小取决于入射光的强弱。照度计有变挡装置，因此可以测高照度，也可以测低照度。

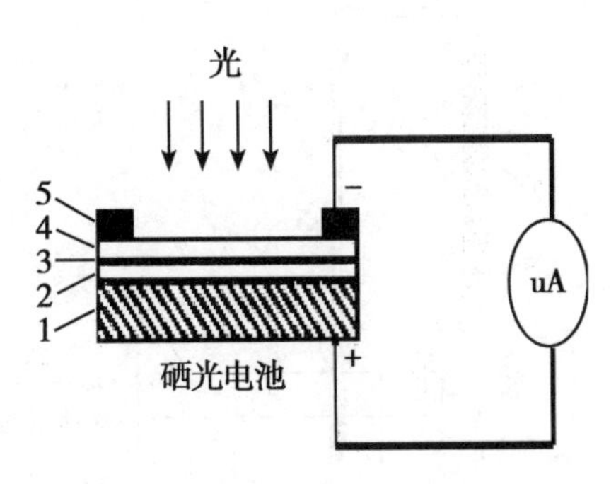

图10－1　硒光电池照度计原理图

1－金属底板；2－硒层；3－分界面；4－金属薄膜；5－集电环

二、通风降温系统工作过程

通风降温就是利用自然通风或风机作为动力强制实现室内外换气的方式，来降低室内温湿度。

1. 轴流式风机的工作过程

当风机叶轮被电动机带动旋转时，机翼型叶片在空气中快速扫过。其翼面冲击叶片间的气体质点，使之获得能量并以一定的速度从叶道沿轴向流出。与此同时，翼背牵动背面的空气，从而使叶轮入口处形成负压并将外界气体吸入叶轮。这样，当叶轮不断旋转时就形成了平行于电机转轴的输送气流。

2. 离心式风机的工作过程

空气从进气口进入风机，当电动机带动风机的叶轮转动时，叶轮在旋转时产生离心力将空气从叶轮中甩出，从叶轮中甩出后的空气汇集在机壳中，由于速度慢，压力高，空气便从通风机出口排出流入管道。当叶轮中的空气被排出后，就形成了负压，吸气口外面的空气在大气压作用下又被压入叶轮中。因此，叶轮不断旋转，空气也就在通风机的作用下，在管道中不断流动。这种风机运转时，空气流靠叶轮转动所形成的离心力驱动，故空气进入风机时和叶片轴平行，离开风机时变成垂直方向。这个特点使其自然地可适应管道90°的转弯。

三、湿帘风机降温系统工作原理

湿帘降温系统的工作原理是利用“水蒸发吸收热量”的原理，实现降温的目的。工作时，集水箱中的水经过滤装置过滤后由水泵打入供水管路送至喷水管中，喷水管的许多孔口朝上的喷水小孔（孔径为3～4mm，孔距为75mm）把水喷向反水板，从反水板上流下的水从上到下流动，再经过疏水湿帘（厚度约50mm）的散开作用，使水均匀地淋湿整个降温湿帘，并在其波纹状的纤维表面形成水膜（图10－2）。此时安装在侧墙的轴流风机向室外排风，使室内形成负压区，室外新鲜空气穿过湿帘被“吸入”室内。当流动的空气通过湿帘的时候，湿帘表面水膜中的水会进行热湿交换，吸收空气中的热量后蒸发，带走大量的潜热，使空气降温增湿后进入室内。从湿帘流下的水经过湿帘底部的集水槽和回水管又流回到水箱中。

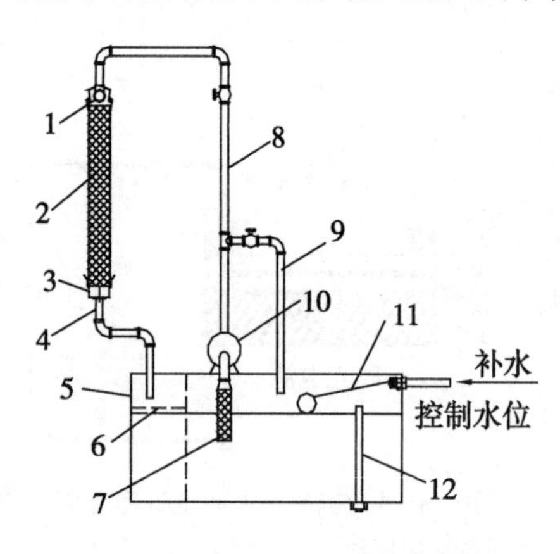

图10－2　湿帘降温装置示意图

1－喷水管；2－湿帘；3－集水槽；4－回水管路；5－集水箱；6－过滤网；7－过滤装置；8－供水管路；9－分水管路；10－水泵；11－浮球阀；12－溢流管

湿帘能降低的温度取决于空气的干湿球温度差和湿帘此时的效率，降温的数值就是两者的乘积。稳定运行的湿帘降温效率通常是不变的。可以看出，在越炎热的天气下，湿帘降温的效果越好。

四、加温供暖设备工作原理

（一）热风炉加温供暖系统

工作时，热风机（炉）燃料点燃进入正常燃烧后，热量辐射到炉壁上，经过耐火材料和钢板的传热，将热量传到风道和热交换室中，冷空气通过鼓风机经过炉体中的风道预热后进入热交换室进行热交换后成为热空气（热风），热空气经出风口再由送风管道送入温室内。温室内的送风管道上开有一系列的小孔，热空气从这些小孔中以射流的形式吹入室内，并与室内的空气迅速混合，产生流动，从而整个温室内被加热。

（二）热水式加温供暖系统

工作时，当系统充满水后，采用煤火（燃气或燃油）将水加温到80℃左右热水，水在锅炉中受热上升，温度升高，密度减小；上升的热水从锅炉流出，通过铁管道输入到散热器中，散热器以对流和辐射的方式将流入散热器中热水热量传递给周围的空气，给温室供暖；随着水温逐渐下降，密度增大，最后以低温热水从回水管路被水泵压进（或自动流回）锅炉，又经过继续加热将温水烧开，依靠热升冷降的重力作用实现不断地循环供暖。

五、电动机的构造原理

设施园艺装备常用的电动机有三相异步电动机和单相异步电动机。三相异步电动机由定子、转子及支承保护部件3部分组成（图10－3）。

单相电机是单相绕组，比三相电机另增加了启动部分（启动线圈或电容）。单相电动机根据启动方法或运转方式的不同主要分为单相电阻启动、单相电容启动、单相电容运转、单相电容启动和运转、单相罩极式等几种类型，而以单相电容启动和运转异步电动机为最常用。在农村，由于电网的供电质量较差、使用不当等原因，单相电动机故障率较高。

（一）三相异步电动机的构造

1. 定子部分

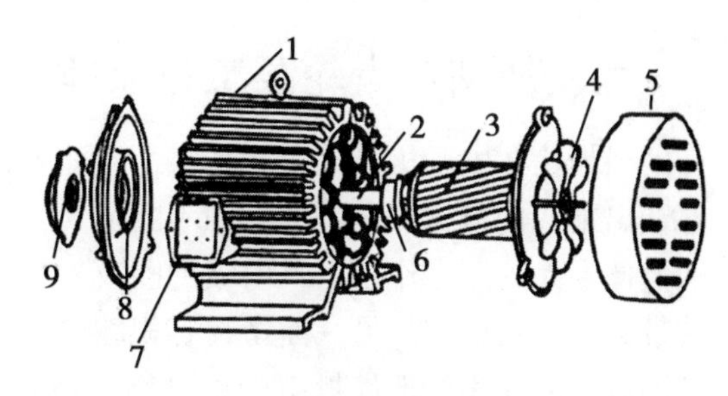

图 10－3　三相异步电动机结构示意图

1－定子；2－转轴；3－转子；
4－风扇；5－罩壳；6－轴承；
7－接线盒；8－端盖；9－轴承盖

定子是电动机的固定部分，主要由定子铁芯、三相定子绕组、机座等组成。机座是电动机的外壳和支架，其作用是固定和保护定子铁芯、定子绕组和支承端盖，一般为铸铁铸成。为了增加散热面积，封闭型 Y 系列、小机座的外壳表面有散热筋。机座壳体内装有定子铁芯，铁芯是电动机磁路的一部分，由内圆冲有线槽的硅钢片叠压而成，用以嵌放定子绕组。三相定子绕组，是电动机的电路部分，通入三相交流电便会产生旋转磁场。中小型电动机的三相绕组一般用高强度漆包线绕制，共有 6 个出线端，接在机座的接线盒中，每相绕组的首端和末端分别用 D1、D2、D3 和 D4、D5、D6 标记（或用 A、B、C 和 X、Y、Z 标记），防止接线错误。

2. 转子部分

转子是电动机的转动部分，其功用是在定子旋转磁场的作用下，产生一个转矩而旋转，带动机械工作。三相异步电动机的转子按其型式不同分为笼型和绕线型两种。笼型三相异步电动机结构简单，用于一般机器及设备上。绕线型三相异步电动机用于电源容量不足以启动笼型电动机及要求启动电流小、启动转矩高的场合。

（1）笼型转子　由转轴、转子铁芯、转子导体和风扇等组成。笼型转子绕组与定子绕组不同，每个转子槽内只嵌放一根铜条或铝条，在铁芯两端槽口处，由两个铜或铝的端圆环分别把每个槽内的铜条或铝条连接起来，构成一个短接的导电回路。如果去掉转子铁芯只看短接的导体就像一个鼠笼，所以称为笼型转子。目前国产中小型的笼型异步电动机，大都是在转子铁芯槽中，用铝液一次浇铸成笼型转子并铸出叶片作为冷却用的风扇。转轴一般用中碳钢制成，其作用是支撑转子，传递转动力矩。转轴的伸出端安装有皮带轮，非伸出端用于安装风扇。

（2）绕线型转子　绕线式转子铁芯上绕有与定子相似的三相绕组，对称地放在转子铁芯槽中，3 个绕组的末端连在一起，成星形联接。3 个绕组的首端分别接到固定在转子轴上的 3 个铜滑环上，滑环与滑环、滑环与转轴之间都相互绝绝，再经与滑环摩擦接触的 3 个电刷与三相变阻器连接。

3. 支承保护部件

支承保护部件包括端盖、轴承、轴承盖、风扇、风扇罩、吊环、接线盒、铭牌等。

（二）三相异步电动机的工作原理

三相异步电动机是利用旋转磁场和电磁感应原理工作的。电流可以产生磁场，当三相异步电动机的定子绕组中通入三相交流电（相位差 120 度），三相定子绕组流过三相对称电流产生三相磁动势（定子旋转磁动势），并产生一个旋转磁场，该磁场以同步转速沿定子和转子内圆空间作顺时针方向旋转。

六、外啮合齿轮泵工作原理

当齿轮在电动机带动下旋转时，一面容腔由于啮合着的轮齿逐渐脱开，把轮齿的槽部让出来，使得这一容腔的容积不断增大，形成了部分真空，从而产生吸油作用。外界油液便在大气压力作用下，由吸油腔吸入泵内。随着齿轮转动，油液填满齿槽空间，并被带到另一面空腔。另一面密封容积腔由于轮齿不断进入啮合，使得容积不断减小，于是形成压油作用，把齿槽空间的油液相继压出泵外。齿轮连续旋转，吸油腔就不断吸油，压油腔也就不断压油。

操作技能

一、光照度计常见故障诊断与排除（表10－1）

表10－1　光照度计常见故障诊断与排除

故障名称	故障现象	故障原因	排除方法
变送器输出失灵	模拟输出时，变送器输出为0，或输出值不在量程内	1. 接线错误 2. 接线松动，不牢固	1. 检查接线，保证接线准确 2. 检查接线是否松动，保证接线牢固
变送器通讯失联	网络输出时，变送器通讯不上	1. 接线错误 2. 接线松动，不牢固 3. 串口调试助手设置错误 4. 线路损坏	1. 检查接线，保证接线准确 2. 检查接线是否松动，保证接线牢固 3. 调整串口调试助手设置到正确数据（恢复出厂默认） 4. 联系厂家修理或更换

二、补光灯常见故障诊断与排除（表10－2）

表10－2　补光灯常见故障诊断与排除（以LED灯为例）

故障名称	故障现象	故障原因	排除方法
LED灯不亮	个别LED不亮	1. 该灯处短路 2. LED灯损坏	1. 检查接线，保证接线无短路 2. 更换LED
	整个灯盘不亮	1. 某处电路短路或断路 2. 电路保险丝烧断 3. 开关接头松动或坏了 4. 灯盘坏了	1. 检查直流电线、电力线，保证接线无短路和断路现象 2. 更换保险丝 3. 检修开关接头或更换开关 4. 更换整个灯盘
整个灯显示失灵	整个灯显示不正常	1. 外部输入电压异常 2. 线路故障	1. 检查外部输入电压在有负荷的情况下，电压是否正常 2. 检查各联接线缆是否有损坏或松动
启动后跳闸	启动补光灯后后跳闸	1. 输出电压不在额定范围内 2. 电相不平衡 3. 输出功率配置与外用总功率不相符	1. 检查输出电压是否在额定范围内 2. 检查电相是否平衡 3. 检查输出功率配置与外用总功率是否相符

三、遮阳系统常见故障与排除（表 10－3）

表 10－3　遮阳系统常见故障与排除

故障名称	故障现象	故障原因	排除方法
遮阳网收张失灵	遮阳网收张不到位	1. 电机损坏，停止转动 2. 行程开关行程调整不当 3. 减速器损坏停止转动	1. 检查维修电机 2. 调整行程开关 3. 检查维修减速器
	遮阳网收张过度	1. 行程开关位置调整不对 2. 行程开关损坏	1. 检查行程开关并 2. 维修或更换行程开关
系统异响	启动后，系统有异常响声	1. 电机有异响 2. 减速器有异响 3. 齿轮齿条等传动机构缺少润滑油或断裂	1. 检查维修电机 2. 检查维修减速器 3. 检查维修齿轮齿条等传动机构，并加润滑油或更换

四、温湿度检测仪常见故障诊断与排除（表 10－4）

表 10－4　温湿度检测仪常见故障诊断与排除

故障名称	故障现象	故障原因	排除方法
输出为 0，或输出值不在量程之内	输出为 0，或输出值不在量程之内	1. 接线头松动 2. 接线错误	1. 检修接线头，确保接头牢固 2. 检修接线，确保接线正确
输出数据不准确	输出数据不准确	未校准	长时间使用会产生偏移，应每年校准一次

五、开窗装置常见故障诊断与排除（表 10－5）

表 10－5　开窗装置常见故障诊断与排除

故障名称	故障现象	故障原因	排除方法
开窗机构不运转	1. 扳动倒顺开关后，电机无声音机构不运转	1. 电源无电 2. 电路断路 3. 倒顺开关触点接触不良 4. 电机损坏	1. 检查总电源是否有电 2. 检查线路有无断路 3. 检查倒顺开关的触点是否接触良好 4. 检查电机是否损坏

续表

故障名称	故障现象	故障原因	排除方法
开窗机构不运转	2. 扳动倒顺开关后，电机有声音，机构不运转	1. 电源缺相 2. 开关触点接触不良 3. 电线路断路 4. 机构损坏	1. 检查总电源是否有缺相现象 2. 如无缺相现象，则检查倒顺开关的触点是否良好接触 3. 如接触良好，则检查线路是否有断路现象 4. 检修开窗机构或联系厂家维修
电机端滑转、下坠	电机端滑转或下坠明显	1. 联接处松动 2. 伸缩轴不能自由伸缩	1. 检查连接紧固件，拧紧或更换 2. 检查伸缩轴是否能自由伸缩；如能自由伸缩，则需调节卷铺轴或加垫被带，或在被带与边被之间加垫软质物品（如：编织袋）

六、轴流风机常见故障诊断与排除（表10－6）

表10－6　轴流风机常见故障诊断与排除

故障名称	故障现象	故障原因	排除方法
风机振动	风机振动过大	1. 扇叶运输、装卸、安装过程中，叶片变形 2. 轴承座固定螺栓松动，风机安装不稳定 3. 轴承损坏 4. 扇叶表面结垢过多且不均匀引起不平衡	1. 调整扇叶，使之在同一个运动轨迹上 2. 紧固轴承座固定螺栓 3. 更换轴承 4. 清除扇叶表面杂物
百叶窗开启失灵	百叶窗开启角度不够	1. 皮带过松 2. 百叶窗窗叶上积尘过多 3. 进风口面积过小	1. 调整皮带松紧度 2. 清除百叶窗窗叶上积尘 3. 增大进风口面积，保证进风口面积为温室排风口面积的2倍以上
扇叶剐蹭	扇叶与集风器剐蹭	1. 机壳变形 2. 扇叶与集风器间隙不均匀 3. 轴承损坏 4. 扇叶轴不水平	1. 调整机壳，保证机壳外形 2. 调整轴承座下垫片数量 3. 更换损坏的轴承 4. 调整轴承座下垫片数量
通电后电机不转	通电后电机不转动，无异响，也无异味和冒烟	1. 电源未通（至少两相未通） 2. 熔丝熔断（至少两相熔断） 3. 过流继电器调得过小 4. 控制设备接线错误	1. 检查电源回路开关、熔丝、接线盒处是否有断点，发现问题予以修复 2. 检查熔丝型号、熔断原因，换新熔丝 3. 调节继电器整定值与电机配合 4. 改正接线
	通电后电机不转，有嗡嗡声	1. 定、转子绕组有断相或电源一相失电 2. 电源电压过低	1. 立即切断电源，查明断点予以修复 2. 测量电源电压，设法改善
电机及轴承发热	电机及轴承温度升高烫手	1. 轴承缺少润滑油、轴承损坏、轴承安装不平 2. 风量过大、风机积灰 3. 电机受潮	1. 加注润滑油、更换轴承和用水平仪校正 2. 调节阀门减少进风量或清除积灰 3. 烘烤电机

续表

故障名称	故障现象	故障原因	排除方法
皮带打滑	皮带跳动或滑下	1. 皮带磨损 2. 皮带被拉长松弛 3. 两皮带轮不在同一平面内，轮槽错位	1. 更换皮带 2. 更换皮带 3. 调整皮带轮
风量减小	风机使用日久而风量减小	1. 风机叶轮或外壳损坏 2. 风机叶轮表面积灰、风道内有积灰、污垢	1. 更换部件 2. 清洗叶轮、清除风道内污垢
异响	运转时风机发出异常响声	1. 调节阀松动 2. 无防震装置 3. 地脚螺栓松动 4. 风机叶片与集风器摩擦 5. 机壳变形 6. 轴承缺油或损坏 7. 扇叶轴不水平	1. 安装好调节阀 2. 增加防震装置 3. 紧固地脚螺栓 4. 停机检查校正叶片、调整间隙叶片与集风器 5. 调整校正机壳形状 6. 轴承加油润滑或更换损坏的轴承 7. 调整轴承座下垫片数量
风压、风量不足	风机转速符合，但风压、风量不足	1. 风机旋转方向相反 2. 系统漏风 3. 系统阻力过大或局部堵塞 4. 风机轴与叶轮松动	1. 改变风机旋转方向，即改变电机电源接法 2. 堵塞漏风处 3. 核算阻力，消除杂物 4. 检修和紧固拉紧皮带

七、湿帘风机降温系统常见故障诊断与排除（表10－7）

表10－7　湿帘风机降温系统常见故障诊断与排除

故障名称	故障现象	故障原因	排除方法
湿帘纸垫干湿不均	湿帘纸垫干湿不均	1. 喷水管堵塞 2. 喷水管位置不正确 3. 疏水湿帘没有装 4. 供水量不足	1. 打开末端管塞，冲洗喷水管 2. 喷水管出水孔调整为朝上 3. 检查疏水湿帘是否安装 4. 冲洗水池、水泵进水口、过滤器等，清除供水循环系统中的脏物。调节溢流阀门控制水量或更换较大功率水泵、较大口径供水管
湿帘纸垫水滴飞溅	水滴溅离湿帘纸垫	1. 供水量过大 2. 湿帘边缘破损或出现飞边，都会引起水滴飞溅 3. 湿帘安装倾斜 4. 喷水管中喷出的水没有喷到反射盖板上	1. 调节溢流阀门控制水量或更换较小功率水泵 2. 检查并修复湿帘破损边缘、飞边 3. 调整湿帘使之竖直 4. 喷水管出水孔调整为朝上
溢水和漏水	水槽溢水	1. 检查供水量是否过大 2. 水槽出水口是否堵塞 3. 水槽不水平	1. 减小供水量 2. 清理水槽出水口杂物 3. 进行调整，保证水槽等高
	水槽接缝处漏水	1. 水槽变形导致接缝处开裂 2. 水槽密封胶老化	1. 在停止供水后，调整水槽，涂抹密封胶 2. 重新涂抹密封胶

续表

故障名称	故障现象	故障原因	排除方法
降温效果差	降温效果不明显	1. 湿帘横向下水管道下水口向下安装 2. 湿帘横向水管道不平 3. 湿帘堵塞 4. 湿帘纸拼接处安装不紧密 5. 水循环系统不密闭，粉尘较大且夏季苍蝇较多，容易造成水源污染，进而堵塞水循环系统	1. 重新安装，使横向下水管道下水口向上安装 2. 校正横向水管道在同一轴线 3. 清洁湿帘 4. 修复湿帘纸拼接处，使其安装紧密 5. 尽量用密封管道连接，加强过滤，清除污物，清洁水源

八、热风炉常见故障诊断与排除（表10-8）

表10-8　热风炉常见故障诊断与排除

故障名称	故障现象	故障原因	排除方法
炉火不旺	正常供暖，炉火不旺	1. 煤质太差 2. 加热管周围积碳和灰尘多、烟囱堵塞 3. 温控调节器设置不合理，影响燃烧 4. 除灰室和炉箅上灰渣多，影响通风 5. 烟囱直径、高度与要求不符	1. 更换发热量高的低结焦煤块、无烟煤块 2. 清理加热管的积碳和灰尘，清理烟囱积碳和灰尘 3. 按说明书介绍方法设置供暖温度，调节风门进风量 4. 及时彻底清理炉箅上、灰室内灰渣，保持良好通风 5. 按热风炉型号设置要求安装烟囱
热风不热	正常供暖，热风不热或开始热而后来逐渐不热	1. 热风炉换热面积灰多，影响换热效果 2. 烟囱三通下部灰太多，堵塞烟囱炉火不旺 3. 选用热风炉与实际取暖面积不匹配	1. 清除换热面上的积灰，煤质灰大的需要每日清理1次 2. 按上述第一项分析，清除烟囱积灰 3. 根据实际需要选择热风炉
炉内高温，室内低温	系统停止状态突然炉内温度高，室内温度不高	1. 清灰门没关严 2. 房间保温效果差，热损失较多	1. 关严清灰门 2. 维护房间保温设置
封不住火	封火效果不好	1. 温控调节器设置不合理 2. 清渣门、灰室门、加煤门关闭不严	1. 调节温控仪表 2. 关闭清渣门，灰室门，加煤门
炉门口冒烟	炉门口冒烟	1. 清灰时，打开清灰门 2. 换热室积灰、灰室、烟囱积灰时，因开启上、下清灰门，降低了烟囱抽力 3. 加煤盖密封不严	1. 清完灰后及时关闭清灰门，填煤门，清灰门，方可正常使用 2. 清理上述位置积灰时，关闭助燃风机 3. 更换加煤盖密封条，保证密封效果
烟气外散	热风中混有烟气	换热室被烧穿	停机，专业人员修复
耐火材料脱落	炉膛内耐火材料脱落	炉膛内耐火材料脱落	停机，专业人员修复

九、二氧化碳检测仪常见故障诊断与排除（表10－9）

表10－9 二氧化碳检测仪常见故障诊断与排除

故障名称	故障现象	故障原因	排除方法
模拟输出为0	模拟输出为0，或不在量程之内	1. 接线错误 2. 接线松动	1. 检查接线，保证接线正确 2. 检查接线是否松动，保证接线牢固
测量误差过大	测量误差过大	1. 报警仪电量不足 2. 报警仪漂移	1. 检查更换电池 2. 定期对报警仪进行调校

十、燃烧式二氧化碳发生器常见故障诊断与排除（表10－10）

表10－10 燃烧式二氧化碳发生器常见故障诊断与排除

故障名称	故障现象	故障原因	排除方法
不着火	点不着火	1. 气瓶内没有气 2. 阀门没打开 3. 点火开关故障或电极间距不合适	1. 及时更换气瓶 2. 检查阀门是否打开 3. 调整电极间距应在3～4mm
漏气	漏气	1. 气管破损 2. 联接处松动	1. 及时更换气管，连接气瓶发生器用的气管必须是高压气管 2. 检查连接处，及时更换连接件

十一、温室娃娃常见故障诊断与排除（表10－11）

表10－11 温室娃娃常见故障诊断与排除

故障名称	故障现象	故障原因	排除方法
记录仪和计算机联接失败	记录仪和计算机联接失败	通信连接线的插拔引起计算接通信端口的工作不正常	断开记录仪和计算机的连接，等待10秒左右，重新联接记录仪和计算机
记录仪显示时间和实际时间不一致	记录仪显示时间和实际时间不一致	记录仪内部时钟和实际时间偏差	重新设置记录仪内部时间
软件连接不上，无法配置记录仪	软件联接不上，无法配置记录仪	安装记录仪软件的时候没有安装上驱动程序	如果电脑有防火墙，最好暂时关闭防火墙，然后重新插入光盘，安装记录仪软件勾上“硬件驱动”，点击下一步，直至安装完成

十二、三相异步电动机常见故障诊断与排除（表 10－12）

表 10－12　三相异步电动机常见故障诊断与排除

故障名称	故障现象	故障原因	排除方法
接通电源后电机不转或启动困难	电动机不能启动且无声	1. 保险丝断 2. 电源无电 3. 启动器掉闸	1. 更换符合要求的保险丝 2. 检查电源，接通符合要求的电源 3. 合上启动器
	电动机不能启动且有“嗡嗡”声	1. 缺一相电（电源缺一相电、保险丝或定子绕组烧断一相） 2. 定子与转子之间的空气间隙不正常，定子与转子相碰 3. 轴承损坏 4. 被带动机械卡住	1. 检查线路上熔断丝某相是否断开，若有断开应接通 2. 重新装配电机，保证同轴度达到要求 3. 更换轴承 4. 检查机械部分，空载时运转应自如，无阻滞现象
	电动机启动时保险丝熔断	1. 定子线圈一相反接 2. 定子线圈短路或接地 3. 轴承损坏 4. 被带动机械卡住 5. 传动皮带太紧 6. 启动时误操作	1. 正确接线 2. 检查排除定子线圈短路 3. 更换轴承 4. 检查排除被带动机械卡住物 5. 调整传动皮带的张紧度 6. 正确操作启动
噪声大	运转时，发出刺耳“嚓嚓”声、“咝咝”声或吼声	1. 定子与转子相擦 2. 缺相运行 3. 轴承严重缺油或损坏 4. 风叶与罩壳相擦 5. 定子绕组首、末端接错 6. 紧固螺丝松动 7. 联轴器安装不正	1. 重新装配电机使之达到同轴度要求 2. 检查排除缺相 3. 轴承加油润滑或更换轴承 4. 应校正风扇叶片和重新安装罩壳 5. 检查改正绕组首、末端接线 6. 拧紧各部螺丝 7. 校正联轴器位置对中
	轴承内有响声	1. 轴承过度磨损 2. 轴承损坏	更换轴承
	电机运行时有爆炸声	1. 线圈接地（暂时的） 2. 线圈短路（暂时的）	1. 检查排除线圈接地 2. 检查排除线圈短路
	电机无负荷时定子发热和发出隆隆声响	1. 电源电压过高，电源电压与规定的不符 2. 定子绕组连接有误	1. 调整电压，使其达到额定值 2. 正确对定子绕组接线
温度异常	轴承过热	1. 润滑油过多或过少 2. 润滑油过脏或变质 3. 轴承损坏或搁置太久 4. 轴弯或定子与转子不同心 5. 电机端盖松动	1. 润滑油加至规定量 2. 更换符合要求的润滑油 3. 更换轴承 4. 校正转子轴和定子的同轴度 5. 拧紧端盖螺栓
转速低和功率不足	电机空负荷时运转正常，满载时转速和功率都降低	1. 电源电压太低，电源电压与规定不符 2. 定子绕组连接有误	1. 调整电压，使其达到额定值 2. 正确连接定子绕组线

十三、单相异步电动机常见故障诊断与排除（表 10－13）

表 10－13　单相交流电动机常见故障诊断与排除

故障名称	故障现象	故障原因	排除方法
电动机启动困难	电源正常，通电后电动机不能启动	1. 电动机引线断路 2. 主绕组或副绕组开路 3. 离心开关触点合不上 4. 电容器开路 5. 轴承卡住 6. 转子与定子碰擦	1. 接牢电动机引线 2. 修复主绕组或副绕组开路 3. 修复离心开关触点 4. 修复或更换电容器 5. 修复或更换轴承 6. 修复转子与定子装配间隙
	空载能启动，或借助外力能启动，但启动慢且转向不定	1. 副绕组开路 2. 离心开关触点接触不良 3. 启动电容开路或损坏	1. 修复副绕组 2. 修复离心开关触点 3. 修复或更换启动电容
电动机发热	电动机启动后很快发热甚至烧毁绕组	1. 主绕组匝间短路或接地 2. 主、副绕组之间短路 3. 启动后离心开关触点断不开 4. 主、副绕组相互接错 5. 定子与转子摩擦	1. 修复主绕组 2. 修复主、副绕组之间短路 3. 修复离心开关触点 4. 正确连接主、副绕组接线 5. 修复定子与转子的装配间隙
电动机运转无力	电动机转速低，运转无力	1. 主绕组匝间轻微短路 2. 运转电容开路或容量降低 3. 轴承太紧 4. 电源电压低	1. 修复主绕组 2. 更换电容 3. 修复或更换轴承 4. 调整电源电压
烧保险丝	易烧保险丝	1. 绕组严重短路或接地 2. 引出线接地或相碰 3. 电容击穿短路	1. 修复绕组 2. 正确连接引出线 3. 更换电容
运转有响声	电动机运转时噪声太大	1. 绕组漏电 2. 离心开关损坏 3. 轴承损坏或间隙太大 4. 电动机内进入异物	1. 修复绕组 2. 修复离心开关 3. 更换轴承 4. 清洁电动机异物

十四、小四轮拖拉机常见故障诊断与排除

1. 柴油机常见故障诊断与排除（表 10－14）

表 10－14　柴油机常见故障诊断与排除

故障名称	故障现象	故障原因	排除方法
功率不足	发动机无力，冒黑烟	1. 空气滤清器脏堵，进气不足 2. 进排气门漏气或气门间隙不对引起漏气 3. 气缸盖垫片损坏引起密封不良 4. 缸套、活塞环严重磨损 5. 排气受阻引起排气不尽 6. 柴油中有水 7. 柴油滤清器或其他油路堵塞死 8. 供油提前角不正确 9. 供油压力不足 10. 喷油器雾化不良 11. 主轴承或连杆轴瓦磨损过度或烧损 12. 发动机有水垢、风扇皮带松弛或散热器有灰尘 13. 不能达到额定的转速	1. 清洁空气滤清器 2. 研磨进排气门，调整气门间隙 3. 更换气缸盖垫片，按顺序拧紧气缸盖螺栓，并保持拧紧扭矩一致 4. 更换缸套、活塞环 5. 检修排气管路 6. 排除油中水分 7. 清洗柴油滤清器或其他油路 8. 调整供油提前角 9. 调整供油压力 10. 检修喷油器 11. 检修或更换主轴承或连杆轴瓦 12. 清洗发动机水——调整风扇皮带张紧度，清洁散热器灰尘 13. 检查调整调速器
机油压力过低	发动机启动后机油压力很快降低；在发动机运转过程中机油压力始终过低	1. 机油油量不足；黏度过低；油道、油管漏油 2. 机油泵工作不正常 3. 限压阀调整弹簧弹力过低 4. 机油滤清器滤芯或集滤器堵塞、渗漏 5. 机油压力表或传感器失效 6. 曲轴轴承或连杆轴承间隙过大	1. 补充机油；更换机油；查明泄漏原因并修理 2. 修理或更换机油泵 3. 更换限压阀调整弹簧 4. 清洗或清除堵塞，消除渗漏 5. 换件法检查，必要时更换 6. 修复或更换轴瓦
冷却水温过高	发动机运转过程中冷却水的温度超过90℃甚至沸腾，同时伴随油耗增加、功率不足现象	1. 冷却水量过少 2. 风扇皮带过松 3. 冷却系漏水 4. 水温表与传感器失灵 5. 水泵工作不良	1. 停车，待水温降低后检查；添加冷却水 2. 检查、调整风扇皮带张紧度 3. 检查进出水管、水泵水封及发动机其他部位，发现漏水部位予以排除 4. 检修或更换水温表与传感器 5. 启动发动机观察，若水温急剧升高但水箱表面温度不高，说明无水循环，水泵不工作，予以检修或更换

2. 底盘常见故障诊断与排除（表 10－15）

表 10－15　底盘常见故障诊断与排除

故障名称	故障现象	故障原因	排除方法
离合器打滑、分离不清、挂挡失灵等故障参见手扶拖拉机故障诊断与排除			
制动故障	制动失灵	1. 制动器踏板自由行程过大 2. 磨损严重 3. 摩擦片表面有油污 4. 制动蹄拆断 5. 制动器传动杆件或凸轮磨损严重	1. 调整制动器踏板自由行程至规定值 2. 更换摩擦片 3. 清洗并凉干 4. 更换制动蹄 5. 修复或更换制动器传动杆件或凸轮
	制动跑偏	1. 左右制动踏板行程不一致 2. 单边制动蹄上摩擦带粘油 3. 左右制动蹄上摩擦带的磨损量不一致	1. 调整一致 2. 用汽油清洗并排除漏油故障 3. 调修或更换制动蹄
	制动后回位不彻底、发热	1. 制动蹄回位弹簧变弱 2. 制动蹄上摩擦带与鼓之间的间隙太小	1. 更换弹簧 2. 调整制动踏板行程
偏跑	拖拉机行走时自动走偏	1. 左右轮胎气压不一致 2. 左右轮胎花纹磨损不一致	1. 调整一致 2. 更换轮胎

3. 电气系统常见故障诊断与排除（表 10－16）

表 10－16　电气系统常见故障诊断与排除

故障名称	故障现象	故障原因	排除方法
启动电动机不转动	接通启动开关后，启动电动机没有任何响声；或启动电动机有响声但启动电动机不转动	1. 蓄电池严重亏电、接线柱接头或搭铁处接触不良 2. 启动线路短路或断路 3. 继电器触点烧损 4. 电磁开关烧蚀严重或接触不良 5. 换向器表面脏污或烧损严重 6. 电刷磨损严重，弹簧弹力减弱或电刷卡在刷架中 7. 电枢线圈或励磁线圈断路	1. 检查主线路与蓄电池，如点火时有“哒哒”声说明蓄电池亏电，应按规定充电；紧固接线柱接头或搭铁处 2. 在开大灯同时仍启动不了发动机，若灯光变暗说明有搭铁现象；若灯光不变说明启动电动机内部线路、启动控制线路断路或接触不良，并排除 3. 检修继电器触点 4. 搭接起动电磁开关两接线柱，如能启动说明开关接触不良 5. 清洁和修理换向器 6. 检修电刷、弹簧等 7. 搭接起动电磁开关两接线柱，如仍不能启动则看搭接时有无火花。有火花说明启动电动机线圈断路、整流子脏污烧损，与电刷接触不良或未接触。无火花说明启动电动机内部阻力大或损坏，使启动电动机无法转动
不充电	发电机不充电	1. 接线错误，断线，接触不良 2. 转子线圈短路 3. 整流二极管损坏 4. 碳刷接触不良 5. 调节器损坏	1. 检修线路 2. 检修或更换发电机总成 3. 更换整流二极管 4. 清除脏污，更换碳刷 5. 更换调节器

续表

故障名称	故障现象	故障原因	排除方法
大灯不亮	接通电源后，大灯不亮	1. 电池无电或灯泡损坏 2. 保险丝熔断 3. 开关接触不良 4. 照明线路断路、搭铁或接头接触不良或线路损坏 5. 线路短路	1. 用火花法检查蓄电池是否有电，灯泡是否损坏 2. 检查或更换保险丝 3. 用短路法（短路开关两接线柱）加以判断 4. 检查排除照明线路和搭铁或接头连接故障，线路损坏更换 5. 修复后再开前大灯，保险丝又熔断，说明保险丝后的线路搭铁，用试灯法找出搭铁位置并排除
喇叭不响	接通电源后，喇叭不响	1. 蓄电池无电 2. 保险丝熔断 3. 喇叭线路断路、搭铁不良或接头接触不良 4. 喇叭开关损坏、继电器触点烧蚀等 5. 喇叭或线圈损坏	1. 检查蓄电池是否有电 2. 检查保险丝是否熔断 3. 检查喇叭线路和接头 4. 检查喇叭开关、继电器触点、线圈、气隙、弹簧等零部件 5. 万用表检查喇叭线圈或更换喇叭
蓄电池故障	蓄电池电量不足	1. 电解液比重不符合技术要求或液面过低 2. 调节器电压调整值偏低，充电不足 3. 长时间启动，经常大电流放电 4. 极板硫化 5. 极板活性物质脱落。 6. 线路接头接触不良，极柱上氧化物过多	1. 检查调整电解液比重及液面高度，使液面高出极板 10～15mm 2. 检查调整调节器 3. 避免长时间启动和过量放电 4. 对硫化的极板进行脱硫处理 5. 更换活性物质脱落的极板 6. 连接坚固线路接着，消除极柱上氧化物，在极柱上涂一层凡士林
	蓄电池极板硫化，充电后很快产生大量气泡，温度很快升高，电压难以升高，检查极板发现表面有灰白色结晶	1. 未定期充电，长期在电量不足状态下工作 2. 过量放电 3. 电解液液面过低，比重过大 4. 极板轻度硫化	1. 定期充电，避免长期在电量不足状态下工作 2. 避免过量放电 3. 添加电解液，并符合技术要求 4. 极板轻度硫化时，使用浅循环大电流充电法、水疗法、脉冲充电法或化学修复法，使极板恢复正常。严重硫化的极板需予以更换

4. 液压系统常见故障诊断与排除（表 10－17）

表 10－17　液压系统常见故障诊断与排除

故障名称	故障现象	故障原因	排除方法
不能提升或提升农具慢	农具不能提升或提升慢	1. 液压油量不足 2. 油泵内漏油严重 3. 油脏，滤清器等局部油路堵塞 4. 油缸连接油管压伤或漏油 5. 单向阀严重漏油 6. 油路中有空气	1. 添加油至规定油面 2. 更换密封圈或检修油泵总成 3. 清洁油箱、滤清器等油路或更换液压油 4. 检修或更换 5. 修复或更换 6. 排除空气

续表

故障名称	故障现象	故障原因	排除方法
不能下降	农具不能下降或下降慢	1. 手柄未放在下降位置 2. 提升臂在锁紧位置 3. 操纵阀卡住 4. 操纵轴手柄销脱落或操纵阀损坏	1. 将手柄放在下降位置 2. 将手柄放在提升位置，等提升臂升到最高位置后，按下锁紧轴操纵手柄 3. 清洁操纵阀 4. 修复或更换
下降过快	静沉降快	1. 油缸和活塞磨损严重 2. 活塞油封损坏 3. 分配器滑阀磨损	1. 检修或更换油缸活塞总成 2. 更换油封 3. 更换分配器
漏液压油	齿轮油泵漏油	1. 油封损坏 2. 密封圈未装或损坏 3. 前后盖与壳体结合处密封不好 4. 紧固螺栓松动	1. 更换油封 2. 安装新密封圈 3. 修复或更换 4. 拧紧紧固螺栓

第十一章　设施园艺装备技术维护

相关知识

一、设施园艺装备技术维护的基本要求

虽然设施农业装备种类多，其技术性能指标各异，但对总体技术状态的综合性能要求是一样的，其技术维护基本要求是：

1. 技术性能指标良好

机器各机构、系统、装置的综合性能指标，如功率、转速、油耗、温度、声音、烟色和严密性等符合使用的技术要求。

2. 各部位的调整、配合间隙正常

指设施农业装备的各部位的调整、配合间隙、压力及弹力等技术指标应符合使用的技术要求。

3. 润滑周到适当

指所用润滑油料应符合规定，黏度适宜，各种机油、齿轮油的润滑油室中的油面不应过高或过低。油品不变质，不稀释，不脏污。黄油要干净，用黄油润滑的部位，应畅通且注入量要适当。

4. 各部紧固要牢靠

指机器各连接部位的固定螺栓、螺母、插销等应紧固牢靠，扭紧力矩应适当，不松动，不变形、不脱落。

5. 保证“四不漏”、“五净”、“一完好”

指设施农业装备的垫片、油封、水封、导线及相对运动的精密偶件等都应该保持严密，做到“四不漏”，即不漏气、不漏油、不漏水、不漏电；机器各系统、各部位内部和外部均应干净，无尘土、油泥、杂物、堵塞等现象，做到“五净”，即机器净、油净、水净、气净和操作人员衣着整洁干净；机器各工作部件齐全有效，做到“一完好”，即整机技术状态完好。

6. 随车工具齐全

指设施农业机器上必需的工具、用具和拭布棉纱等应配备齐全。

二、设施园艺装备技术保养周期的计量方法

机械的定期保养是在机器工作一定时间间隔之后进行的保养，是在班保养基础上进行的。高一号保养周期是它的低号保养周期的整数倍。

保养周期是指两次同号保养的时间间隔。保养周期的计量方法有两种：即工作时间法（h）和主燃油消耗量法（kg）。

1. 工作时间法

用工作时间（h）作为保养周期的计量单位时，统计方便，容易执行，也是其他保

养周期计量的基础。它的缺点是不能真实地反映拖拉机等机械的客观负荷程度。因为机器零部件的磨损程度不仅与工作时间有关，也同机器的负荷程度有关。例如在相同时间内，耕地引起的磨损比耙地严重得多，如以工作时间计算保养周期，在耕地时的保养就显得不够及时，而耙地时就显得过于频繁。

2. 主燃油消耗量法

以主燃油消耗量作为保养周期，能够比较客观地反映机器的磨损程度和需要保养的程度。因为，负荷越大，单位时间内燃油消耗量越多，机器磨损量越多，保养次数越勤，保养的时间间隔就应越短。同时，又把机器空行和发动机空转的因素包括在内，再结合油料管理制度改进，就比较容易保证定期保养的进行。所以，应提倡推广以主燃油消耗量计算保养周期。

三、判别电容好坏的方法

电容是帮助电动机启动的主要元器件。判别电容好坏的方法是：将电容的两根线头分别插入电源插座，将两根线头取出，进行接触，如出现火花，说明电容放电，可正常使用。

四、判断电动机缺相运行的方法

①转子左右摆动，有较大“嗡嗡”声。

②缺相的电流表无指示，其他两相电流升高。

③电动机转速降低，电流增大，电动机发热，升温快。此时应立即停机检修，否则易发生事故。

操作技能

一、光照度计技术维护

①清洁光照度计，并保持干净。

②光照度计不得长期在高温、高湿度场所使用。

③尽量远离大功率干扰设备，如变频器、电机等，以免造成测量的不准确。

④变送器长时间使用会产生偏移，为保证测量准确度，每年校准一次。

⑤如需拆卸变送器，必须先断开电源，然后进行操作。拆卸时尽量避免振动，轻拿轻放。

二、补光灯技术维护

①补光灯应安装在维护方便的位置，不宜经常移动。

②保证输入电压为220V/50Hz。

③要求接地良好，严禁用市电中性线代替地线，架设的地线与本设备连接要牢固。

④确保接线正确牢固，防止电线短路或断路。

⑤定期检查补光灯灯具，及时更换损坏灯具，防止发生异常。

⑥换灯、拆卸灯罩和保险丝时，必须切断电源。

⑦不能将纸和布之类物品放置在补光灯的近处或盖住补光灯。

⑧用温水擦洗灯具污渍，不可使用汽油、挥发油等擦洗。

三、遮阳系统技术维护

①温室遮阳系统在使用时应注意保养，防止遮阳网出现老化破损，一旦破损需要及时更换。

②遮阳网的齿轮齿条传动机构需要定期清理及润滑，防止生锈。

③定期检查减速器。一是及时检查补充、更换润滑机油。二是检查维护驱动电机上的限位装置（两个工作限位，两个紧急制动限位），是否灵敏可靠。限位电路接线时，一定要保证两个工作限位先并联后再与两个紧急制动限位串联。

四、温湿度检测仪技术维护

①该检测仪长期工作的最佳环境温度为 -20～70℃、湿度 20%～85%，禁止长期在极端环境下工作。

②经常使用蜂鸣报警功能时，需配接 12V 电源适配器。

③记录仪不工作时，将记录仪停机存放。

④检查温湿度计外壳是否破损或有污渍，如有污渍用湿布沾肥皂水清洁外壳。不要使用侵蚀性清洁剂或溶液。

五、风机技术维护

①定期清除风机内部的灰尘，特别是叶轮上的灰尘、污垢等杂质，以防止锈蚀和失衡。

②及时清洗、维修风机百叶窗；百叶窗和防护网如有损坏应及时修理或更换。

③检查和维修保养设备时要断开电源，并在电源开关处挂上“检查和维修保养中”的标牌，以防止他人误开电源。

④每周除尘和蜘蛛网一次；轴承每月注射黄油一次；每周检查一次皮带松紧及是否损坏。

⑤若风机长期不用时应封存在干燥环境下，防止电机绝缘受损。在易锈金属部件上涂以防锈油脂，防止生锈。

六、开窗装置技术维护

①正确连接该装置的电器线路，防止短路。

②定期维护电动机、齿轮齿条、卷膜器，及时注油润滑，防止锈蚀。

③定期检查固定连接处，保证卷轴平直，防止损坏薄膜。

④定期对减速电机进行清洁、润滑和检查调整限位装置等维护保养，确保灵敏可靠。

⑤检查维护开窗系统的密封装置，检查窗框边上的橡胶密封条是否老化，若有老化应更换。对薄膜拱棚的开窗装置，为增加密封性能，可将 4cm 厚的海绵切割成适当宽

度的窄条，粘于固定窗框（下窗框）上进行密封。

⑥生锈部位应及时涂防锈漆。及时更换损坏件。

七、湿帘风机降温系统技术维护

①湿帘在使用中需注意维护保养，应避免湿帘或湿帘箱体与进风口周边存在缝隙。

②湿帘供水在使用中需进行调节，确保有细水流沿湿帘波纹向下流，以使整个湿帘均匀浸湿，并且不形成未被水流过的干带或内外表面的集中水流。

③要保持水源清洁，水的 pH 值在 6 ~ 9，电导率小于 1 000μΩ。水池须加盖密封，防止脏物进入，一般每周清洗一次水池及循环水系统，保证供水系统清洁。为阻止湿帘表面藻类或其他微生物的滋生，短时处理时可向水中投放 3 ~ 5mg/kg 浓度的氯或溴，连续处理时可投放 1mg/kg 浓度的氯或溴。

④湿帘—风机系统在日常使用中应注意：水泵停止 30min 后再关停风机和外翻窗，保证彻底晾干湿帘；湿帘停止运行后，检查水槽中积水是否排空，避免湿帘底部长期浸在水中。

⑤湿帘表面如有水垢或藻类形成，在彻底晾干湿帘后用软毛刷上下轻刷，然后启动供水系统进行冲洗掉水垢及藻类物质，避免用蒸汽或高压水冲洗湿帘。

⑥湿帘长时间不使用时，应用塑料膜或帆布整体覆盖外侧，防止树叶、灰尘等杂物进入湿帘纸空隙内，同时利于温室保温；应加装防鼠网或在湿帘下部喷洒灭鼠药防止鼠害。

⑦日常维护后必须检查上水阀门和电源是否复原。

⑧需要经常维护与清洗网式过滤器，一般来说需要每两周清洗一次过滤器。过滤器清洗完备后，要将过滤器顶盖拧紧，防止漏水，发现损坏应及时修复。

八、热风炉技术维护

①热风炉不得长期露置，使用场所湿度不得大于 85%，防止电绝缘下降和锈蚀。定期检查风机轴承润滑情况。

②热风炉运行前要检查炉膛内是否有烧损部位，检修所有采暖管道与散热设备，如发现有损伤部位应修复后再用。

③应经常检查热风中是否有烟气，若有烟气应立即停炉检修，修复后方可使用。

④定期清洗除污器、过滤器及水封底部等内部污物垢及外表积尘。

⑤热风炉长期搁置不用时要做好防水、防潮措施。具体做法是将热风炉的进出风口和烟囱口封严，关严炉门、清灰门和清渣口；炉内放上生石灰、煤灰等干燥剂，保持炉内干燥，防止金属表面生锈腐蚀。

⑥热风炉长期搁置以后再使用时，要对热风炉进行全面检查；查看电器部分是否正常，炉膛内耐火材料和炉条是否有脱落、损坏等现象，将炉内杂物清理干净，确认热风炉各部位技术状态正常后方可使用。

九、二氧化碳检测仪技术维护

①该仪器长期工作的最佳环境温度为 -20~70℃、湿度 20%~85%，禁止长期在极端环境下工作。

②经常使用蜂鸣报警功能时，需配接 12V 电源适配器。

③更换记录仪主机电池时注意正负极性，防止接错；电脑插上外插件，然后启动、运行，以显示最新电池电量。

④记录仪不工作时，将记录仪停机存放。

⑤检测仪内部避免有水进入，以免造成损坏。

⑥避免化学试剂、油、粉尘等直接侵害传感器，勿在结露、极限温度环境下长期使用。不要使传感器受到冷、热冲击。

十、燃烧式二氧化碳发生器技术维护

①燃烧式 CO_2 发生器应放置在能使 CO_2 气体在温室里能充分均匀分散的地方。

②气瓶应放置在通风、阴凉、干燥且距离火源远的地方。

③发生器燃烧过程中停火时，先按复位开关，如再不燃烧则停机进行检查；检查电源是否正确，检查气瓶是否有气。

④在不使用发生器的时候，应切断电源和气源。

十一、温室娃娃技术维护

①禁止长期在极端环境下工作。

②清洁传感器表面，防止灰尘、土壤以及其他物品污染传感器，影响测量精度。

③接插件使用时对准缺口直向推拉，勿旋转操作。

④记录仪不工作时，将记录仪停机存放，退出系统。

⑤定期检查温室娃娃以及传感器的技术状况，防止由于干扰、断电等造成的系统停止或损坏。

⑥如需拆卸变送器时，必须先断开电源，然后进行拆卸。

⑦变送器长时间使用会产生偏移，为保证测量准确度，最好每年校准一次。

十二、小四轮拖拉机技术维护

（一）日常技术保养（每班工作后或每工作 10~12h 后）

①参见初级工手扶拖拉机的日常保养，清除拖拉机和农具的尘土和污泥，在灰沙大的环境下工作时，应清洗空气滤清器。

②检查散热器中的水是否加满，冲洗清理散热片之间的杂物草屑，以免影响散热器效果。

③检查前、后轮胎的气压是否正常。前轮的正常气压，两轮驱动拖拉机220~250 kPa，四轮驱动拖拉机 190~210kPa；后轮田间作业 80~120 kPa，运输时120~140kPa。

④清洁拖拉机规定的润滑部位，并加注润滑脂。加注润滑脂时必须挤出润滑部位中全部泥水，直至出现黄油为止。

（二）定期技术保养

1. 每工作50h后

①完成班次保养项目。

②参见初级工手扶拖拉机的定期技术保养。

③检查并调整离合器踏板和制动器踏板的自由行程。

④检查传动箱及前驱动桥内的油面高度，不足时应加注。

⑤用布擦净蓄电池，检查蓄电池内电解液液面的高度。要求液面高出极板10～15mm，不足时应加蒸馏水，并在电桩接头上涂润滑脂，以防止腐蚀。

2. 每工作250h后

①完成每工作50h后技术保养项目。

②更换柴油机油底壳内的机油，并清洗油底壳、吸盘和机油滤清器。

3. 每工作500h后

①完成每工作250h后技术保养项目。

②按柴油机使用说明书要求检查调整气门间隙、喷油嘴压力和雾化情况。

③清洗燃油箱及燃油滤清器。

④清洗传动箱，更换润滑油。

⑤清洗液压提升器的滤清器，检查油的清洁程度，必要时清洗提升器壳体内腔，更换新机油。

⑥检查并调整前轮前束（要求前束4～10mm）。检查前轮轴承的松紧度，必要时应调整。更换前轮毂内的润滑脂。

⑦检查方向盘的空转角度，要求空转角不大于15°,必要时予以调整。

⑧检查转向器内油面高度，不足时应加注。

4. 每工作1 000h后

①完成每工作500h后技术保养项目。

②按柴油机使用说明书的规定进行有关柴油机项目的保养。

③用25%浓度的盐酸溶液全面清洗水箱，而后再用清水冲洗干净。

④拆开发电机和启动电机，洗净轴承内润滑脂，换上新润滑脂。并同时检查启动电机的传动机构。

⑤清除排气管及消声器内的积炭。

⑥将离合器轴承、分离轴承浸入熔化的耐高温的润滑脂中，加注润滑脂。

⑦检查并调整中央传动圆锥齿轮的啮合间隙和接触印痕，以及锥轴承的间隙和预紧度。

⑧清洗液压提升系统中的滤清器，更换系统用油。

⑨清洗转向器，更换壳体内的润滑油。

⑩保养完毕进行短期试车，检查各部分工作情况是否良好。

5. 冬季技术保养

在气温低于5℃的情况下使用拖拉机时，除了应完成每班技术保养外，还应严格遵守以下规定。

①冷却系统内无水时，不准启动发动机。为便于启动可向水箱内灌注60～80℃的

热水。

②冷启动后，发动机应预热一段时间，等到水温高于60℃后方可进行作业。

③拖拉机作业后，若停车时间较长，应放尽冷却系统内的水（无防冻液的），放水温度为50～55℃。

④按气温或季节选用燃油和润滑油。

⑤严寒季节里为使柴油机容易启动，拖拉机最好停放在保温的机库内。

6. 长期存放的技术保养参见初级工中入库前的保养

（三）单作用离合器的调整

单片干式单作用离合器见下图，它主要由离合器弹簧1、离合器从动盘总成2、离合器压盘3、离合器分离杠杆6和调整螺母7、分离轴承9及其操纵机构等组成。

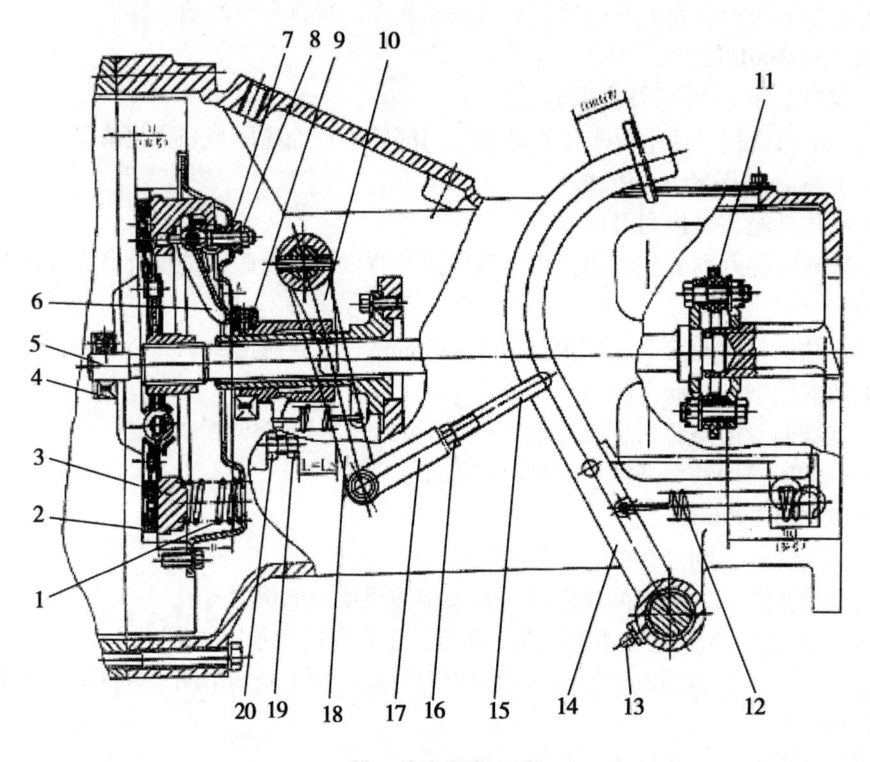

图　单作用离合器

1－离合器弹簧；2－离合器从动盘总成；3－离合器压盘；4－滚动轴承；5－离合器轴；6－离合器分离杠杆；7－调整螺母；8－锁紧螺母；9－分离轴承；10－离合器拨叉；11－联轴节；12－踏板回位弹簧；13－油杯（黄油嘴）；14－离合器踏板；15－离合器推杆；16－锁紧螺母；17－离合器推杆调整叉；18－离合器分离摇臂；19－限位调整螺栓；20－锁紧螺母

调整方法：

1. 分离杠杆位置的调整

装配离合器时，旋转调整螺母7，使分离杠杆6工作面与压盘工作面间的距离B＝45mm。离合器接合时，分离轴承9和分离杠杆6之间应保持A＝2～3mm的间隙，此时并要求3个分离杠杆的工作面在同一平面内，允差为0.25mm。

2. 踏板自由行程的调整

转动推杆调整叉 17，改变推杆 15 的有效长度，直至达到踏板行程自由行程 L = 8 ~ 12mm（此时，分离摇臂 18 下端处对应的自由行程 L1 = 3. 5 ~ 5. 5mm）。

3. 踏板工作行程的限位调整

转动限位调整螺栓 19，直至分离摇臂 18 下端处的工作行程 L 2 = 13 ~ 17mm，在使用过程中应经常检查并保证踏板的自由行程。

第四部分　设施园艺装备操作工——高级技能

第十二章　设施园艺装备作业准备

相关知识

一、工厂化育苗技术简介

工厂化育苗有穴盘播种育苗和平盘播种育苗两种，穴盘播种育苗（简称穴盘育苗）常用于蔬菜、花卉等，平盘播种育苗用于水稻等。下面以穴盘育苗技术为例。

穴盘育苗技术是采用标准的穴盘为育苗容器，以草炭、蛭石、椰子皮、珍珠岩等轻基质做育苗基质，将种子精确地播种在相应的穴盘孔穴中，在合适的温度、湿度条件下一次成苗的一种育苗方式。

（一）穴盘育苗的意义

穴盘育苗主要优点是省工、省力、成本低、效率高、种苗品质好，便于优良品种推广和规范育苗管理，以及后期产量的提高。便于远距离运输和机械化移栽，提高了生产效率；根系活力好，缓苗快，成活率高，因在移植时保全了更多的根毛，移栽后可大量迅速地吸收水分和养料；穴盘苗在定植后可促使开花、结实等生产目标的提前，提高了产量。因此，穴盘育苗对实施蔬菜生产机械化、规模化及持续高效发展具有特别重要意义。

（二）穴盘育苗的生产流程

穴盘育苗生产操作过程主要包括土壤和基质消毒、种子预处理、播种、催芽、出苗后期管理五个阶段。

1. 土壤和基质消毒

土壤和基质消毒是控制土传病害的重要措施。设施内的土壤和基质在高温、高湿的情况下，极易产生病虫草害，造成植物减产、品质下降等危害。土壤和基质消毒是一种高效快速杀灭其中的病、虫、草害技术，能很好地解决高附加值作物的重茬问题，并显著提高作物的产量和品质。常用的消毒方法主要有以下几种。

（1）辐射消毒　以穿透力和能量极强的射线，如钴 60 的 γ 射线来灭菌消毒。

（2）药剂消毒　在播种前后将药剂施入土壤中，目的是防止种子带病和土传病的蔓延。主要施药方法有以下 3 种。

①喷淋或浇灌法。将药剂用清水稀释成一定浓度，用喷雾器喷淋于土壤表层，或直接灌溉到土壤中，使药液渗入土壤深层，杀死土中病菌。喷淋施药处理土壤适用于大田、育苗营养土、草坪更新等。浇灌法施药适用于果树、瓜类、茄果类作物的灌溉和各

种作物苗床消毒，常用消毒剂有绿亨1号、2号等，防治苗期病害，效果显著。

②毒土法。先将药剂配成毒土，然后施用。毒土的配制方法是将农药（乳油、可湿性粉剂）与具有一定湿度的细土按比例混匀制成。毒土的施用方法有沟施、穴施和撒施。

③熏蒸法。利用土壤注射器或土壤消毒机将熏蒸剂注入土壤中，于土壤表面盖上薄膜等覆盖物，在密闭或半密闭的设施中扩散，杀死病菌。土壤熏蒸后，待药剂充分散发后才能播种，否则，容易产生药害。常用的土壤熏蒸消毒剂有溴甲烷、甲醛等。此法在设施农业中的草莓、西瓜、蔬菜的种植和苗木的苗床、绿地草坪栽植等方面均有应用。

（3）高温消毒　高温消毒也称物理消毒法，是利用高温杀死病虫草，该方法不易造成环境污染。

①太阳能消毒。它是在温室或田间作物采收后，连根拔除田间老株，多数还施加有机肥料，然后把地翻平整好，在7～8月，气温达35℃以上时，用透明吸热薄膜覆盖好，土温度可升至50～60℃，密闭15～20d，可杀死土壤中的各种病菌。此法适用在我国北方地区连年种植草莓、西瓜、花卉的温室里，但消毒时间长，受天气影响大。

②暴晒消毒。是在夏季将土壤均匀平铺在水泥地面或其他硬质地面上暴晒至干透。夏季直射光照下的硬地面温度可达60～75℃，能杀死一些病原菌类及土壤中害虫和其他动物的幼体及杂草种子。另外还能使蛞蝓、蜗牛等爆裂，使蚯蚓、蛴螬、鼠妇、马陆等干死。晾晒中如能喷洒一遍50%多菌灵可湿性粉剂或65%代森锌可湿性粉剂500～600倍液等，随喷洒随翻拌，则效果更好。暴晒消毒灭菌特适用于所有盆栽花卉的土壤。

③蒸汽消毒。是用蒸汽锅炉加热产生蒸汽，通过导管把蒸汽热能送到土壤中，使土壤温度升高，杀死病原菌，以达到防治土传病害的目的。这种消毒方法要求设备比较复杂，只适合经济价值较高的作物，并在苗床上小面积施用。

（4）化学物质消毒　活性很强的氧化剂，如臭氧，对细菌、病毒、真菌及原虫、卵囊都具有明显的灭活效果。

2. 种子预处理

种子预处理是通过种子浸泡、包衣和丸粒化等方法，使种子更易于实现机械化播种，出芽率更高。常用的方法有薄膜包衣技术、种子丸粒化技术和浸泡处理3种。

（1）薄膜包衣技术　是将杀虫剂、杀菌剂、营养物质等混入包衣胶黏剂中，包衣遇水吸涨，逐步释放药剂或营养物质。

（2）种子丸粒化技术　是将杀虫剂、杀菌剂、营养物质等混入丸粒化材料中，将种子做成整齐一致的小球（即丸粒化）。由于精量播种机要求种子大小均匀、圆粒，但大多数蔬菜种子大小与形状难以达到要求，所以在播种前应对种子进行丸粒化处理。

（3）浸泡处理　是最常用的种子处理方法，可用温汤浸种的方法处理种子，也可用磷酸三钠、福尔马林等药剂处理种子，目的是杀灭附着在种子表面的病原微生物。对于有热休眠的芹菜、莴苣种子，夏季播种时可将种子浸泡后低温处理或用赤霉素、激动素溶液浸泡处理，打破种子休眠。

市场上销售的高品质蔬菜或花卉种子已完成了预处理，可直接进行播种及后续操作。

3. 播种

穴盘机械播种包括选择合适的穴盘和基质、进行填土（基质）、压实冲穴、播种、覆土、淋水作业等流程。

（1）选择合适的穴盘　穴盘在我国已经形成标准化的生产模式，市场中有适用于不同品种的标准穴盘供生产者选择。从材质上分，有聚苯乙烯、发泡聚苯乙烯和聚乙烯三种，黑色聚乙烯材质的穴盘已占市场的90%以上。目前国内蔬菜穴盘育苗常选用72孔、128孔、200孔和288孔的标准化穴盘，其外形规格基本相同。冬春季生产茄子、番茄苗，成苗标准为6～7片叶的选用72孔穴盘，成苗标准为4～5片叶的选用128孔穴盘。冬季生产甜（辣）椒选用128孔穴盘，可生产具8～10片叶的种苗。黄瓜、西瓜、厚皮甜瓜叶面积大，为保证种苗质量，生产上一般选用72孔穴盘。国内常见的穴盘规格见表12－1。

表12－1　常用穴盘规格

单位：mm

<table>
<tr><th>规格名称</th><th>孔径</th><th>长度</th><th>宽度</th><th>高度</th><th>规格名称</th><th>孔径</th><th>长度</th><th>宽度</th><th>高度</th></tr>
<tr><td>32穴</td><td>60～60</td><td>545</td><td>280</td><td>50</td><td rowspan="3">128穴</td><td rowspan="3">30～35</td><td>546</td><td>280</td><td>40</td></tr>
<tr><td rowspan="2">50穴</td><td rowspan="2">45～55</td><td>545</td><td>280</td><td>50</td><td>540</td><td>280</td><td>48</td></tr>
<tr><td>540</td><td>280</td><td>45</td><td>540</td><td>280</td><td>40</td></tr>
<tr><td rowspan="2">72穴</td><td rowspan="2">40～45</td><td>545</td><td>280</td><td>45</td><td rowspan="3">200穴</td><td rowspan="3">23～27</td><td>545</td><td>280</td><td>40</td></tr>
<tr><td>540</td><td>280</td><td>45</td><td>540</td><td>280</td><td>48</td></tr>
<tr><td rowspan="3">105穴</td><td rowspan="3">33～38</td><td>545</td><td>280</td><td>40</td><td>540</td><td>280</td><td>40</td></tr>
<tr><td>540</td><td>280</td><td>48</td><td rowspan="2">288穴</td><td rowspan="2">20～25</td><td>545</td><td>280</td><td>38</td></tr>
<tr><td>540</td><td>280</td><td>40</td><td>540</td><td>280</td><td>40</td></tr>
</table>

（2）选择合适的基质并填充穴盘　在播种之前，还要选择并混合好适宜的基质，将基质均匀平整地填充在穴盘内。育苗基质一般采用草炭、蛭石、珍珠岩等进行混合配制，有条件时，可增加一定量的腐熟有机肥等，还可根据种苗生长期长短和需肥特点添加化学肥料。基质要有一定的保水能力与通透性，这样才能保证在育苗过程中种子保持高湿状态的同时，还能有发芽必要的空气。

（3）压实冲穴　填满基质经压实后用冲穴器将穴盘每个孔位适当按压，使之形成下凹状的表面，这种表面将有利于保证种子处于穴孔的中心。

（4）播种　穴盘播种通常采用播种机或半自动化的播种器完成播种工作，既可保证播种的速度与精度，又可节约基质、种子等。

（5）覆土　播种完成后，还需要在种子上面覆盖一层薄薄的基质，称为覆土。

（6）淋水　覆土后，适当淋水，水流不能过大，否则会冲散基质，甚至将种子冲走。

4. 催芽

为保证种子的发芽率高、出苗健康整齐的目的，采用适宜发芽环境的催芽室或简易塑料棚等设施，进行专门的催芽，这是后期种植环节提高产品质量与产量的关键。

适宜的温度和湿度是催芽阶段成败的关键。在催芽室内，可通过散热器或空调进行加温。通过定时开启循环风机，使室内空气适当流动，从而保证室内环境条件的均匀一致，避免出苗不齐的状况。通过雾化喷头等加湿设备，使室内空气中的相对湿度保持在95%以上，最终保持土壤的含水量满足种子萌发的需要。

5. 出苗后管理

出苗期结束后，从籽苗期至炼苗期，都需要进行精细的温度、空气与土壤湿度、密度和光照等环境管理，尤其是光照的管理，若长期弱光的条件下，将会造成种苗的徒长，形成弱苗，将导致种苗抵抗低温、强光、微弱通风的能力很弱。因此，在出苗后，需要根据品种的不同，选择合适的时间进行分苗，即将小苗从小孔穴盘逐步移至大孔穴盘中，以增大根部的营养面积。在田间定植之前，必须进行炼苗，对种苗进行适当的低温、控水处理，对生产设施内的环境适当通风，加大昼夜温差，并适当增强光照，从而增强种苗对定植后生长环境的适应能力。炼苗与定植后的生产设施条件也有一定关系，如果种苗将定植在具有好的调控能力的日光温室等设施中，则不需要炼苗。

（三）穴盘育苗的环境条件

不同的品种、育苗生产过程中不同的阶段，分别需要不同的生长环境。催芽阶段，以控制土壤温度与土壤湿度为主，大多数种子的萌发不受光照的影响。但在出苗后的生长阶段，除对土壤温度、湿度有要求外，又增加了弱光及空气温度、湿度条件，且随着苗的生长，光照须不断加强。其中，催芽阶段的环境控制最为重要。

1. 催芽期的环境条件

（1）发芽阶段的温度条件　对于不同品种的籽播蔬菜和草花，在无土栽培的条件下，种子发芽温度要求均有一个适宜的范围，催芽室的温度设计便以此为基础。十字花科、菊科、藜科蔬菜为15～25℃，伞形科、百合科蔬菜及豌豆为20℃，番茄、菜豆为20～25℃，茄子、甜椒为25℃，黄瓜、豇豆为25～30℃，其他瓜类为30℃。对于草花等花卉品种，发芽温度则相对较低。

（2）发芽阶段的湿度条件　种子发芽过程中要严格控制土壤含水量，同时保持含水量的稳定。对多数蔬菜及籽播花卉而言，发芽率较高的土壤含水量大致都在10%～16%。稳定的基质含水量是发芽的重要保证，而保持含水量稳定的主要手段是调节室内湿度，以调节在某一稳定温度条件下的气压差（VPD），降低基质的蒸发量。在催芽室的运行中，VPD值是控制催芽室加湿系统启闭的重要依据，也是确定催芽室内空气湿度条件的重要依据。在基质条件一定的情况下，室内空气湿度越接近饱和，基质含水量越稳定。

（3）发芽阶段的光照条件　大多数种子在无光照的情况下都能发芽，对光照不敏感，即不受光照影响，但部分种子对光照的反应有差异，有的种子需要在有光的条件下方能发芽，如莴苣、胡萝卜等，也有部分种子需要光照以打破光休眠，才能进入萌发状态。总的来说，可大致分为四种类型：一是发芽时必须有光；二是光可促进发芽；三是对光反应不敏感；四是光抑制发芽。表12－2列出了一些典型品种发芽要求的条件。

表 12-2 典型品种催芽环境条件

品种名	催芽天数（天）	催芽环境			品种名	催芽天数（天）	催芽环境		
		温度(℃)	湿度(%)	光照			温度(℃)	湿度(%)	光照
白菜类	1~1.5	25	95	无影响	菜豆	不催芽	32	95	无影响
甘蓝	1.5	20	95	无影响	豇豆	不催芽	32	95	无影响
菠菜	2~3	21	95	无影响	金鱼草	7	21	95	需光
芹菜	2~4	20	95	需光	鸡冠花	4	21~25	95	需光
莴苣	1	22	95	需光	金盏菊	7~10	20~22	95	无影响
黄瓜	1	30	95	需暗	瓜叶菊	3~5	20~24	95	需光
葫芦、瓠瓜	2~3	30	95	需暗	石竹	5~7	20~25	95	无影响
南瓜	2~3	32	95	需暗	一串红	5~6	28~30	95	需光
丝瓜	1~2	32	95	需暗	万寿菊	2~3	25	95	需暗
苦瓜	6~8	30	95	无影响	三色堇	6~7	18~21	95	需暗
冬瓜	3	32	95	需暗	雏菊	7	22~28	95	需光
甜瓜	1~2	30	95	需暗	风仙花	4	26	95	需光
西瓜	1~2	30	95	需暗	百日草	3	20~22	95	需暗
番茄	2~3	30	95	需暗	虞美人	5~7	18~21	95	需光
茄子	3~4	30	95	需暗	矮牵牛	6~7	30	95	需光
辣椒	3~4	30	95	需暗	仙客来	21	18	95	需暗

2. 出苗后的环境条件

（1）籽苗期　籽苗期幼苗的真叶还未长出或展开，子叶是唯一的光合器官，极易徒长，因此，这一阶段的管理重点是防止徒长。出苗后，应适当降低夜间气温，使环境温度比催芽期温度降低 2~3℃，避免高温，同时保证光照，但又需通过适当的遮挡以防止过强的光照或者暴晒。

（2）小苗期　该期种苗真叶已经展开，且逐步由 1 片而至 2 片、3 片，光合作用加强，同样需要控制温度过高而产生的徒长。该阶段应保持较高的土壤湿度，并适当增加光照。对于易发生徒长的果菜类作物，还要尽量减少浇水的次数，一次浇透即可，以表层 0.5cm 干燥，以下为湿润土壤为原则。同时，在外界气温高时，应进行通风。

（3）成苗期　成苗期除保证适度的灌溉量外，加强光照依然是关键，此阶段的长期弱光同样会造成徒长而形成弱苗。成苗期植大，营养吸收较多，施肥管理应成为重点，可直接在根部施肥，在灌溉时向叶片施肥。总之，这一阶段应进一步控温控水，并保持每日更强的通风与光照。成苗后期，经过炼苗，便可移栽定植了。

二、穴盘育苗设备

穴盘育苗设施除最基本的温室外，主要由土壤（或基质）消毒机、播种生产线、催芽室、移动喷灌机等组成。

（一）土壤和基质消毒机

土壤和基质消毒机种类较多，这里主要介绍基质蒸汽消毒机和臭氧水消毒机。

1. 基质蒸汽消毒机

基质蒸汽消毒机一般由蒸汽发生装置、换热装置、水质软化装置和基质消毒槽等组成（图 12－1），能实现蒸汽温度在 100～130℃连续可调。其消毒原理是：消毒槽底部开有均匀分布的通气孔，与下面的蒸汽分配室相通；将待消毒栽培基质投入消毒槽中，通过燃油或燃煤加热锅炉，产生水蒸汽，通过送汽管将高温蒸汽通入蒸汽分配室，然后经通气孔对栽培基质进行加热消毒。

a–外观图

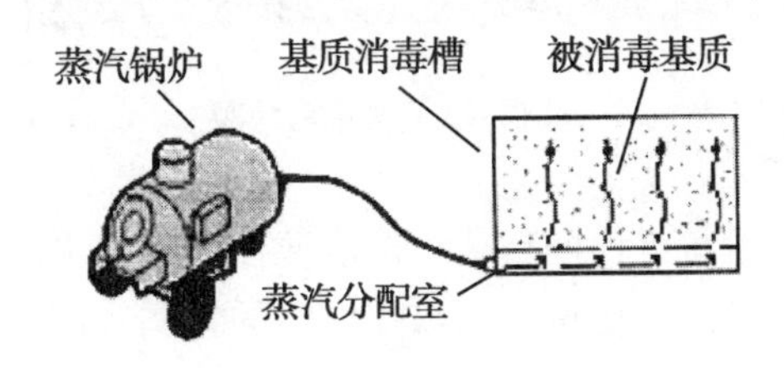

b–原理图

图 12－1　基质蒸汽消毒机

2. 臭氧水消毒机

臭氧水消毒机是利用微纳米曝气技术使臭氧与水高效混合，形成高浓度的臭氧水，对土壤、基质等消毒的设备（图 12－2）。

图 12－2　臭氧水消毒机

（二）播种生产线

播种生产线一般是将基质搅拌机和播种流水线（含供盘装置、填土机、冲穴器、播种机、覆土装置、洒水装置、送盘装置等）组合在一起进行作业的生产线（图 12－3），可自动完成基质粉碎混合、基质填充、压实、冲穴孔、精密播种、覆土、洒水等整套流水作业。播种好的穴盘送催芽室进行育苗。

播种流水线的主要特点：结构简单、合理、造价低，移动性好。生产率高，节省劳动成本。播种精度高、播种准确率≥98%，空穴率≤1%。操作简便易行，随时进行调节。机电一体化程度高。

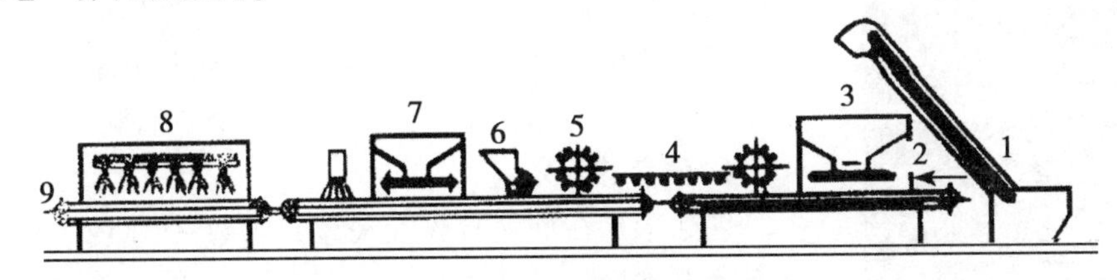

图 12－3　播种生产线示意图

1－基质搅拌机；2－供盘装置；3－填土装置；4－输送装置；5－冲穴器；6－播种机；7－覆土装置；8－洒水装置；9－机架

图 12－4　催芽室外观

（三）催芽设施

1. 催芽室

催芽室是一种类似于冷库的房间，单间容积一般在 50～200m^3之间，配置有散热器、空调、加湿喷头或超声波加湿器等设备，以调控室内的温度与湿度环境（图 12－4）。

催芽室常用涂有防腐层的夹芯钢板，夹芯材料采用聚氨酯，因其在保温材料中导热系数最低（0.033W/m^2·k），保温隔热能力最强，防水防潮性能也较强。

对室内温度、湿度进行控制，是催芽室设备工作的目标。温度调控可采用水冷式空调机与风机盘管，冬季用于加温，夏季用于降温，也可采用水暖加温的方式，通过散热器的均匀布置实现补温，但夏季依然需要空调进行降温。湿度调控通常采用雾化喷头或加湿器加湿的方式，当相对湿度降低至指定值时，便开启设备，直至室内空气湿度临近饱和的状态。

为使催芽室内空气环境分布均匀，需要配置内置循环风机以增强内部的通风循环能力。如果催芽室需要对需光种子催芽，则还需要配置补光灯。催芽室空间小，对温度比较敏感，易受到光热源影响而使温度升高，因此，要选择冷光源作为补光设备，有条件时，采用 LED 光源更佳。

催芽室的温度、湿度调节精度要求较高，一般温度上下偏差不宜超过 2℃，相对湿度偏差不宜超过 10%。通过人工频繁控制设备的开启或关闭很不现实，因此，多数工厂化催芽室采用自动控制系统，通过传感器采集到室内的温度、湿度信号，将之传递给控制器后，控制器向相应的设备发出启闭指令。

2. 催芽箱

催芽箱是一种人工气候箱，也是通过类似的环境调节设备，使箱内条件满足种子发芽要求，容积一般为 1m^3以下，环境调控会更精确，更适合实验室使用。

图 12－5　催芽床

3. 简易催芽棚

简易催芽棚是采用中间夹隔热层的双层砖墙结构，或是采用双层塑料膜覆盖的大棚，在门的部位做好密封处理。这样的催芽设施主要用于保持温度，寒冷地区使用时，还需要增加热风炉等必要的加温设备。在北方地区，催芽室或简易催芽棚可建在温室内部，以减少冬季采暖负荷。

4. 催芽床

催芽床是在催芽时放置穴盘的床架（图 12－5），应依据穴盘的规格、催芽室的空间选用合适的规格。催芽床一般为 8～10 层的多层结构，每层可摆放 5～6 个穴盘，横向摆放。为保证每层穴盘都有充分的空气流动，两层之间的间距应保持在15cm上下。

为便于储存，节约空间，催芽床采用拆装组合式，层数可根据生产需要调节（但不宜超过10层），否则将因为太高而使人无法进行操作，不用时，可将催芽床拆分后放置。

布置催芽床时必须要考虑充分地利用催芽室的空间，同时还要留出作业通道，另外还需保证各个床之间互不影响、互不遮挡等。

（四）移动式喷灌机

出苗后，从籽苗期至炼苗期，种苗都应在温室设施内生长，这一阶段，精确均匀的灌溉非常重要。为保证浇水的均匀、水量的精确，同时节约劳动力成本，一般都采用不同形式的移动式喷灌机（图12－6）。

图12－6　移动式喷灌机

移动式喷灌机的主机与供水管悬挂安装在温室内部的横梁等钢结构上，并配有钢管制成的移动轨道，主机的喷水管上安装一排喷头。工作时，喷灌机在轨道上前进，带动喷水管及喷头移动，将肥水或清水均匀地撒在穴盘里。喷灌机水压较小，喷撒柔和，可避免将种子或基质冲刷出去。

三、栽植机种类

育苗移栽的方式有人工和机械移苗栽植两种。人工移苗栽植劳动强大，移栽株距不均匀，移栽深度不一，造成移栽质量差，成活率低，效率低。机械移苗栽植生产效率高，劳动强度低，移栽深度和行距可以方便的进行调整，并且深浅株距一致，提高了育苗移栽质量。

栽植机的种类较多，按照育苗的栽植形态，分为裸苗栽植机和钵苗栽植机；按照自动化程度，分为手动、半自动和全自动栽植机；按照栽植器机构的形式，分为钳夹式、链夹式、吊篮式、导苗管式和挠性圆盘式等。

四、土壤水分

1. 土壤水分的含义

土壤水分是指保持在土壤孔隙中的水分含量，又称土壤湿度，是表示一定深度土层的土壤干湿程度，是植物吸收水分的主要来源（水培植物除外）。它是含有胶体颗粒的稀薄溶液，主要来源于降水和灌溉水。

2. 土壤水分的存在形态

土壤水分的存在依其物理形态可分为固态、气态及液态3种。固态水仅在低温冻结时才存在，气态水常存在于土壤孔隙中，液态水存在于土粒表面和粒间孔隙中。在一定条件下，三者可以相互转化，其中以液态土壤水分数量较多。

3. 土壤水分常用的表示方法

(1) 土壤水重量百分数　土壤中实际所含的水分重量占烘干土重量的百分数。即

$$W=(W1-W2)/W2\times100\%$$

式中：W 为土壤含水量（百分数）；$W1$ 为样土湿重；$W2$ 为样土烘干重。

(2) 土壤水容积百分数　指土壤水分容积占单位土壤容积的百分数。即

$$W_{容}=(W1-W2)P/W2\times100\%$$

式中：$W_{容}$为土壤容积含水量（百分数）；P 为土壤容重，即单位体积原状土体的干土重。土壤容积百分数与土壤重量百分数之间的关系通常用下式表示

$$W_{容}(\%)=W(\%)\times P$$

(3) 土壤水层厚度　指一定厚度土层内土壤水分的总贮量，即相当于一定土壤面积中，在一定土层厚度内有多少毫米厚的水层。即

$$W_{厚}=H\times W(\%)\times P\times10$$

式中：$W_{厚}$为土壤水层厚度；H 为计算土层厚度；10 为单位换算系数。

五、土壤 pH 值

1. 土壤 pH 值的含义

土壤 pH 值，即土壤酸碱度，又称“土壤反应”。它是土壤溶液的酸碱反应。主要取决于土壤溶液中氢离子的浓度，以 pH 值表示。pH 值等于 7 的溶液为中性溶液；pH 值小于 7，为酸性反应；pH 值大于 7 为碱性反应。

土壤酸碱度包括酸性强度和酸度数量两个方面。酸性强度是指与土壤固相处于平衡的土壤溶液中 H^+ 的浓度，用 pH 表示。酸度数量是指酸的总量和缓冲性能，代表土壤所含的交换性氢、铝总量，一般用交换性酸量表示。土壤酸碱度对土壤肥力及植物生长影响很大，我国西北、北方不少土壤 pH 值大，南方红壤 pH 值小。因此种植的作物和植物应与土壤酸碱度相适应。如红壤地区可种植喜酸的茶树，而苜蓿的抗碱能力强等。土壤酸碱度对养分的有效性影响也很大，如中性土壤中磷的有效性大；碱性土壤中微量元素（锰、铜、锌等）有效性差。在农业生产中应该注意土壤的酸碱度，积极采取措施，加以调节。

2. 土壤 pH 值产生的原因

在土壤长期的发育过程中，气候、地形、地质、植被等因素都可以影响土壤的酸碱度。如在高温多雨的地方，风化淋溶较强，盐基易淋失，容易形成酸性土壤；半干旱或干旱地区的自然土壤，盐基淋溶少，相反土壤水分蒸发量大，下层的盐基物质容易随着毛管水的上升而聚集在土壤上层，使土壤具有石灰性反应。植被也影响土壤的酸碱性，是因为植物根系对离子的选择吸收和土壤微生物活动作用的结果，如在针叶林下的土壤就有利于真菌的生长，土壤偏酸。另外，人们常施硫酸铵等酸性肥料的田，土壤易变酸。

土壤的酸碱度是可以人为的进行调节的，对酸性土壤，主要是施用石灰、蚝壳灰、草木灰进行改良；在使用化肥时，尽量少用硫酸铵等生理酸性肥料。沿海地区咸酸田，主要应采取引淡洗咸、洗酸等措施，这样既可以降低盐分，又可以把酸毒物质排走。至于碱性土壤，可以用石膏、硫磺、明矾来改良。另外，不论是偏酸或偏碱的土壤，都应

该增施有机肥料，若是砂质田，应加入泥，以增加土壤胶体，增强土壤的缓冲性能。

3. 土壤 pH 值与植物生长关系

（1）大多数植物在 pH > 9.0 或 < 2.5 的情况下都难以生长　植物可在很宽的范围内正常生长，但各种植物有自己适宜的 pH 值。

（2）植物病虫害与土壤酸碱性直接相关　如地下害虫要求一定范围的 pH 值生存环境条件，而有些病害只在一定的 pH 值范围内发作。

4. 土壤 pH 值对养分有效性的影响

（1）在正常范围内　植物对土壤酸碱性敏感的原因，是由于土壤 pH 影响土壤溶液中各种离子的浓度，影响各种元素对植物的有效性。

（2）土壤酸碱性对营养元素有效性的影响如下　①氮 pH 值在 6 ~ 8 时有效性较高，是由于 pH 值在小于 6 时，固氮菌活动降低，而大于 8 时，硝化作用受到抑制。②磷 pH 值在 6.5 ~ 7.5 时有效性较高，由于 pH 值在小于 6.5 时，易形成磷酸铁、磷酸铝，有效性降低，在高于 7.5 时，则易形成磷酸二氢钙。③酸性土壤的淋溶作用强烈，钾、钙、镁容易流失，导致这些元素缺乏。在 pH 值高于 8.5 时，土壤钠离子增加，钙、镁离子被取代形成碳酸盐沉淀，因此，钙、镁的有效性 pH 值在 6 ~ 8 时最好。④铁、锰、铜、锌、钴 5 种微量元素在酸性土壤中因可溶而有效性高；钼酸盐不溶于酸而溶于碱，在酸性土壤中易缺乏；硼酸盐 pH 值在 5 ~ 7.5 时有效性较好。

六、土壤电导率

1. 土壤电导率的含义

由于水中含有各种溶解盐类，并以离子的形式存在，当水中插入一对电极时，通电之后，在电场的作用下，带电的离子就产生一定方向的移动。水中阴离子移向阳极，使水溶液起导电作用。水的导电能力的强弱程度，就称为电导（或电导度），用 G 表示。电导反映了水中含盐量的多少，是水的纯净程度的一个重要指标，水越纯，含盐量越少，电阻越大，电导越小，超纯水几乎不能导电。

土壤溶液导电能力的强弱可用电导率表示。电导率越大，则导电性能越强，土壤含盐量越高，对绝大多数作物生长的影响越大，高电导率会伤害植物以及造成减产，甚至导致植株死亡；反之越小。在农业中，电导率（通常称为 EC）是一种及其有效以及方便的测量水、土壤中含盐量的方法，是判定土壤中盐类离子是否限制作物生长的因素。土壤水溶性盐的分析一般包括全盐量测定，阴离子（Cl^-、SO_2^{-3}、CO_2^{-3}、HCO^{-3}、NO^{-3}）和阳离子（Na^+、K^+、Ca^{2+}、Mg^{2+}）的测定，并常以离子组成作为盐碱土分类和利用改良的依据。

土壤电导率是测定土壤水溶性盐的指标，而土壤水溶性盐是土壤的一个重要属性。

2. 土壤电导率的影响因素

（1）温度　电导率与温度具有很大相关性。在一段温度值域内，电导率可以被近似为与温度成正比。要比较物质在不同温度状况的电导率，必须设定一个共同的参考温度。

（2）掺杂程度　来自灌溉水，土壤上涨的地下水中的盐类是造成高电导率的原因。水溶液的电导率高低相依于其内含溶质盐的浓度，或其他会分解为电解质的化学杂质。

水的电导率时常以水在25℃时的电导系数来记录。

(3) 各向异性　有些物质会有异向性的电导率，必需用 3×3 矩阵来表达。

七、连栋温室环境自动检测仪器简介

连栋温室环境调控内容包括光照、温度、湿度、气体环境等，一般依靠环境自动检测和调控仪器及设备自动调节，减少了人为干预，使环境调控更加科学合理。

连栋温室环境自动检测仪器主要部件是信息传感器。传感器是一种检测装置，能感受到被测量的信息，并能将检测感受到的信息，按一定规律变换成为可供测量的电信号或其他所需形式的信息输出，以满足信息的传输、处理、存储、显示、记录和控制等要求。它是实现自动检测和自动控制的首要环节。传感器通常由敏感元件和转换元件组成。

1. 传感器的特性

传感器的特性是指其输入量和输出量之间的对应关系，包含动态特性和静态特性。传感器动态特性是指传感器在输入变化时，它的输出的特性。传感器的静态特性是指对静态输入信号，其输出量与输入量之间所具有相互关系；其表征参数主要有线性度、灵敏度、重复性、漂移、稳定性等。

2. 传感器的分类

传感器的分类方法较多，常将传感器的功能与人类五大感觉器官相比拟：光敏传感器—视觉，声敏传感器—听觉，气敏传感器—嗅觉，化学传感器—味觉，压敏、温敏、液体传感器—触觉。

其中，以输出信号为标准，可将传感器分为：

模拟传感器—将被测量的非电学量转换成模拟电信号。

数字传感器—将被测量的非电学量转换成数字输出信号（包括直接和间接转换）。

膺数字传感器—将被测量的信号量转换成频率信号或短周期信号的输出（包括直接或间接转换）。

开关传感器—当被测量的信号达到某个特定的阈值时，传感器相应地输出一个设定的低电平或高电平信号。

设施农业中常用的传感器有：温度传感器、湿度传感器、CO_2浓度传感器光传感器、光照传感器、电导率传感器、pH 传感器、室外气象站等。

3. 传感器的选用

传感器千差万别，即便对于相同种类的测定量也可采用不同工作原理的传感器，因此，要根据需要选用最适宜的传感器。

(1) 测量条件　如测量目的、被测量的选定、测量的范围、输入信号的带宽、要求的精度、测量所需要的时间、输入发生的频率程度等。

(2) 传感器的性能　考虑下述性能：即精度、稳定性、响应速度；模拟信号或者数字信号、输出量及其电平；被测对象特性的影响；校准周期和过输入保护等。

(3) 传感器的使用条件　即为设置的场所，环境（湿度、温度、振动等），测量的时间，与显示器之间的信号传输距离，与外设的连接方式，供电电源容量等。

八、连栋温室环境调控器简介

（一）环境调控器功用和组成

1. 环境调控器功用

它的功用是接收温室内传感器及外部气象站传输来的各类环境因素信息，经过复杂的逻辑判断和运算，结合温室内种植作物的不同品种、不同生长阶段对环境因子（如空气温度、湿度和光照等）的要求，通过电控制柜及环境控制器或计算机操作驱动/执行机构的人工或自动开启和关闭，控制温室风机、开窗装置、湿帘风机降温系统、拉幕系统、人工补光系统等相应设备运行，以调节控制温室内的温度、湿度、光照等气候，以满足栽培作物的生长发育需要。

2. 环境调控器组成

温室环境调控器一般由传感器、控制器、电气控制柜和执行器等组成。

（1）传感器　常用检测温室环境气候多因子的传感器。

（2）控制器　它是利用单片机、可编程控制器（PLC 系统）或计算机把传感器采集的有关参数（如温度、湿度）转换为数字信号，并把这些数据暂存起来，与给定值进行比较，经一定的控制算法后，给出相应的信号控制执行机构动作。

目前温室控制器的种类很多，国内外高、中、低档温室控制器应有尽有。其主要区别在于控制理念上的不同，如比较高档的控制系统，其控制理念属于模糊控制，具有一定的预见性，功能多，其控制精度要高于其他控制器，但价格昂贵。

（3）电气控制柜　又称电气控制箱，一般由断路器、继电器、接触器、按钮、限位开关等电气元件组成。它是温室电气与控制系统的基础，手动控制系统和自动控制系统均需通过电气控制柜来实现控制。

手动控制系统中通过操作控制柜面板上的按钮开启或关闭风机、开窗机、湿帘风机、拉幕机、CO_2施肥设备、人工补光设备、采暖设备以及灌溉等。

在自动控制系统中，电气控制柜的操作有手动和自动控制两种方式，计算机出现故障时或者需要手动操作时，可以选择手动控制方式。也就是说，控制柜可以独立于计算机控制系统进行手动控制操作。

（4）执行器　执行器是控制器的重要组成部分之一。执行器是一些动力部件，它处于被调对象之前，接受调节器送来的特定信号；改变调节机构的状态或位移，使送入温室的物质和能量流发生变化，从而实现对温室环境因子的调节和控制。在温室自动控制系统中，执行器主要用来控制冷（热）水流量、送风量、天窗开度、工作时间等。

执行器通常由执行机构和调节机构两部分组成。执行机构的作用是接受调节器输出的控制信号，产生推力或位移，并按一定的规律去推动调节机构动作。它通常是由电磁继电器或接触器，小型电动机等。调节机构是根据执行机构输出信号去改变能量或物料输送量的装置，最常见的是调节阀、电动阀门和电动天（气）窗等。执行机构和调节机构有时制成一个整体，如电动调节阀门，上部是执行机构，下部是调节机构。

执行器按其能源形式分为电动、气动和液动三大类。其中，电动执行器在温室自动控制和工程技术中应用较多。

电动执行器的执行机构和调节机构是分开的两部分，其执行机构分角行程和线行程两种，都是三相交流电机为动力的位置伺服机构，作用是将输入的直流电流信号线性的转换为位移量。现越来越多的执行机构带有通信和智能控制功能，如产品都带现场总线接口。

电动执行器接受调节器的输出信号，根据该信号的正或负和大小去改变调节机构的位置（如阀门开度，天窗的启闭等）。它不但可以与间歇调节器配合使用，也可与连续调节器配合使用。下面以温室自动调节中常用的 ZAJ 型角行程电动执行器为例作简单介绍。

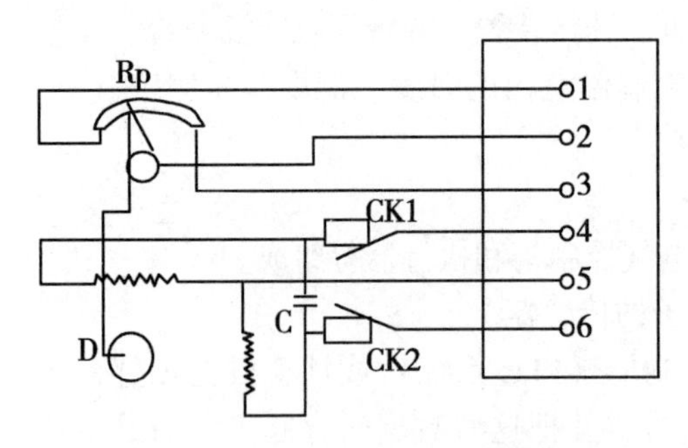

图 12－7　ZAJ 电动执行器线路原理

ZAJ 电动执行器由单相电容电动机 D，机械减速箱、反馈电位器 Rp 和终端行程开关 CK1 和 CK2 等几部分组成，其电气线路原理如图 12－7 所示。

①电动机。电动机是电动执行机构的动力器件，它将电能转换为机械能，用以推动调节机构。在各种自动调节和控制系统中常用的电动机有交流（AC）和直流（DC）伺服电机（电动机）和步进电机。ZAJ 中采用的是交流伺服电机，它是一种微容量（容量从零点几瓦到几十瓦、几百瓦）的电机。所谓伺服是指其启动、停止、正/反转以及转动角度等都随输入的控制信号而发生变化。信号一来，电动机就转动；信号一消失，电机便会自动停止而不必应用任何外部的制动装置。

ZAJ 中的交流伺服电动机实际上是一种单相电容运转式电动机。在其定子铁心槽口内嵌置两套绕组，即运行绕组和启动绕组，两套绕组的位置在空间上相差 45°，而在电气相位上则相差 90°，在其中一套绕组中串一个电容器，如图 12－8 所示。当外加单相交流电压时，两套绕组同处于一个电源上，但由于启动绕组中串入了电容器，使启动绕组中的电流比运行绕组中的电流在相位上超前 90°，从而在电机气隙中产生一个旋转磁场，使转子旋转。

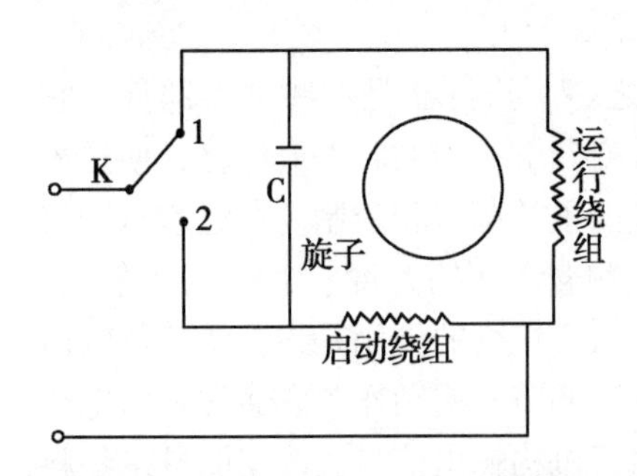

图 12－8　电容运转式电动机接线原理

由于两套绕组的匝数和线径完全相同，所以各自均可以作为启动绕组或运行绕组使用。为了改变电动机的转向，可将图 12－8 小开关 K 扳向 1 或 2 位，这时只将一套绕组的一对接头反接，从而可以轻易地改变其转子转向。见图 12－7，当 4、5 两点接上 220 V 单相交流电时，电动机便会正转；而当 5、6 两点接上 220V 单相交流电时，电动机转子便会反转。这种换接完全由调节器输出信号控制，十分方便。

为了提高系统的调节品质，要求电动机的启动时间短，响应快。

②减速机构。由于电机的转速高，而电磁转矩较小（因为功率不大），所以要通过一套减速机构，如直齿轮副，蜗轮蜗杆副等，以获得低速和大的力矩输出。同时因为生物环境调节系统属于热工调节类，被控对象的延迟和时间常数均较大，所以，也要求电

动执行机构的全行程时间应足够大，以满足对象的需求。

③反馈电位器和终端保护。在电动执行机构上一般都有反馈电位器 RP，（由接线盘的 1、2、3 接点引出），其作用是把电动执行机构的工作信号作为位置信号反馈给调节器，使调节过程构成闭环，以实现比例调节。同时利用电位器作为调节机构阀位指示器。

在电动执行机构的电动机轴上装有两个凸轮控制的终端行程开关 CK1 和 CK2，其位置可调，以便限制输出轴的转动角度，即达到所要求的转角时，凸轮拨动终端开关（CK1 为正转用，CK2 为反转用），使电机自动停下来。这样既对电机起到保护作用，同时又可在调节机构的工作行程范围内，任意确定其终端位置。

ZAJ 的输出轴转矩有 10N · m 和 16N · m 两种，输出轴的转速有 1/2r/m、1/4r/m 两种，输出轴有效转角通常为 90°，故全行程时间分别为 TM = 30s 和 60s，可以据工作需要选取。

（二）环境控制器的控制方式

环境控制器根据控制方式可分为手动控制器、自动控制器和智能控制器。对温室面积不大或设备数量不多时，由人工来完成调控；当温室面积较大或设备数量较多时，由基于 PLC 和数字式温湿度传感器的温室控制系统自动测量和调节。

1. 手动控制器

手动控制器由手动开关按钮等输入电气元件和继电器、接触器等输出电气元件组成，它们和电源开关、电压表、电气保护元件等一起集成在电气控制箱中，如图 12 – 9 所示。

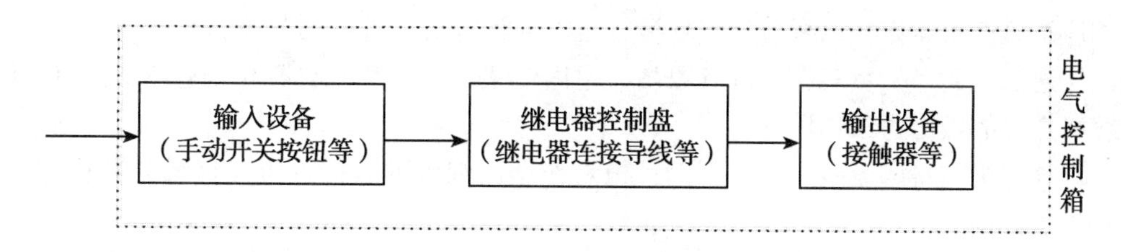

图 12 – 9　手动控制器

手动控制器是根据温室中的温湿度计测量的温湿度和种植者对室内外观察的信息，手动操作电气控制柜面板来对驱动/执行机构进行控制。该控制系统的优点是结构简单，省去了信号检测部分和控制器部分，成本低。缺点是如遇到突如其来暴风雨等气象灾害时，难以及时对温室实施保护控制。

2. 自动控制器

（1）自动控制器的组成及作用　温室环境自动控制器由信息采集信号输入部分、信息转换与处理部分（自动控制器）、电气控制柜（箱）、执行机构和通讯单元五部分组成（图 12 – 10）。

①信息采集信号输入部分。信息采集由室内传感器和外部气象站承担，它们主要完成温室内、外部温度、湿度、CO_2浓度及光照等环境因素的检测或自动监测，所测参数可自动在线存入数据库。

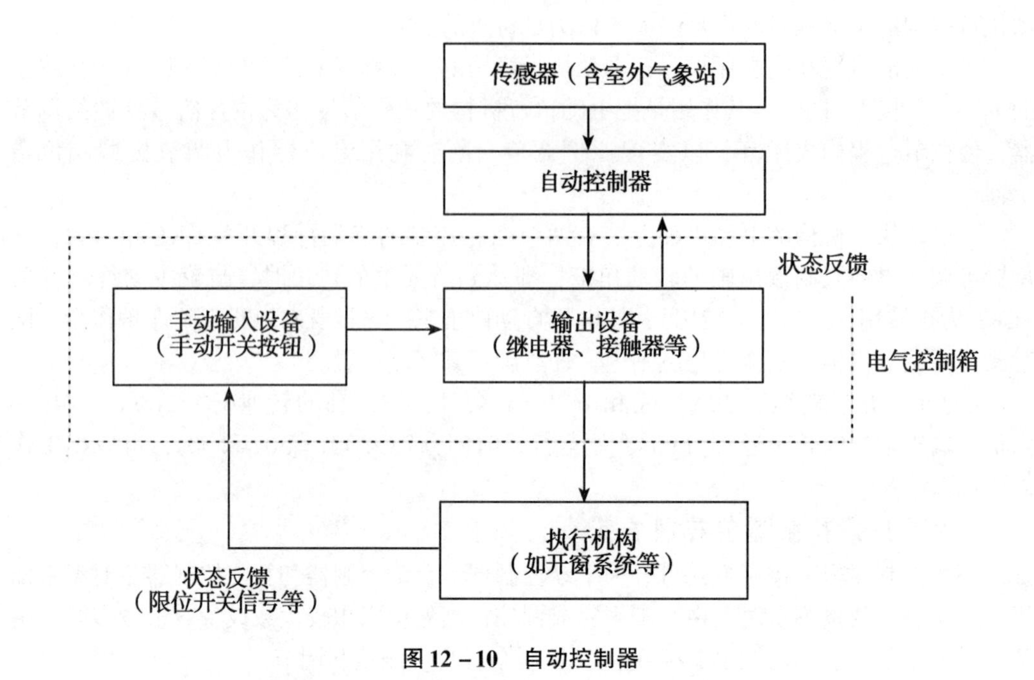

图 12－10　自动控制器

②信息转换与处理部分。又称自动控制器（单片机、可编程控制器或再加计算机），主要接收从传感器及气象站输送来的各类环境因素信息，转换成计算机可识别的标准量信息进行复杂的逻辑判断和运算处理，输出决策的指令。

③执行机构。该机构接到指令后，自动控制风机、喷雾系统、遮阳系统及窗的开关等相应温室设备运作，以调节温室环境；也可在计算机上进行调节控制。

④通讯单元。担负着在室外气象站、室内传感器与温室控制器及温室控制器与上位计算机之间的数据通讯作用。

⑤计算机和打印设备。它是帮助种植者作全面细致的数据分析，直观监测和打印、保存历史数据。

（2）自动控制器的类型

①简易数字式控制仪。该控制仪主要由电气控制柜、传感器和数字式控制仪组成。其自动控制器部分为简易数字式，它只能对温室的某一环境因子如温度实施自动监控。在控制仪上设定好所需该因子目标值的上下限，控制仪自动对执行机构进行开启或关闭控制，从而使温室的该环境因子控制在设定的范围内。如温控仪可通过对风机、湿帘降温或喷雾降温等执行机构的开关控制（当室内温度超过设定的目标温度范围上限时自动开启降温系统，低于下限时自动关闭降温系统）来调节温室的温度。因此，方框图中的传感器部分一般也只有测量这一环境因子的单个传感器即室内温度传感器。该控制仪成本较低，对运行要求不高的温室来说很适用。

②现场控制器。这种控制系统由电控制柜、传感器和自动控制器组成。自动控制器模块为单片机或可编程控制器（PLC）。由于单片机或 PLC 能够进行编程，故具备计算机系统的输入—输出数据处理、编程运算、键盘输入及显示功能，能储存控制算法软件，通过实时检测温室内外气象和环境因子的变化，反馈到控制算法中，控制算法便能

根据这些反馈量，由各环境因子的协调关系模型和综合优化控制算法，自动计算出相应的控制量，对各个执行机构做出相应的改变和调整，能够实现对温室内多个环境因子的综合控制，所以方框中传感器模块应包含室外气象站和室内的各环境因子的检测传感器。

单片机（或PLC）相对于计算机来说是简单的，具有成本低和配置灵活等优点，其主要缺点是计算存储能力有限，故只能运行相对简单的控制算法，实现基本的多因子综合控制，而不能承担过多的温室管理工作，如显示或打印等。

③上下位机式计算机控制系统。该控制系统的自动控制模块由现场控制器（单片机或PLC）加计算机构成（图12－11）。根据控制系统的核心控制器安装位置可分为两种情况。

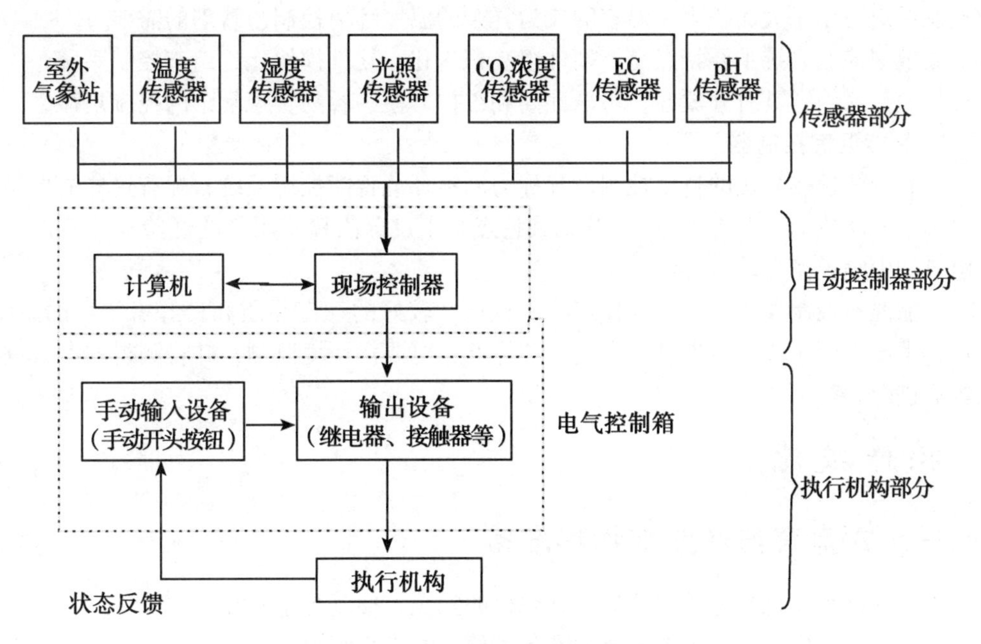

图12－11　上下位机式计算机控制系统

第一种是把控制器作为下位机放在温室里独立承担控制任务，而计算机放在中心机房，通过通讯连线与现场控制器连接，计算机只完成监视和数据处理工作，管理者可利用计算机对现场控制器参数做出修改、图表打印等管理工作。第二种是把现场控制器的控制功能与计算机管理功能集成在一台工业控制计算机内来完成。

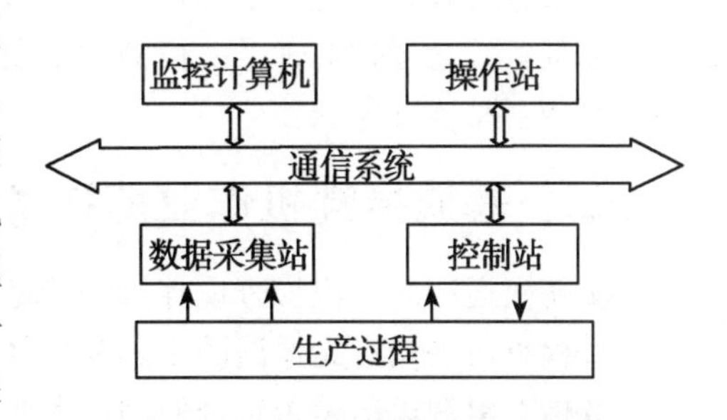

图12－12　集散式计算机控制系统

④集散式计算机控制系统。该类计算机为专用设备，它是控制系统的核心，不能从事其他工作，并安装有环境控制软件。集散式计算机控制系统简称TDCS，也称为分布式计算机控制系统（图12－12）。它是以数台乃至数百台的微型计算机分散地分布在各个生产现场，作为现场控制站或者基本调节器

实现对生产过程的检测与控制，代替了大量的常规模拟仪表。整个系统由监控和管理计算机、数据集中器、室外气象站系统和各个温室的控制器组成。其数据集中器和各温室控制器都具有一定的数据处理和存储能力，这样可以保证在监控和管理计算机短期失效的情况下，整个系统仍然可以正常工作，保证了系统的可靠性和稳定性。监控和管理计算机在系统中完成用户和温室控制的人机交互、参数设定、数据统计管理以及需要高速运算的数据处理等功能。

集散控制系统可以实现多层次功能如控制层、监督控制层、决策管理层和计划调度层等，它采用一个或多个控制单元对回路进行控制，其控制回路分散到一些控制板一级的节点上，每个控制节点又有多个回路。因而具有控制分散和信息集中、高度的灵活性和可扩展性、较强的数据通信能力、友好而丰富的人机联系、极高的可靠性等优点。集散控制系统适用于大面积多座温室的较为复杂的温室环境控制与管理的需要。

集散型控制系统主要特点是：硬件组装积木化，软件模块化，组态控制系统，应用先进的通信网络，具有开放性，可靠性高和维护方便，容易实现复杂的控制规律。

3. 智能温室控制器

含有智能控制算法的自动控制系统称为温室环境智能控制系统，配有这样的控制系统的温室才能称为“智能温室”，其最大特点是不过分依赖使用者的经验，控制参数完全由算法中的模型自动确定。

智能温室控制器是一种具有良好控制精度、较好的动态品质和良好稳定性的系统，对植物生长不同阶段的需求制定出监测的标准，对温室环境监测，并将测得的参数进行比较后进行调整。

操作技能

一、穴盘育苗作业前物料准备

①根据待种作物农艺要求选择符合规格的穴盘，准备足量穴盘数。

②根据待种作物农艺要求选择和准备基质，并进行消毒。

③根据种作物农艺要求选择和准备所需的肥料。

④准备好待播种的种子。待播种子须经过催芽处理，要求种子表面无浮水、种子之间没有相互粘连现象。

二、基质搅拌机作业前技术状态检查

①初次运行时，应检查搅拌机安装是否牢靠、水平，各管道及弯头是否密封。

②检查设备内有无遗漏的工具及部件。

③检查电源电压是否符合使用技术要求，电路接线是否正常。

④检查安全保护装置是否齐全，检查电路所有的操作按钮、开关和保护装置等动作是否灵敏可靠。

⑤检查与其他设备连接前，将该设备的电源开关系统设置在“OFF”位置。

⑥检查配套的设备所有的支脚是否良好，并都已伸展开，接触安装地面，固定牢靠。

⑦检查需要润滑的部件是否加注润滑油或润滑脂。

⑧检查皮带张紧度是否符合技术要求。

⑨检查电机技术状态是否正常，检查电动机的旋转方向是否与标示一致。

⑩检查搅拌器和轴承技术状态是否正常，要求运转灵活、无卡滞现象。

三、播种流水线作业前的准备

①安装播种流水线。

如流水线的供盘装置、填土装置、冲穴器、播种机、覆土装置、洒水装置、送盘装置等安装在一个机架上的，则把机架和地面固定牢靠，并调整水平高度。

如上述装置或机器分在几个机架上，则要将其对齐，并按供盘装置、填土机、冲穴器、播种机、覆土装置、洒水装置、送盘装置等顺序组合在一起形成连续作业的生产线（图 12－3）。

②调整机器或播种流水线的高度、水平与对中，使穴盘能很轻松的通过。

③按要求连接电路，检查电源、电路和接线及接地线是否符合技术要求。

④检查控制柜开关、按钮动作是否灵敏可靠。

⑤检查电机技术状态是否良好。

⑥检查各机械部件技术状态是否良好，要求连接牢固，运转平稳，无异响。

⑦按要求连接气路，检查气压是否在 6～7bar，要求不漏气，空气干燥、干净，无油滴、水滴。

⑧按要求连接水路，检查水源是否干净，水压是否符合技术要求，无漏水。

⑨检查送盘装置技术状态是否良好。

⑩检查填土机技术状态是否良好。

⑪检查冲穴器技术状态是否良好。

⑫检查播种机技术状态是否良好。

⑬检查覆土装置技术状态是否良好。

⑭检查洒水装置技术状态是否良好，不漏水。

⑮检查输送装置技术状态是否良好。

四、栽植机作业前的准备

以 2ZQ 型栽植机为例，该机主要有牵引机架总成、传动系统、栽种器总成、苗盘架等组成，见图 12－13。

（一）机具安装

把栽植机下悬挂点与拖拉机的下悬挂点连接，上悬挂点与拖拉机的上悬挂拉杆连接，连接好后穿上销轴锁定好。调节悬挂架中间调节杆，使栽植机在工作时前后处于水平。调节液压悬挂左右调节杆，使机架左右处于水平。

①将栽种器总成“18”与牵引架总成“10”用 U 形螺栓“9”M14×35 连接。

②将两主动轮支架“16”用 U 形螺栓“9”按行距要求值与牵引架总成“10”连接。

③把传动轴“12”穿入到传动支架中，安装链轮 Zb“13”于传动轴上，安装链轮

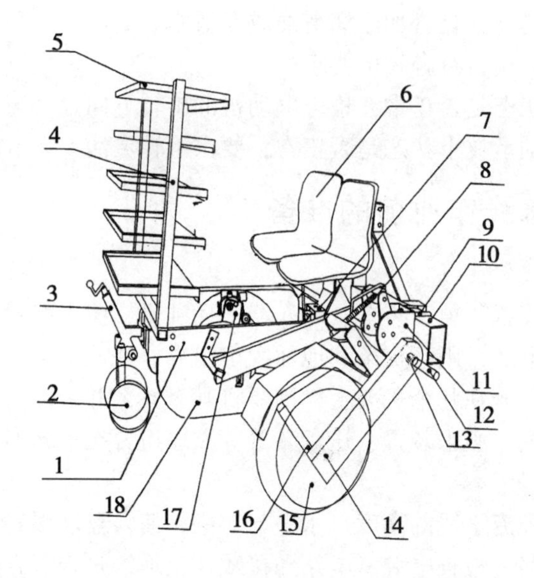

图 12－13　钳夹式栽植机结构示意图

1－连接板；2－覆土镇压轮；3－覆土调整器；4－苗盘架；5－苗盘；6－座椅；7－支架；8－支架；9－U形螺栓；10－牵引架总成；11－苗深调节器；12－传动轴；13－链轮 Z_b；14－链轮 Z_a；15－地轮；16－主动轮支架；17－轴；18－栽植器总成

Za“14”于地轮轴上，再安装链条、链盒盖板。

④将苗盘架“4”、座椅“6”分别用螺栓紧固到连接板“1”和支架“7”位置上。

⑤将苗深调节器“11”上的丝杠和覆土调整器手柄逆时针旋转调到终端。

⑥拖动栽植机使牵引架挂架与拖拉机悬挂架对接。

⑦使用前根据秧苗移栽株距要求，安装调整栽苗器总成的个数和主、被动链轮 Za、Zb 齿数，具体见各厂家说明书。

⑧选用好链轮后，按安装方法安装并调整好栽植机。

⑨根据垄高和垄沟深度调整苗深调节器丝杠和覆土调整器丝杠，结合苗深标尺调至适合要求的栽苗深度。

（二）机具技术状态的检查

①检查各紧固件有无松动或脱落，要求每天使用前检查一次。

②检查移苗器在入地之前是否调至最高位置，以防损坏零部件。

③使用前对各指定运动部位加入规定量的指定润滑脂，以减少磨损，延长栽植机使用寿命。

④检查栽植机的行数、株距和栽苗深度是否符合农艺技术要求。

五、土壤水分测量仪（传感器法）作业前的准备

1. 土壤水分测量仪硬件安装

土壤水分测量仪硬件的安装和调试按产品《使用说明书》进行。

①将水分传感器的航空插头与数据采集器前段的水分传感器接口相连接（注意插针与插口的匹配），即完成了土壤水分测定仪的硬件安装。

②如需使用延长杆，可将延长杆与传感器手柄相连，便于测量。

③如需充电，将充电器与数据采集器前段的充电器接口连接。

2. 土壤水分测量仪的初始化设置

该测量仪硬件正确连接，进行初始化设置后，方可进行“开机”试运行工作。

①设置土壤类型。即根据被测试土壤类型（如沙土、壤土、粘土等）进行设置。

②设置日期时间。

③设置零点。即归零设置，在传感器悬空的状态下，数据采集器显示的电压值和含水率值均为0。

3. 上位机软件安装

土壤水分测量仪一般都带有专用的上位机软件，可通过通讯电缆与数据采集器进行通讯，设置数据采集器的工作参数，读取数据采集器中存储的数据，并将数据下载至电脑当中。数据能够以TXT格式或EXCEL格式输出，用作数据分析和处理。上位机软件的安装及使用需按产品《使用说明书》的相关步骤进行。

六、土壤PH测试仪作业前的准备

1. 土壤pH测试仪的开机前的准备

①将电极梗旋入电极梗固定座中。

②将电极夹插入电极梗中。

③将pH复合电极安装在电极夹上。

④将pH复合电极下端的电极保护套拔下，并且拉下电极上端的橡皮套使其露出上端小孔。

⑤用蒸馏水清洗电极。

2. 土壤pH测试仪的开机自检

仪器首次使用或出现测量故障时，需进行自检，以辨别主机是否有故障。若主机自检正常，可能是电极出现故障，需对电极清洗活化处理或更换电极。基本步骤如下：

①把主机顶部连接pH电极的通道的短路盖盖紧电极通道，再将pH电极和温度补偿电极连接在主机上。

②将变压器的输出接头牢固地插在主机上（否则主机可能出现显示固定不动的情况，此时须拔掉电源，重新开始）。

③按压电源（power）键关闭电源。

④先压住确认（yes）键不放，再压电源（power）键开机，待出现软件版本号时，松开确认（yes）键，主机自检开始：屏幕显示TEST1→TEST2→TEST3→TEST4→TEST5→TEST6→TEST7。

⑤当屏幕出现0时，立即将每一个键压一遍（包括power键）。注意压键时的间隔不能超过4s，否则出现错误提示代码。此时须关机重新自检。

⑥自检完成后，主机自动关机，然后又自动开机进入pH测量状态，屏幕显示0.0或0.00。

注意：自检过程中，若主机有问题，将会显示错误操作代码。请参阅手册上的故障说明进行排除或联系厂家售后人员予以解决。

七、土壤电导率检测仪作业前的准备

1. 检查

①检查仪器设备的工作电压与市电交流电压是否相符；检查仪器设备的电源电压变换装置是否正确地插置在相应电压的部位（通常有110V、127V、220V三种电源电压部位）。有些电子仪器的熔丝管插塞还兼作电源电压的变换装置，应特别注意在调换熔丝管时不能插错位置（如果使用220V电源而误插到110V位置，开机通电时就会烧断熔丝，甚至会损坏仪器内部的电路元器件）。

②检查仪器面板上各种开关、旋钮、度盘、接线柱、插孔等是否松脱或滑位，如果发生这些现象应加以紧固或整位，以防止因此而牵断仪表内部连线，甚至造成开断、短路以及接触不良等人为故障。

仪器面板上“增益”、“输出”、“辉度”、“调制”等旋钮，应依反时针向左转到底，即旋置于最小部位，防止由于仪器通电后可能出现的冲击而造成损伤或失常。如辉度太强，会使示波管的荧光屏烧毁；增益过大，会使指示电表受到冲击等。在被测量值不便估计的情况下，应把仪器的“衰减”或“量程”选择开关扳置于最大挡级，防止仪器过载受损。

③检查电子仪器的接“地”情况是否良好：多台电子仪器联用，最好使用金属编织线作为各仪器的接“地”线，不要使用实芯或多芯的导线作为接地线；否则，由于杂散电磁场的感应作用，会引进干扰信号，对灵敏度较高的电子仪器影响尤大。

2. 土壤电导率检测仪硬件的组装与调校

按《土壤电导率检测仪使用说明书》的要求进行接线连接。

①从数据采集器、传感器仪器箱中将主机取出，放于平稳的工作台面上。

②连接好传感器和数据采集器。

③按照传感器编号及种类，分别插入主机背面各传感器连接端口。

④传感器探头端可置入相应的土壤样品中。

⑤连接主机供电电源，12VDC电源通过屏蔽电缆给变送器供电，“V+”接12VDC的正极，“V-”接负极。

⑥打开主机供电开关，输出4~20mA将变送器接到标准信号源上（电阻箱或毫伏计），在信号源给出零点和满度信号时反复调零点及满度电位器，即可精确调整量程。“Z”为零点调整电位器，“S”为满度调整电位器。使用中，因线阻、环境温度等因素影响而产生误差时，只需微调零点电位器“Z”即可校正。

⑦主机触屏开始工作，即完成系统组装，可以开始使用。

3. 传感器的校验

通常无需校验传感器，因为对于大多数应用，分配给其常数K已足够准确。在连接电缆长度超过10m的应用中会出现温度错误，需进行现场温度校验，以消除这些误差。传感器的校验按《使用说明书》的要求进行，基本步骤如下：

①将“启用校验”设置为“是”，以获得对于传感器校验页面的访问权。

②选择“编辑”以手动调节过程及温度传感器的斜率及偏移值。

③用▲与▼键在仪器规定的范围内调节传感器斜率值与偏移值，直至测得的电导率

值正确。

④用▲与▼键在仪器规定的范围内调节温度斜率值与偏移值，直至测得的温度值正确。

⑤校验完毕，按下“存储”，结束校验。如需继续校验，重复执行上述步骤。

八、温室环境传感器作业前技术状态检查

①检查传感器表面是否有污物，避免污物影响检测准确度。

②检查传感器线路是否连接正常，避免断路和短路。

③温度传感器不要暴露在日光直晒的地方，避免被污染影响控制效果。

九、温室环境电动执行器作业前技术状态检查

①检查各执行设备（风机、湿帘、遮阳、加热等设备）是否有破损、生锈等情况，否则应及时维修和润滑。

②检查各设备连接电线路技术状态是否良好，无断电、漏电情况。

③检查电机技术状态是否良好，运转方向是否正确。

④检查减速装置技术状态是否良好，运转灵活无异响。

⑤检查旋转部位是否有安全防护装置。

⑥检查执行器的继电器、接触器、开关等电气元件是否技术状态良好，动作灵敏可靠。

⑦检查行程开关、阀等调节元件技术状态是否良好，动作灵敏可靠。

⑧检查水暖散热器是否堵塞，水路是否畅通，否则应及时放水疏通。

⑨暖气设备点火前先将大棚温控锅炉里面加足水，（以水箱溢水为准）严禁缺水或无水运行。

⑩检查喷雾降温设备技术状态是否良好，喷孔是否无堵塞、水管是否无破损、漏水。

⑪检查卷膜器、卷帘机等执行机构技术状态是否良好，注意防水、漏电。

十、温室环境控制器作业前技术状态检查

①检查控制器安装环境是否潮湿，务必做好防潮处理。

②检查电路连线是否正确和良好，发现问题及时处理。

③检查设备接地线技术状态是否良好，接头无松动、无锈蚀。

④检查防触电保护装置技术状态是否良好，动作灵敏可靠。

⑤检查控制器里的电气元件技术状态是否良好，动作是否灵敏，安全可靠。

⑥控制器长时间不用时要切断电源，将传感器、温度控制器等及时拆下，清楚污物，存放在阴凉干燥处，并注意防潮和避免日光直晒，以免被污染影响控制效果。

⑦调试期间执行元件工作时，要随时观察运行是否顺畅（声音、冒烟、火花），如有异常情况要及时停机检查和调试，正常后方可继续进行。

第十三章　设施园艺装备作业实施

相关知识

一、播种生产线的组成及功用

播种生产线由基质搅拌机、播种流水线等组成。

图 13－1　基质搅拌机

（一）基质搅拌机

该机由电机减速装置、料斗箱、搅拌器等组成（图 13－1）。搅拌器安装在料斗箱内，其功能是对基质进行粉碎，并和肥料、水分进行均匀混合搅拌。其特点是混合更加均匀，搅拌速度较高，能够满足播种机生产对基质的需求。常见的搅拌机以容积进行规格的区分，有 $0.2m^3$、$0.5m^3$、$1.0m^3$等多种规格可选。

工作时，将植物生长所需的各种基质放到料斗箱内，电机带动搅拌器在料斗箱内转动，将基质粉碎，再把肥料和水分放入料斗箱内，通过定时器设置不同的搅拌时长和注水时长，达到基质、肥料和水分均匀混合。

（二）播种流水线

播种流水线一般由供盘装置、填土装置（机）、冲穴器、播种机、覆土装置、洒水装置、输送装置和电控箱等组成。

图 13－2　填土机结构图

1－基质提升；2－压实箱；3－刷子；4－基质回收传送带；5－传送带；6－加料口

1. 供盘装置

供盘装置的功用是将适用规格的塑料穴盘按设定的节拍有序地供给后续工序。一般每次可放 6～8 只穴盘. 该装置设有限位口，可确保每次只带动一只穴盘，利用重力自动完成送盘。

2. 填土装置

该装置如分开，又称填土机。其功用是将基质均匀地填充在穴盘里，并进行压实。填土机由基质料斗、基质提升、穴盘振动器（位于压实箱下方）、压实箱、清洁刷、基质回收传送带和电控制箱等组成，如图 13－2 所示。

在料斗的底部安装四个可调节支脚。在料斗底部安装了传送带，把基质输送到提升装置处提升送料，然后进入压实箱，把基质装入穴盘、压实，刷子刷去多余的基质后穴盘经传送装置从填土机送到播种机传送装置。在压实箱体的上部分布安装了三个探测器，来检测和控制箱体内基质的高度，一旦达到所需高度，提升机构就会停止。在传送装置下部安装了一个电子振动器用来均匀分布压实箱中的基质，使基质均匀装入穴盘。

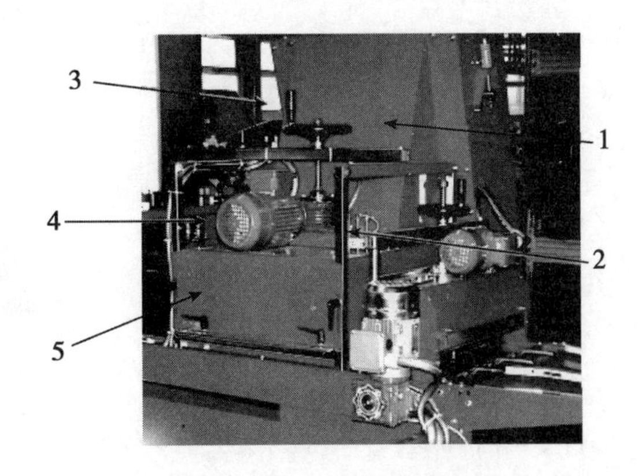

图 13－3　填土机压实装置

1－提升卸料口；2－基质探测器；
3－调节手轮；4－电机；5－压实箱

压实箱高度可根据穴盘高度进行调节。调节前要松开压实箱四周的固定指旋螺栓，旋转调节手柄进行调节，调整好高度后锁紧（图 13－3）。压实箱下方有两个可调挡板，可根据穴盘宽度进行调节。

填土机在穴盘送出部位有旋转毛刷，可刷掉穴盘上方过多的基质到回收装置。刷子高度和压实箱高度调节方法一样，通过调节手轮实现。

3. 冲穴器

冲穴器的功用是在穴基质中间打出凹形下陷的孔，以利播放种子并发芽。

输送装置上的限位开关 1 和限位开关 2 作为穴盘信号传送与控制开关。当穴盘没有压下限位开关时，填土机不断填土，并输送穴盘（图 13－4）。穴盘传送到限位开关 3 位置时，冲穴器气缸动作，使冲穴器做垂直方向运动，完成冲穴循环（图 13－5）。

4. 播种机

冲穴后由传送装置将穴盘输送到播种机，便由播种机将种子按要求放入相应的孔位。目前穴盘育苗场采用的大多是气吸式播种机，该机分为滚筒式（图 13－6a）和气吸针式（图 13－6b）两种。该机不但能精确实现一穴一粒的播种要求（播种合格率在 92% 以上），还可以根据种子的保质期或用户的需要，精确实现一穴多粒的播种要求。

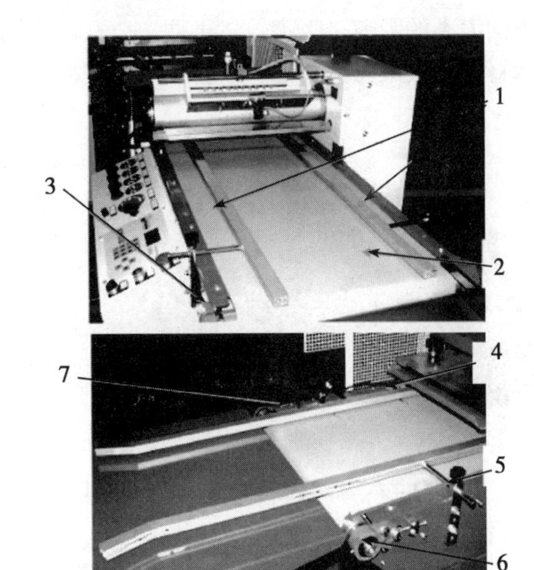

图 13－4　S11S 播种机传送带及限位开关

1－可调挡板；2－传送带；3－驱动轴；4－限位开关 2；
5－轴；6－轴承座；7－限位开关 1

该播种机适用的播种范围很广，无论 Φ0.4mm 的圆形矮牵牛种子，还是 9mm 的扁

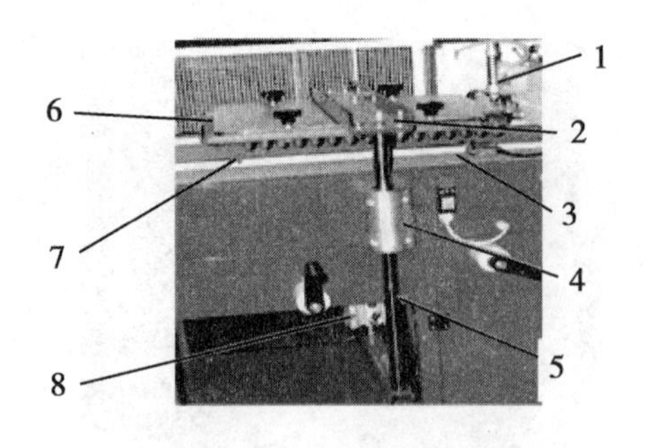

图 13－5　冲穴装置结构图

1－气缸；2－上部轨道；3－限位开关3；4－套筒；
5－圆柱形导轨；6－冲穴器；7－冲头；8－气缸

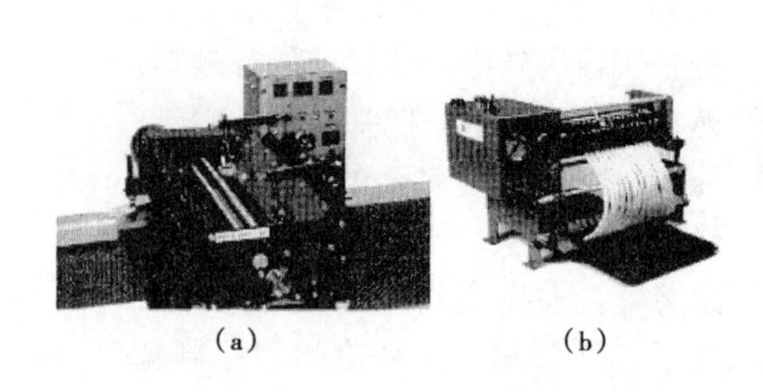

图 13－6　气吸式播种机形式

a－滚筒式；b－气吸针式

长形黄瓜种子，各种形状的种子均适用。用户只需选用与之匹配的播种零件，调整相应的真空吸附力，即可顺利实现播种作业。

滚筒式播种机配有带多排吸孔的滚筒，在滚筒内可形成真空吸附种子，当滚筒转动到育苗盘上方时，其内部会形成低压气流释放种子进行播种，接着滚筒内形成高压气流冲洗吸孔。滚筒式播种机播种速度快，最高可达 160 000粒/h，但在播小种子时精度略低。

气吸针式播种机是通过吸嘴吸附种子进行播种，针对不同类型和大小的种子，可更换不同大小的吸嘴，吸嘴数量可调，以适应不同的播种速度需求。气吸针式播种机的最大运行速度较滚筒式稍慢一些，但可实现微小种子的播种。

图 13－7　手持式播种机

除大型的播种机生产线外，也有许多小型的或手持式播种机（图 13－7），适用于小型的育苗场。工作时，操作者持播种杆吸取种子，再将之整排放入穴盘中，操作简单但速度较慢。

以 S11S 型滚筒式播种机为例，该机由可调支脚、支架、防护罩、播种滚筒、传送带、操作面板、电控箱等组成，见图 13－8。

传送带是一个聚氯乙烯闭环带，由马达驱动。防护罩处有一个保护开关，当防护罩打开时，播种机不会有动作，起到保护作用。

播种滚筒由铝合金材质制成，在其表面加工一系列的小孔。播种滚筒通过真空吸力吸起种子，并将它们放入穴盘中。种子仓由聚碳酸酯材料制成，固定在钢板上与播种滚筒接触。种子仓通过气动振动器来实现振动。种子仓可以通过一个电动机在水平方向进行往复运动（图 13－9）。

种子是通过滚筒中的真空被吸附。播种滚筒还包括另外两个部分：“吹”部分负责在播种阶段释放种子；“清洗”部分负责当播种完后清洗喷嘴。负责“吹”实现的装置是安装在较低区域的钻孔剖面。较低区域的孔用来吹出空气，吹出的空气可以实现种子从播种滚筒分离，尤其是对较小的种子。为了使种子更好的从播种滚筒分离，还提供了一个种子刮擦结构（由不锈钢板折成）。通过对播种滚筒的刮擦，使得种子能够落到秧

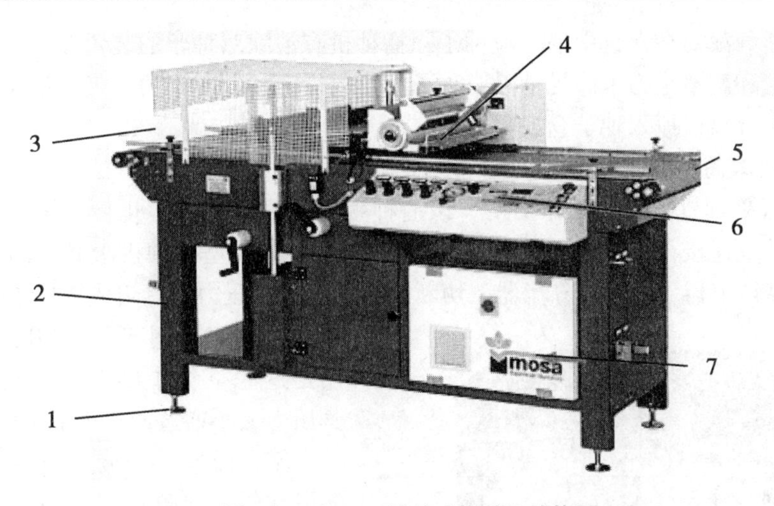

图 13－8　S11S 滚筒式播种机结构图

1－可调支脚；2－支架；3－防护罩；4－播种滚筒；5－传送带；6－控制面板；7－电控箱

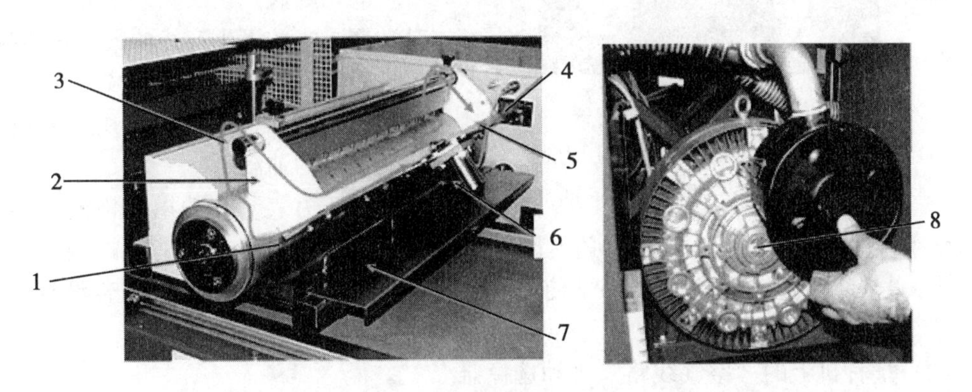

图 13－9　播种滚筒总成

1－吸嘴；2－种子仓；3－圆柱形轨道；4－电动机；5－连杆；6－气动振动器；7－刮板；8－真空泵

盘中。播种滚筒内有另一种型钢（类似于吹气装置）用于清洗喷嘴（喷嘴清洁装置）。该喷嘴清洁装置能够通过播种滚筒的孔吹出空气，防止它们被灰尘或土壤颗粒堵塞（图 13－10）。

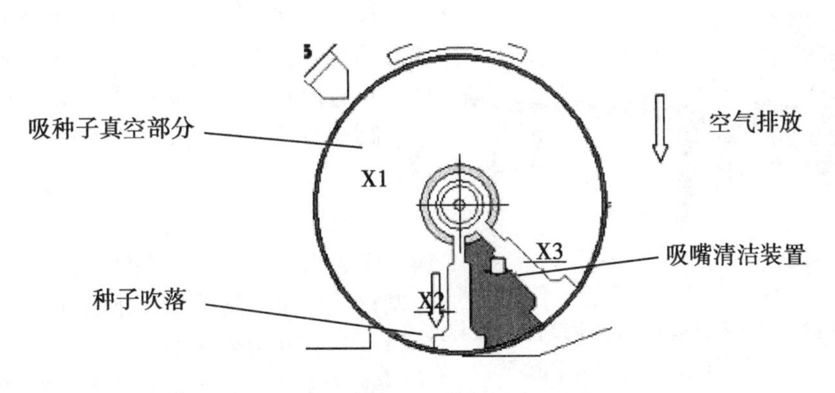

图 13－10　播种滚筒吸排种示意图

为保证播种滚筒在穴盘中播一粒种子，播种机有消除双种子的装置即吹气杆。吹气杆位置的确定和调整是为了满足消除双种子的要求设定的。吹出的空气要足够使双种子从播种滚筒中分离，掉入种子仓或收集仓。

5. 播种机滚筒上的空气处理机组

（1）空气处理机组的组成和功用　该播种生产线采用的是净化后的压缩空气，压缩空气供应系统连接在播种机上的空气处理机组上。S11S 型播种机滚筒上的空气处理机组由过滤器调节器（FR）、分流器、切断阀、润滑器和压力表等组成（图 13－11）。

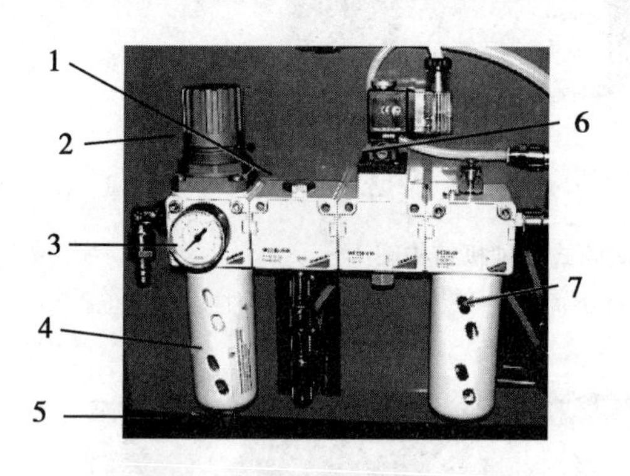

图 13－11　FR 单元和润滑器

1－分流器；2－调压手柄；3－压力表；4－罐；5－罐塞；6－切断阀；7－润滑器

①过滤器调节器（FR）。它的功用是过滤空气中的杂质和凝结产物，其压力大小通过调压手柄来调节。

②分流器。分流器功用是分流无润滑空气，并防止润滑的空气进入循环系统。

③切断阀。切断阀采用电气控制，其功用是当按下生产线的紧急按钮时，用来对启动系统进行快速减压。

④润滑器。润滑器功用是盛放雾化气流中的油滴。

⑤压力表。其功用是检测气动回路操作系统的工作压力。工作压力必须调节在 6bar。工作时需检查过滤器罐内是否有冷凝水，若有，按下罐体下部的塞子使之排空；检查润滑器中是否有油，若没有，应补足。

（2）播种机上的“空气线路”气动选择器

该装置的操作如下：为了使空气进去线路的不同部分，“0 /1 空气线”的气动选择器必须选择“1”，在转换成 1 之前，播种滚筒必须放置正确同时需要固定于支撑架上。如果不遵守要求，则会损坏播种滚筒的内膜，从而造成播种位置不正确。

注意：如果播种滚筒没有安装于播种机里，禁止把启动选择器转换成 1 。

6. 覆土装置

覆土装置对播种盘的种子表面覆盖一层薄薄的基质。该系统由以下部分组成：主框架、双运输系统、基质分配器等。机器用四个支脚支撑，并可调节高度和水平(图 13－12)。

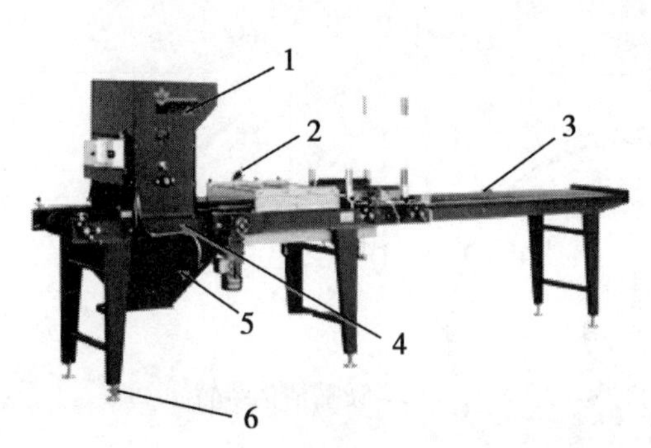

图 13－12　基质覆盖和浇水装置

1－料斗；2－浇水通道；3－辊道；4－主框架；5－基质收集器；6－支脚

基质装入料斗，电机带动滚筒使基质从料斗中装入穴盘。滚筒旋转速度可从控制面板调整，从而控制基质落下数量。多余的基质被刮下，可循环利用。

双运输系统由两对环形输送带连续排列组成（前方和后方带），基质覆盖与洒水传送带分开。

7. 洒水装置

其功用是对穴盘基质进行洒水，保证种子发芽所需的水分。洒水装置如图 13－13 所示，支撑架上安装一系列水管，在水管上布置一系列喷嘴，使水可以喷到在齿槽托盘的表面，洒水量可调。水开关由电磁阀驱动，而电磁阀又受限位开关控制。限位开关压下时电磁阀开，下水口配有过滤装置，多余的水通过固定于下方的水槽回收。

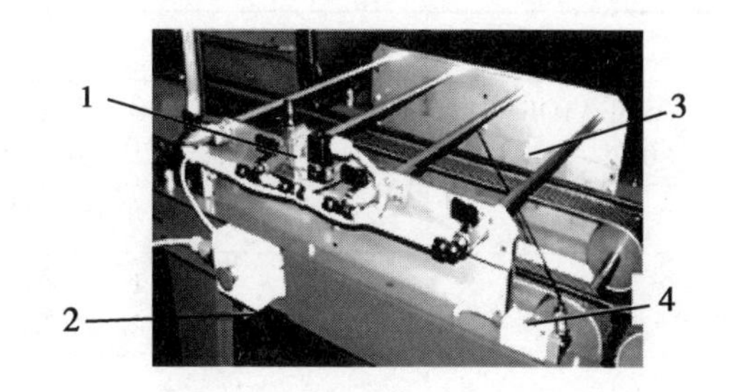

图 13－13　洒水装置

1－电磁阀；2－水槽；3－水管；4－限位开关

8. 送盘装置

采用滚轮、链轮或皮带传动，将穴盘输送到下道工序，最后送到催芽室。

9. 控制和信号装置

（1）填土机电气控制面板　图 13－14 为 RME63C 型填土机电气控制板上安装的控制、报警和紧急装置。图中各代号说明见表 13－1，装置代码参见其所附的接线图手册。

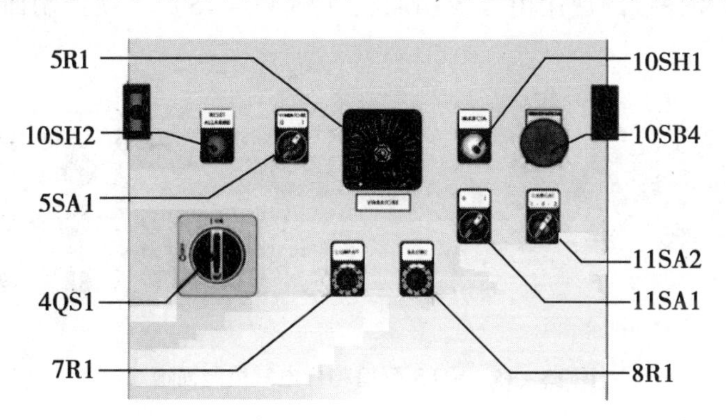

图 13－14　RME63C 型填土机电气控制面板

表 13－1　RME63C 型填土机电气控制面板代号

符号	代码	说明
	4QS1	总开关
	10SB4	紧急按钮
ALARM RESET	10SH2	1. 绿色按钮对电机驱动和压实的变频命令进行复位 2. 红灯信号表示热保护启动

续表

符号	代码	说明
VIBRATOR 0　　　1	5SA1	0：振子关 1：振子开
VIBRATOR	5R1	振动强度调节
GEAR	10SH1	1. 启动填土机 2. 绿灯填土机运行指示
BELT	7R1	传送带速度调节
COMPATCOR	8R1	压实旋转速度调节
0　　　1	11SA1	0：填土机关 1：填土机开
LOADER 1－0－2	11SA2	1：提升自动 0：提升关 2：提升点动

（2）S11S 型播种机的通用电气控制面板（图 13－15）　在控制面板上安装的控制、报警和紧急装置。

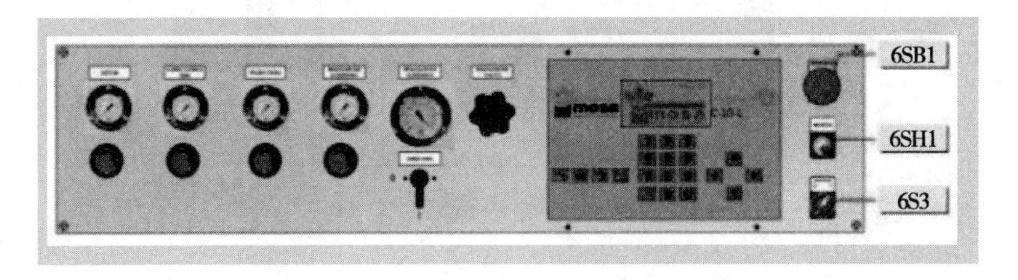

图 13－15　S11S 型播种机电气控制面板

①S11S 型播种机电气控制面板代号表示见表 13－2。

表 13－2　S11S 型播种机电气控制面板代号

符号	代码	说明
	3QS1	总开关
EMERGENZA	6SB1	急停按钮
GEAR	6SH1	1. 启动按钮 2. 绿灯表示播种机运行
SUCTION 0　　　1	6S3	真空泵开关： 0：表示开；1：表示关

②控制面板上数字按键和符号按键的含义（图 13 - 15）

绿色键表示启动，红色方框键表示停止，键表示单一、连续转换按钮，按 3 秒左右，键表示清空数值并输入一个新的数值。

③操作界面（图 13 - 16）

播种机开启后，会出现以上运行界面，用方向键可选择参数区域。各点含义如下：

图 13 - 16　操作界面

1 显示区域：显示当前工作状态，工作 - 停止 - 暂停 - 中断（穴盘必须拿走）。

2 显示区域：显示穴盘穴数。

3 显示区域：显示播种速度，也可以在 1 和 9 之间选择一个值。

4 显示区域：显示已播完穴盘数，通过按可以清除。

5 显示区域：显示设定播种盘数，当达到这个数字的时候，播种器自动停止运行。可按下按钮，然后通过数值键盘输入数值，通过按右方向键来确定设置的数值。

6 显示区域：显示工作模式，SING 表示单循环，CONT 表示连续运行。

7 显示区域：显示警报数量

8 显示区域：显示种子仓运行模式，“P. SEME/SEED H.”用上下方向键转换。On 表示种子仓来回摆动，Off 表示种子仓静止不摆动，X1 与 X2 功能不用，表示滚筒上有 X1 排种子播种时料仓摆动与 X2 排种子播种时料仓静止。

④ 界面菜单（图 13 - 17）

从运行界面按下左方向键，可以显示菜单界面。用上下方向键可以选择不同的界面。

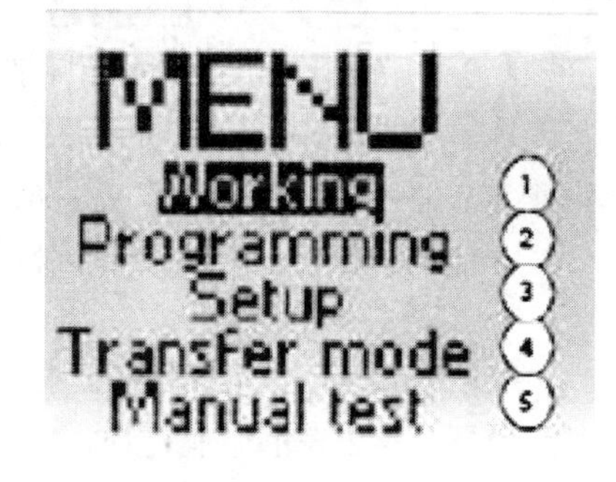

图 13 - 17　界面菜单

1 显示区域表示工作参数，用向右方向键进入。

2 显示区域表示编程，用向右方向键进入。

3 显示区域仅为生产厂家设置用。

4 显示区域表示仅输送穴盘而不播种。

5 显示区域表示手动测试，用向右方向键进入。

（3）基质覆盖浇水机 VP2000 的按钮面板　在控制面板上安装的控制和应急装置。

二、栽植机组成和特点

（一）圆盘钳夹式栽植机的组成特点和技术参数

1. 组成

该机主要有牵引机架总成、传动系统、栽种器总成、苗盘架等组成（图 12－13）。其主要工作部件是圆盘钳夹式栽植器，它主要由栽植圆盘、圆盘轴、夹苗器、上下开关、滑道等组成。该栽植器圆盘为平面，其上装有两个夹板组成的夹苗器，夹苗器多为常闭式，依靠弹簧的力量夹住秧苗，当夹苗器通过滑道时，夹板张开，投放秧苗。这种栽植器既可栽植裸苗，也可栽植钵苗。传动机构比较简单，由地轮用链条直接传动，人工喂入频率为每分钟 40～50 株。钳夹式栽植器上的秧夹运动轨迹在开沟器中心线铅垂面内，故其最小栽植株距受秧苗高度的限制；秧苗越高，最小株距越大。即在栽植要求株距小的秧苗时，所用秧苗不能过高；否则已栽植的秧苗会被秧夹碰倒。

2. 特点

①更换机架横梁的长短，可安装多个栽植器总成，实现多行栽种作业。

②配套不同工作机件，还能完成浇水、喷药、覆膜等多种作业。

③作业效率高。每人每小时可移栽 2 500～3 000株，如使用两头以上栽植器，还可提高作业效率。

④作业成本低。

⑤经济效益明显提高。作物生长成熟期一致，便于田间管理，产量增加。

⑥适用范围广。该机主要适用于钵体植物苗、蔬菜苗、瓜果苗和块状种子（如土豆、芋头）等农作物的栽种，特别是对烟苗、茄子、甜菜、辣椒、番茄、哈密瓜、菜花、莴笋、卷心菜、黄瓜、西瓜、玉米苗、红薯苗、甜叶菊、菊花和棉花等作物的栽植作业。既适应大面积多行农场栽植，又适合丘岭、大棚内秧苗的移栽。

⑦该移栽机作业时必须在旋耕耙细后的土壤田内使用，否则易损坏机器。

3. 主要技术参数

栽植机型号意义：2ZQ—2 中的 2 表示种植机械 、Z 表示移苗栽植机、Q 表示钳夹式栽植器、－2 表示作业行数。

2ZQ 型移苗栽植机的主要技术参数如表 13－3。

表 13－3　2ZQ 型移苗栽植机主要技术参数表

名称	型号						备　注
	2ZQ—1	2ZQ—2	2ZQ—3	2ZQ—4	2ZQ—5	2ZQ—6	可上下浮动选配
配套动力(kW)	≥13.6	≥18.4	≥25.7	≥29.4	≥44.1	≥76.5	
作业行驶速度(km/h)	1.0～2.0						
适应行（垄）距（mm）	400～600						无级调整
作业行（垄）数（行）	1	2	3	4	5	6	

（续表）

名称	型号						备　注
	2ZQ—1	2ZQ—2	2ZQ—3	2ZQ—4	2ZQ—5	2ZQ—6	可上下浮动选配
配套动力(kW)	≥13.6	≥18.4	≥25.7	≥29.4	≥44.1	≥76.5	
株距调节范围(mm)	180～780						更换链轮
移栽深度范围(mm)	50～130						无级调整
适应苗高(mm)	50～200						
生产率 h·m^2/h	0.10～0.20						
挂接方式	三点悬挂						
栽植器形式	钳夹式						
镇压轮型式	胶轮						
传动形式	链条＋四杆机构						
外形尺寸(长×宽×高)(mm)	1 200×1 500×1 060	1 500×1 500×1 060	1 500×2 000×1 060	1 500×2 500×1 060	1 500×3 300×1 060	1 500×4 500×1 060	
整机质量(kg)	260	410	560	710	860	1 010	
作业人数(含驾驶员)	2	3	4	5	6	7	

（二）链夹式栽植机组成特点

链夹式栽植机由栽植机构、开沟器、地轮、镇压轮、机架及传动部分等组成，以2ZYS－4型蔬菜栽植机为例（图13－18）。栽植器为链夹式，每组栽植器由8个秧夹均匀地固定在环型栽植器链条上。该机与拖拉机配套，可一次完成开沟、人工分秧、栽植、覆土和压实等项作业。其工作幅宽为1 100mm，株行距可调，栽植机的喂入速度为每分钟每行30～45株。

三、土壤水分测定方法和水分测量仪

1. 土壤水分的测定方法

土壤水分测定方法较多，常用的有以下几种：称重法、土壤水分传感器法、中子法、γ射线法、电阻法、土壤张力法、石膏法和红外遥感法等。

（1）称重法　又称烘干法，是测定土壤水分最普遍的方法，也是标准方法。即从野外获取一定量的土壤，然后放到105℃的烘箱中，烘干至恒重（烘干的标准为前后两次称重恒定不变）。此时土壤水分中自由态水以蒸汽形式全部散失掉，烘干后失去的水分即为土壤的水分含量。称重法简单直观，应用较多，但是测量不具备连续性。采样时在田间会留下的取样孔、切断作物的某些根系，并影响土壤水分运动的连续性。烘干方法还有卤素灯加热法、红外线加热法、酒精燃烧法和烤炉法等一些快速烘干测定法。

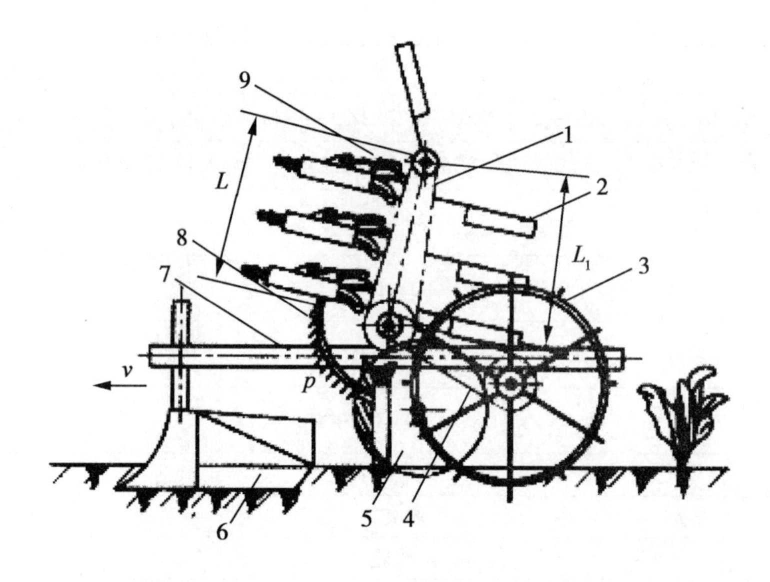

图 13－18　2ZYS－4 型蔬菜栽植机结构示意图

1－链条；2－秧夹；3－驱动地轮；4－链条；5－镇压覆土轮；
6－开沟器；7－机架；8－滑道；9－秧苗

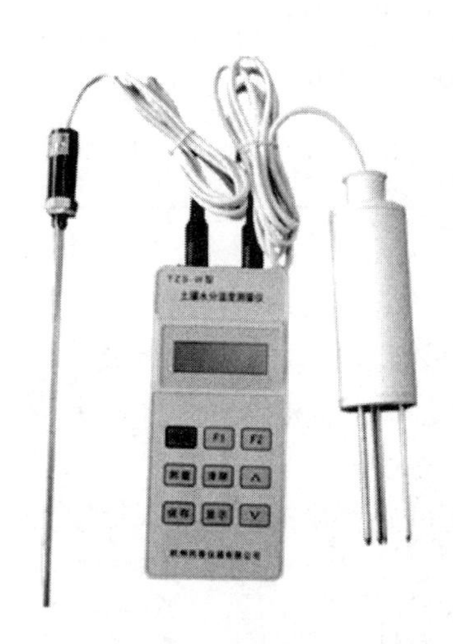

图 13－19　土壤水分速测仪（传感器法）

（2）土壤水分传感器法　采用传感器法制成的土壤水分速测仪见图 13－19，可直接测量显示土壤水分和温度值，具有数据存储功能，可与计算机连接，并对水分分布进行分析后将数据导出。目前采用的水分传感器种类有：陶瓷、电解质、高分子、压阻、光敏、微波法和电容式水分传感器等。土壤水分传感器多数采用时域反射法（TDR 法）和频域反射法（FDR 法）。

①时域反射法。即 TDR（Time Domain Reflectometry）法。TDR 是一个类似于雷达系统的系统，有较强的独立性，其结果与土壤类型、密度、温度基本无关。它是依据电磁波在土壤介质中传播时，其传导常数如速度的衰减取决于土壤的性质，特别是取决于土壤中含水量和电导率。TDR 能在结冰下测定土壤水分，这是其他方法无法比拟的。另外，TDR 能同时监测土壤水盐含量，且前后两次测量的结果几乎没有差别。

②频域反射法。即 FDR（Frequency Domain Reflectometry）法。通过发送特定频带的扫频测试信号，在导体阻抗不匹配处会产生较强的和发射信号同样频率但不同时段的反射信号，通过测量反射信号峰值的频率换算出到线路障碍点的距离。相对于 TDR 法，FDR 法具有更稳定、受盐分影响小、更省电、电缆长度限制少，可连续原位测定及无辐射的等优点。

2. 土壤水分测量仪

土壤水分测量仪种类较多，以传感器法的土壤水分测量仪为例，该测量仪一般由水分传感器、数据采集器、上位机软件及通讯电缆、延长杆和电源适配器等配件组成，另外，还需选配土钻等附件。在测试土壤含水率和温度的同时，配合 GPS，能测定测点的精确信息（经度、纬度），可直接显示采样点的位置信息。该仪实现了含水率和三维位置信息的自动采样和处理，对传感器、GPS 接收机的信号进行处理并计算出相应的数据，具备显示、存储、通讯等功能，并可在计算机中对水分分布进行分析。土壤水分测量仪简单直观，操作方便，测量效率高，在工程中应用较为广泛。

四、土壤 PH 值测定方法和 PH 测试仪

1. 土壤 pH 值的测定方法

土壤 pH 值的测定方法很多，常用电位测定法和比色法（混合指示剂比色法）等。电位法的精确度较高，pH 值误差约为 0.02 单位，是室内测定的常规方法。野外速测常用比色法，其精确度较差，pH 值误差约为 0.5 单位。现以电位测定法为例。

电位测定法所用的电极被称为原电池。原电池是一个系统，它的作用是使化学反应能量转成为电能。此电池的电压称为电动势（EMF）。此电动势由两个半电池构成。其中一个半电池称作测量电极，它的电位与特定的离子活度有关如 H +；另一个半电池为参比半电池，通常称作参比电极，它一般与测量溶液相通，并且与测量仪表相连。

2. 土壤 pH 值测试仪（电位测定法）的组成

图 13－20 为土壤 pH 值测试仪，是专门用于测定土壤酸碱度的仪器。其主要由 pH 值测试仪主机、电极、电源变压器、旋转臂电极支架等组成。它可以直接对土壤中或稀释样品的 pH 值进行测试。仪器配有专用的土壤钻头，可直接插入潮湿或柔软的土壤中进行测试；配有为直接测试土壤 pH 值的专用电极，电极有内置温度传感器在测试过程中可快速进行自动温度补偿。

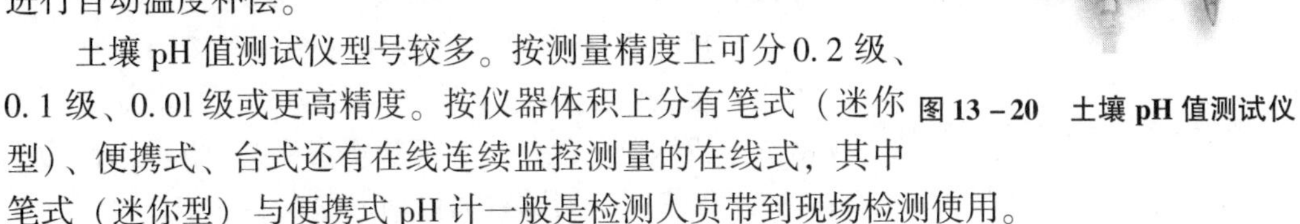

图 13－20　土壤 pH 值测试仪

土壤 pH 值测试仪型号较多。按测量精度上可分 0.2 级、0.1 级、0.01 级或更高精度。按仪器体积上分有笔式（迷你型）、便携式、台式还有在线连续监控测量的在线式，其中笔式（迷你型）与便携式 pH 计一般是检测人员带到现场检测使用。

3. 土壤 pH 值测试仪的使用注意事项

①各厂家生产的土壤 pH 值测试仪的操作有所不同，使用前需认真阅读使用说明书。

②pH 值电极和附件的型号会随制造商的配置而改变，需进行仔细确认。

五、土壤电导率测定方法和电导率检测仪

1. 土壤电导率测定方法

测量土壤电导率的常用方法有交流测量法和直流测量法。

（1）交流测量法　交流测量法是最常用的电导测量方法。电解质溶液电导率的测量一般采用交流信号作用于电导池的两电极板，由测量到的电导池常数 K 和两电极板之间的电导 G 而求得电导率 σ。测量仪器设置有常数调节器、温度系数调节器和自动温

度补偿器。该法测量时易受外交流电场影响，测量电阻值不准确。电极越小，电容效应越明显。

（2）直流测量法　该法可避免电容和电感等的干扰。如果操作得法可获得三四位有效数字的测量结果，近年来已得到日益广泛的应用。直流电导测量装置包括直流电源、电导池（二个电极或四个电极构成）和高输入阻抗的毫伏计三部分。

由于电导率（EC）值受温度以及离子交互作用的影响，后者随盐浓度变化而变化。因为传导性变化与温度相关，国标规定调解设定标准温度为25℃。一般仪器会自动地调解，但是采用的样本，尽量不要用太高或者太低的温度。在一些进口的农业水处理设备中，有一个“EC”值的水质指标，相应的有测试该指标数的专用仪器EC计。EC计的单位是EC，而EC单位其实就是mS/cm，既EC = mS/cm，因此EC计其实就是以mS/cm为测量单位的电导率仪。

2. 土壤电导率检测仪

土壤电导率检测仪主要由电导电极（电导率传感器）和电计（数据采集器）组成，另外还含有标准液、支架、烧杯和电池等附件；按其功能可以分为实验室和便携式两种。

（1）电导电极　电导电极装有热敏元件，一般分为二电极式、多电极式和电磁式类型。二电极式是目前国内使用最多的电导电极类型，多电极式中尤其是四电极电导电极的优点是可以避免电极极化带来的测量误差，在国外的实验式和在线式电导率仪上较多使用，电磁式电导电极适用于工业中测量高电导率的溶液。

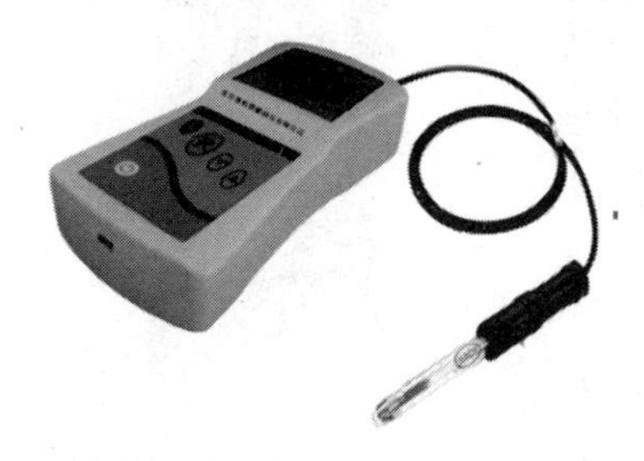

图13－21　土壤电导率检测仪

（2）电计　电计采用了适当频率的交流信号的方法，将信号放大处理后换算成电导率。电计中还可能装有与传感器相匹配的温度测量系统、能补偿到标准温度电导率的温度补偿系统、温度系数调节系统、电导常数调节系统，以及自动换挡功能等。

便携式土壤电导率检测仪（图13－21），它适合于户外现场快速测试土壤EC/含盐量（可增加土壤温度、土壤水分、经纬度、海拔等参数），也可以作为无人值守土壤EC/含盐量数据自动监控系统使用。测试数据自动保存在芯片中，可保存测试数据时的年、月、日、小时、分钟等时间信息。土壤电导率测试仪通过USB接口连接在外接工控机上，实现测试数据自动控制机械操作。同时实现测试数据上传计算机，实现数据保存、用户自定义绘制曲线，生成数据库等相关信息。

六、温室温度自动检测与调控器

温室温度自动检测的仪器常用温度传感器和红外线测试仪，调控温室温度的设备常用通风系统、遮阳系统、湿帘风机降温系统或它们的组合等方式。

（一）温度传感器

用以检测和传递温度信息的传感器都可称作温度传感器。热电式温度传感器是利用转换元件电磁参量随温度变化的特性，对温度和与温度有关的参量进行检测的装置。其中将温度变化转换为电阻变化的称为热电阻温度传感器；将温度变化转换为热电势变化的称为热电偶温度传感器。温度传感器种类较多，常用的有：热电偶传感器、热电阻传感器、触点式温度传感器、PN结型温度传感器、集成型温度传感器。

1. 热电偶温度传感器

热电偶传感器在温度测量中应用极为广泛，因为它结构简单、制造方便、测温范围宽、热惯性小、准确度高、输出信号便于远传、绝缘性能好、抗振动、抗冲击、耐湿热等特点，且使用方便。热电偶分类方法较多，不同材质做出的热电偶使用于不同的温度范围，它们的灵敏度也各不相同。在设施农业生产中常用铜—康铜制成的热电偶。其测温范围为 -270 ~ 400℃，而且热电灵敏度也高，是标准型热电偶中准确度最高的一种。当两个端点温差为1℃时，会产生41μV（微伏）的温差电势，故可用相应的微伏表或数字万用表测出温差值。若将多个串联使用，便可加大输出电压信号，称作电热堆。

2. 热电阻温度传感器

它是指利用导体、半导体材料电阻随温度而变化的特性，把温度的变化转换电阻量输出的传感器。用纯金属制作的热电阻称作热电阻温度传感器，用半导体材料制作的热电阻称热敏电阻温度传感器。它适用于温度检测精度要求比较高的场合。

3. 触点式温度传感器

这类传感器是把被测对象的温度参数（变化）直接或间接转换为电气接点（触点）的闭合或断开状态。它主要由温度敏感元件、信息传递机构和电接点组成。根据功能不同，电气接点有单限、双限和多限之分。从结构上常用的有双金属片式、水银触点式和波纹管式及压力式等。

4. PN结型温度传感器

该温度传感器是利用PN结的伏安特性与温度之间的关系研制而成的，具有灵敏度高、线性好等特点。按其构成可分为二极管温度传感器和晶体管温度传感器两大类。

5. 集成型温度传感器

该传感器实质上是一种半导体集成电路。它利用晶体管基极—发射极电压降的不饱和值 U_{BE} 与温度T和通过发射极电流I的关系实现温度检测。该传感器分为电压输出和电流输出两种输出形式，这类传感器线性好，精度适中，灵敏度高，体积小，使用方便。

（二）红外测温仪

红外检测是一种在线监测式高科技检测技术，它集光电成像技术、计算机技术、图像处理技术于一身，通过接收物体发出的红外辐射，将其热像显示在荧光屏上，从而准确判断物体表面的温度分布情况，具有准确、实时、快速等优点。

红外测温仪常用的有红外测温仪（点温仪）、红外热像仪和红外热电视三种类型。

红外测温仪由光学系统、光电探测器、信号放大器及信号处理、显示输出等部分组成。光学系统汇集其视场内的目标红外辐射能量，视场的大小由测温仪的光学零件以及位置决定。红外能量聚焦在光电探测仪上并转变为相应的电信号。该信号经过放大器和信号处理电路按照仪器内部的算法和目标发射率校正后转变为被测目标的温度值。除此之外，还应考虑目标和测温仪所处的环境条件，如温度、气氛、污染和干扰等因素对性能指标的影响及修正方法。

红外热电视、红外热像仪等设备利用热成像技术将这种看不见的“热像”转变成可见光图像，使测试效果直观，灵敏度高，能检测出设备细微的热状态变化，准确反映设备内部、外部的发热情况，可靠性高，对发现设备隐患非常有效。

（三）温度调控器

调控器也称调节器，是温室环境自动化调控系统的核心部件，它根据被调对象的工作状况，适时地改变着调节规律，保证调节对象的工作参数在一定的范围内变化。温室常用的温度调控器按控制能源的形式有直接作用式（不需要外加能源，也称为自力式调节器）、电动式（也称为电气式）、电子式和计算机式。

1. 直接作用式调控器

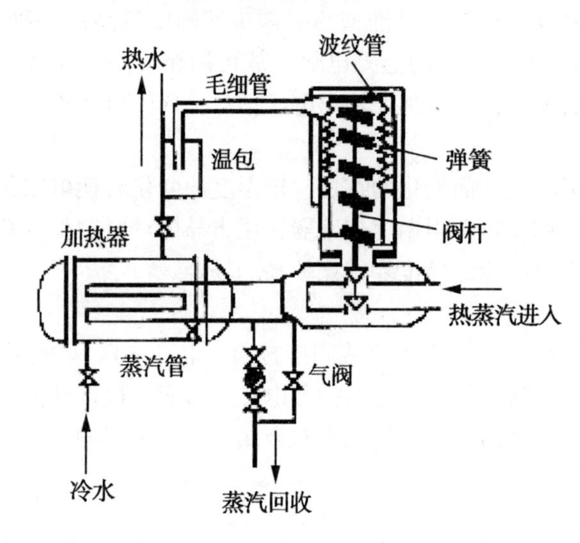

图 13－22　直接作用式恒温控制装置

直接作用式调控器是指不需外加其他动力和能源而自己动作，实现对某一参数调控的调节器。通常其敏感元件、执行机构（器）和调节机构是组成一体的。如图 13－22 所示，为一恒温控制装置的结构原理。冷水由泵输入加热器，被加温后送出。当被加热的水温升高时，温包中的介质压力升高，通过毛细管将压力变化传给波纹管，波纹管伸长并带动气阀，关小高压高温蒸汽阀，于是进入蒸汽盘管的热气量减少，水加温缓慢，直至波纹管形变力与弹簧产生的反作用力相平衡为止。反之，当热水温度降低时，波纹管缩短，并在弹簧力作用下，将气阀开大，加大供汽量以提高水温。

在这一装置中敏感元件（温包）、执行机构（波纹管、弹簧等）和调节机构（气阀门）是制成一体的，调节的动作直接受被调参数（水温）控制，故属于直接作用式。在温室中属于此类调节器的还有热力膨胀阀、浮球阀及各种机械安全阀等。这类调节器属于比例调节范畴。由于其结构简单，价格低廉，维护简便，故在一些自动化程度低的温室中得到广泛应用。但因其操作力较小，动作延迟时间相对较长，调节精度较低等也限制了它的使用场合。

2. 电气式调控器

电气式调节器是通过敏感元件把各被调参数的变化转变为机械位移，直接使各种电气触点开闭或借助电位器变成相应的电信号输出，使执行机构动作，完成相应的调节。现以一温室天窗开闭装置为例，图 13－23 为其工作原理：天窗开度控制电机为单相电容式电动机，由继电器 J 开和 J 关控制其正反转，通过齿轮减速器和杠杆机构去开闭天窗。感温元件（敏感元件）是波纹管式，波纹管的一端带有动接点架，两个上、下限接点 a 和 b 装在一个接点架上，该架又通过连杆与天窗相连。这样，当室温上升而使波纹管内的易挥发液体膨胀时，波纹管上的动接点 O 也随着上升。当由于室温上升而使 O 接点上升到与上限接点 a 相碰接时，便将延时继电器 JS_1 的线圈接通电源，在延时数秒后（如 5s），JS_1 的接点接通了开窗继电器 J 开与电源的连接，J 开继电器获电动作，其常开接点J开立即闭合，于是电动机正转，经减速器减速和杠杆推举天窗向打开方向运动，天窗打开。

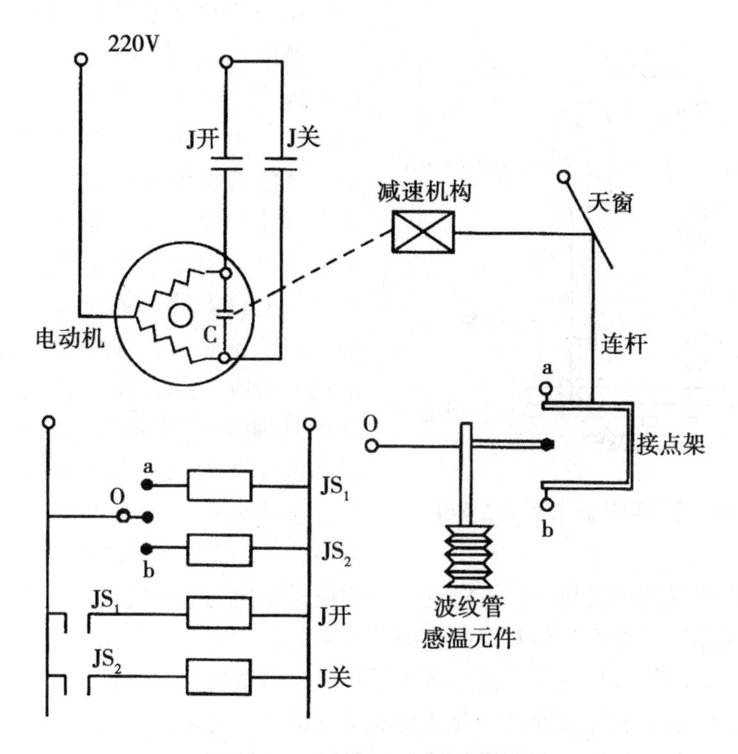

图13－23 电气式天窗开闭装置

由于有一连杆从天窗连至接点架，所以，天窗开大一点，接点架也上升一点，于是，使上限接点a与动接点O离开，JS_1断电，其触点JS_1立即打开，常开继电器J开失电，其接点J开立即打开，电动机停转。这样，天窗的开度与动接点O上升的位置是成比例地增加着，从而使天窗的开度与温室内温度处于平衡状态。若室温继续上升，则动接点O又会再次上升并最终与上限接点a相碰接，电动机又会再次开动正转，将天窗举起，于是又达到了新的平衡点。

反之，若室温下降，则动接点O便会与下限接点b相碰接，使延时继电器JS_2线圈获电经数秒延时后，使关窗继电器J关线圈获电，使电动机反转，关小天窗。同样也由于有连杆所起的控制（反馈）作用，天窗并不会一下子关至最小，而是随室温的下降逐步的关小。一般电气式调节器的敏感元件与调节器也构成一个整体，结构较简单，动作可靠，造价低，维护容易，因此，在设施农业中得到广泛的应用。其缺点是电气接点容易烧损，控制精度不高，调节动作多限于位式或比例式调节系统，调节器与执行器一经搭配就只能完成一种动作过程，因此，在应用范围上受到一定的限制。

七、温室湿度环境的检测与调控器

温室湿度检测常用空气湿度传感器和土壤湿度传感器。

（一）空气湿度传感器

反映空气湿度的被调参数通常是指空气的相对湿度（当时空气中水汽压与当时温

度下的饱和水汽压之比）。测试温室空气湿度常用干湿球热敏电阻湿度传感器、电解质湿敏传感器、半导体陶瓷湿度传感器和红外线式湿度传感器等。

1. 干湿球热敏电阻湿度传感器

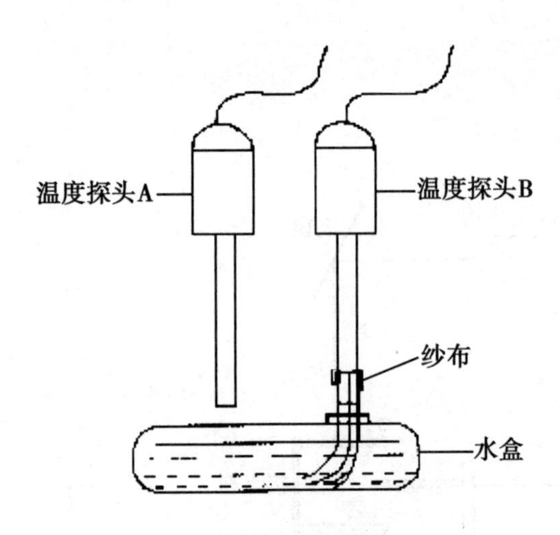

图 13－24　干湿球热敏电阻湿度传感

该湿度传感器由两只同类热敏电阻（如镍热电阻）和一个供水器构成（图 13－24）。其中一支热敏电阻置于空气中，其阻值反映室内空气温度，另一支热敏电阻用纱布包着，通过纱布吸收供水器中的水分，于是该热敏电阻的阻值反映着由空气的蒸发冷却而下降的温度。当空气中水汽未饱和时，潮湿表面的水分蒸发要消耗（吸收）热，使湿的热敏电阻表面及其附近薄层气温下降。饱和水汽压越大，湿热敏电阻表面的蒸发越强，消耗热量越多，湿热敏电阻的温度降得越多，其阻值就越小。这样，干的和湿的热敏电阻的阻值差就反映着空气的湿度情况。若将这一变化信号输出送给相应的调节器，按干湿热敏电阻的温度及相应的阻值和相对湿度的函数关系进行运算，并将结果与给定值比较，得出偏差，再经相应的信号处理，便可输出供指示和调节用的湿度值。

其原理类似于干湿球温度计，要获得准确的结果，必须保证其湿热敏件表面的良好蒸发，因此，纱布要质地优良，吸收性好，柔软和保持清洁；否则应及时更换。供水器中应为无离子水，保证其中不含矿物质，检测环境应保持≥2 m/s 的风速，否则会影响蒸发速率，使湿件参数不准。

2. 电解质湿敏传感器

利用潮解性盐类受潮后能引起电介质离子导电状态的改变，电阻发生变化制成的湿敏元件。最常用的是电解质氯化锂（LiCl）。其湿敏元件的工作原理是当非挥发性盐（如氯化锂）溶解于水时，水的蒸汽压降低，同时盐的浓度也降低，而电阻率增加。即其电阻值与空气湿度有相应原关系，若用相应的仪器测出其电阻值，便可推算出当时的空气湿度。氯化锂湿敏电阻结构见图 13－25。

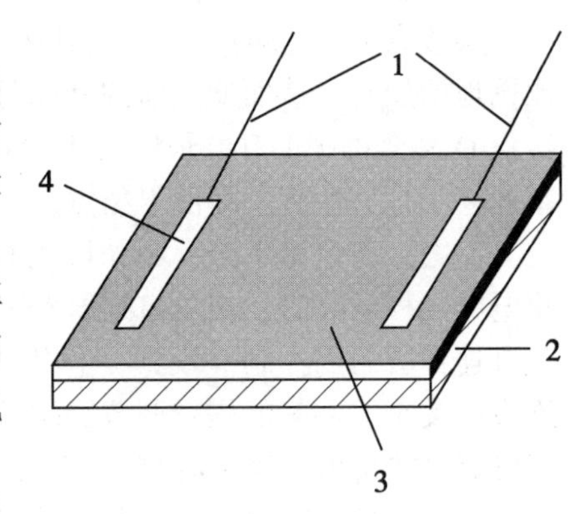

图 13－25　氯化锂湿敏电阻
1－引线；2－基片；
3－感湿层；4－金电极

氯化锂湿敏电阻最突出的优点是长期稳定性极强，制成传感器等产品可以达到较高的精度和稳定性，反应快、可远距离输送信号，具备良好的线性度、精密度及一致性。在农业生物环境检控系统中应用也较多。其缺点是性能会随时间而变化，故每年应予以校正。

3. 半导体陶瓷湿度传感器

该湿度传感器主要利用半导体陶瓷（如硅粉加入五氧化二矾、氧化钠等）高温烧结体微结晶表面对水分子进行吸湿和脱湿过程中，引起电极之间电阻随相对湿度成指数变化，从而将湿度信息转化为电信号来检测相对湿度。

基本原理为：当水分子在陶瓷晶粒间隙吸附时，可离解出大量的导电离子，这些离子担负着电荷的输运，导致材料电阻下降。大多数半导体陶瓷属于负感湿特性的材料，其阻值随环境湿度的增加而减小。

4. 红外线吸收式湿度传感器

它利用水蒸气能吸收某波段的红外线制成的湿度传感器。红外线吸收式湿度传感器属非水分子亲和力型湿敏元件，测量精度和灵敏度较高，能够测量高温或密封场所的气体湿度，也能解决其他湿度传感器不能解决的大风速或通风孔道环境中的湿度测量问题。缺点是结构复杂，光路系统存在温度漂移现象。

（二）土壤湿度传感器

1. 石膏块电阻湿度传感器

依靠测定石膏块水势与土壤颗粒结构的水势，两者达到平衡时的电阻值换算出土壤水分。这种方法的问题是元件的电阻受土壤盐分和温度的影响。实验证明，土壤和土质中水分含量愈高其电阻越小，反之电阻越高。

2. 负压式土壤湿度传感器

见第九章图 9 - 10 所示处。

（三）湿度调控器

温室空气湿度调控器应用最多是采用湿帘风机降温系统和喷雾系统进行加湿降温。土壤湿度调控是采用控制阀来调控水的流量增加土壤的含水量（湿度）。

八、光照环境的检测与调控器

（一）光照传感器

光电传感器的工作原理是光电效应。光电效应是指在光的作用下，电子吸收光子能量从键合状态过渡到自由状态，引起物体电阻率的变化的现象。根据传感器件对入射光响应的原理又分为内光电效应、外光电效应和热电效应三大类型。

1. 内光电效应

产生光电效应时，若没有电子自物体向外发射，仅改变物体内部的电阻或电导，称为内光电效应。利用内光电效应制成传感器件有光敏电阻和光生伏特器件（光敏二极管、光敏三极管和光电池等）。

2. 外光电效应

在光的作用下，物体内的电子逸出物体表面，向外发射的现象叫外光电效应。利用外光电效应制成的光电传感器件有真空光电管、充气光电管和光电倍增管（图 13 - 26）。

（二）光照调控器及其补光源

温室内光照的调控主要依靠遮阳网和补光灯。对于补光的基本要求是：光源的光谱特性与植物产生生物效应的光谱灵敏度尽量吻合，以便最大限度地利用光源的辐射能量；光源所具有的辐射通量使作物能得到足够的辐照度。此外，还要求光源设备经济耐

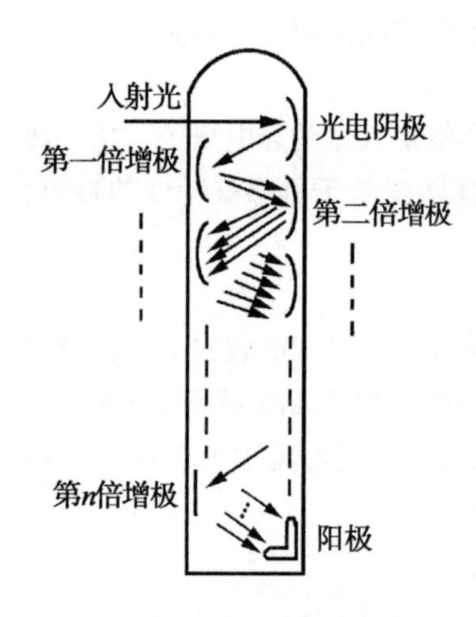

图 13－26　光电倍增管

用，使用方便。目前，应用于作物补光的光源除白炽灯、荧光灯、高压汞灯、高压钠灯、低压钠灯外，还有生物效应灯等新型光源。

1. 半导体二极管发光光源（LED）

这种光源节能而寿命长，可以按照植物生长或生产所需的特定波长进行定制与选择，具有高亮度、高效率、长寿命、分量轻、安装方便等特点。而且，这种光源发光过程中不发热，可以贴近植物枝叶，为植物创造出最佳的光环境，从而大大提高光能利用率与多层次生产的空间利用率。因此，是当前植物工厂内补光系统的最佳选择。发光二极管不仅使用红色，还有绿色和蓝色，也有把这几种色彩结合在一起的。LED 的缺点是成本较高，尤其是白色和青色 LED，赤色的较便宜，但只用赤色 LED 效果受到限制，所以常和荧光灯配合使用。LED 的发光颜色和发光效率与制作 LED 的材料和制作过程有关，目前，广泛使用的有红、绿、蓝 3 种。由于 LED 工作电压低（仅 1.5～3 V），能主动发光且有一定亮度，亮度又能用电压（或电流）调节，本身又耐冲击、抗振动、寿命长（10 万 h）。制造 LED 的材料不同，可以产生具有不同能量的光子，借此可以控制 LED 所发出光的波长，也就是光谱或颜色。

2. 半导体激光光源（LD）

激光的发光效率高，且激光设备的发光光谱与植物光合作用的叶绿素吸收光谱基本一致。单纯从植物的光合作用来讲，激光的单色性与直向性对植物生长不利，但激光光源具有体积小、重量轻、低电压、脉冲发光、干涉性好、寿命长等优点，再加上它功率高、发光效率好、可以用电流直接调节，并且可以用不同波长的组合光源来进行生产。

九、CO_2气体浓度的检测与调控器

（一）CO_2气体浓度检测传感器

检测温室 CO_2气体浓度常用阻抗型压电 CO_2传感器、电化学 CO_2传感器和红外 CO_2浓度传感器等。阻抗型压电 CO_2传感器是基于串联式压电晶体对溶液电导率和介电常数的灵敏响应制成的。电化学 CO_2传感器是基于 CO_2浓度通过电化学反应转变成电信号制成的。红外 CO_2浓度传感器是基于 CO_2气体在红外区有特征吸收波长制成。

其中，红外线 CO_2气体分析法因反应快，灵敏度高，精度好，加之体积小便于携带等，被农业部门广泛使用。可用作研究作物绿色器官光合作用强度、植物群体的光合作用强度和植物各种光指标的测定，田间、温室和各种环境内 CO_2浓度的测定等。

红外 CO_2气体浓度传感器包括红外光源、调制器、气室、测试波长滤光片（4.35μm）及参比波长滤光片（通常 3.9μm），探测器及相应的电子放大器等组成（图 13－27）。从光源发生的单色光（红外光）经反射镜反射后分别通过气室中的待测气体和参比气体后，再经反射镜系统投射到红外检测元件锑化铟、砷化铟等光电池上，在检测元件前面是一块滤光片，仅让中心波长为 4.35μm 和 3.9μm 的两个窄波段范围内的

红外辐射通过。当参比室中没有 CO_2，样品室的气体中也没有 CO_2时，则 4.35μm 的光辐射不被吸收，于是到达检测元件上的能量就多，输出的 4.35μm 的信号峰值就大；反之，当样品室中 CO_2的浓度高时，对 4.35μm 的辐射吸收得多，于是检测元件输出的 4.35μm 的信号峰值就小，而 3.9μm 的红外光不被 CO_2吸收，因而在检测元件上输出的 3.9pm 的信号峰值高度不变。这两个信号在后续线路中相减，CO_2浓度越高，两个信号的差值就越大，且与样品室中通过的 CO_2气体浓度成正比，从而实现了对 CO_2气体浓度的检测和测量。

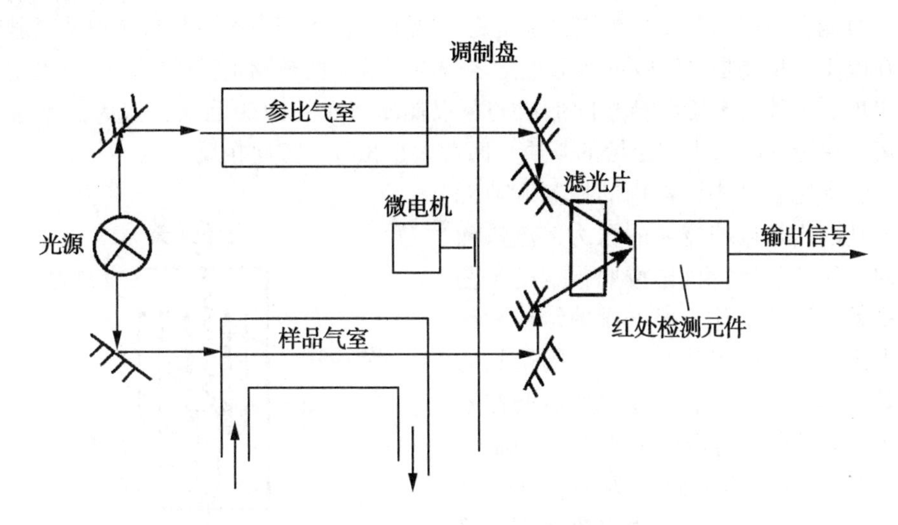

图 13－27　红外 CO_2气体浓度传感器

（二）CO_2气体浓度调控器

现代温室生产要求对 CO_2浓度的实行精确控制，提高 CO_2浓度除通过控制好农作物的密度和水肥管理、增施有机肥料和适当施用碳酸氢铵肥料的辅助方法外，主要是通过 CO_2浓度传感器的实时在线检测和相应的调控器来完成的。这里主要介绍红外燃烧式 CO_2发生器。

红外燃烧式 CO_2发生器是用红外炉具代替燃烧室。其特点是燃料与空气混合均匀，燃烧彻底，不易产生 CO，又由于红外波向外辐射热能，所以燃烧式的温度远低于火焰燃烧式，有利于防止氮氧化合物（NO_2）的产生，提高了烟气内 CO_2的纯度。

随着生态型日光温室建设与发展，利用燃烧沼气来进行 CO_2施肥，是目前最值得推广的 CO_2施肥技术。具体方法是选用燃烧比较完全的沼气灯或沼气炉作为补施 CO_2器具，室内按每 $50m^2$设置一盏沼气灯，或每 $100m^2$设置一台沼气灶。每天日出后开启燃放，燃烧每立方米沼气可获得大约 $0.9m^2$ CO_2。一般棚内沼气池寒冷季节产沼气量为 $0.5\sim1.0m^3/d$，它可使 $333m^2$（半亩）地室（容积为 $600m^3$）内的 CO_2浓度达到 0.1%～0.16%。在棚内 CO_2浓度到 0.1%～0.12%时关闭停燃。

十、植物根部环境的检测与调控器

在有土栽培和无土栽培中，都要对施入土壤和营养液中的液态肥的浓度进行检测和调控。尽管光照、温度、湿度等会对作物生长发育有影响，但其往往是较缓慢的，而植物根部环境中的水肥量对作物生长的影响却是直接的和迅速的。一旦水肥失控，会使作物很快出现“营养不良”或被“烧死”等现象。为此，从促进作物生长发育，从节省人力和节省水肥源等方面看，采用水肥自动调控系统是十分必要的。

植物根部环境检测常用土壤湿度传感器、电导率检测仪、pH 值测试仪进行监测。根部环境调控主要是调控土壤水分（湿度）。

研究指出，植物的根系从土壤中吸收水分的必要条件是根细胞的水势一定要小于周围土壤的水势。所谓土壤水势是一种位能，定义为在一定的条件下对水分移动具有做功本领的自由能，简称水势。当土壤含水量逐渐减小时，土壤水溶液与植物根系细胞的水势差也在减小，植物根系吸收的水分也随之减少，从而使植物生长受阻、暂时萎蔫和永久萎蔫出现。另外，土壤颗粒之间形成的可以储水大小孔隙的毛细管构成了土壤基质势，土壤对水分的吸持力与土壤的基质势两者大小相等，方向相反。

在土壤水肥管理中，常用的控制调节元件是阀。其功用是调控流体的压力，流量和流动方向，保证各执行机构按照预定的工艺循环平稳和协调地工作。根据阀的结构和作用及特点，可分为许多种类。调节阀是阀的一种，其种类也较多，下以温室环境调控系统中应用较多的电磁直通单座调节阀为例。

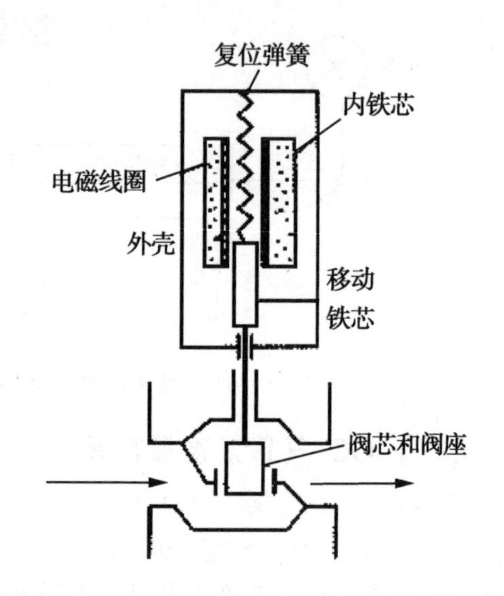

图 13－28　电磁直通单座调节阀结构示意图

电磁直通单座调节阀分为上、下两部分，上部为电磁执行机构，由电磁线圈、移动铁芯、复位弹簧等组成，下部为调节机构—阀座与阀芯（图 13－28）。当电磁线圈获电后，产生电磁吸力，使动铁芯上移，阀门被打开，流体可顺畅地由左侧入口流入，由右侧端口流出；电磁线圈断电后，电磁吸力消失，动铁芯在自身重量和复位弹簧张力作用下复位，并带动阀芯，截断流体通道。

国产小流量电磁阀使用 220V、50 Hz 的交流电，阀座直径有 3～20mm 等数种，公称压力为 1.6 MPa、4.0MPa、6.4 MPa、10.0MPa、行程为 10mm，可根据要求选用。

电磁直通阀尚有一种二次开启式，其结构特点是利用电磁线圈获电后首先开启小阀芯，使操作孔打开，主阀体上腔减压，在进入下腔流体的压力下将主阀门打开。当线圈失电时，小阀芯借自重和复位弹簧张力作用而落下，关闭操作孔，上腔增压，在主阀体上腔压力大于下腔压力作用下主阀芯关闭主阀门。这种二次开启式利用介质压力开启阀门，故需较小的电磁操作力，省电，结构紧凑。此外，某些产品还设有停电时手动阀芯启闭阀门的手柄，使工作便利和可靠。

调节阀是按照控制信号的方向和大小，通过改变阀芯行程来改变阀的阻力系数，达到调节流量目的的，即从流体力学的观点看，调节阀是一个局部阻力可以改变的节流元件。

可知，当力 F 一定，压力 P1、P2 不变时，流量 Q 仅受调节阀阻力系数 ξ 而变化。

若ξ减小，则Q增大；反之，若ξ增大，则Q减小。所以，调节阀是通过控制信号改变阀芯行程来改变阀的阻力系数，以达到改变阀芯与阀座间的节流面积便可调节流体流量的。

十一、温室环境控制器组成和控制面板说明

以北京农业职业学院研制的ZN－FZX－116型温室控制器为例，它适用于规模较小或中等温室的温度和湿度进行自动化远程监测管理和调节，有手动、自动、短信控制三种控制方式，可实现对温室的实时监测和对卷帘机、卷膜器及滴灌系统等设备的灵活控制。它对温室的远程监控是通过发送短信代码实现的，可随时随地远程查看温室的环境因子的数值和设备的运行状态，并可以设置控制方案，控制设备的开启与关闭。

（一）组成

控制器主要由主控模块、短信控制模块、手动控制模块、检测模块、输出控制模块、显示模块和控制面板等部分组成（图13－29）。

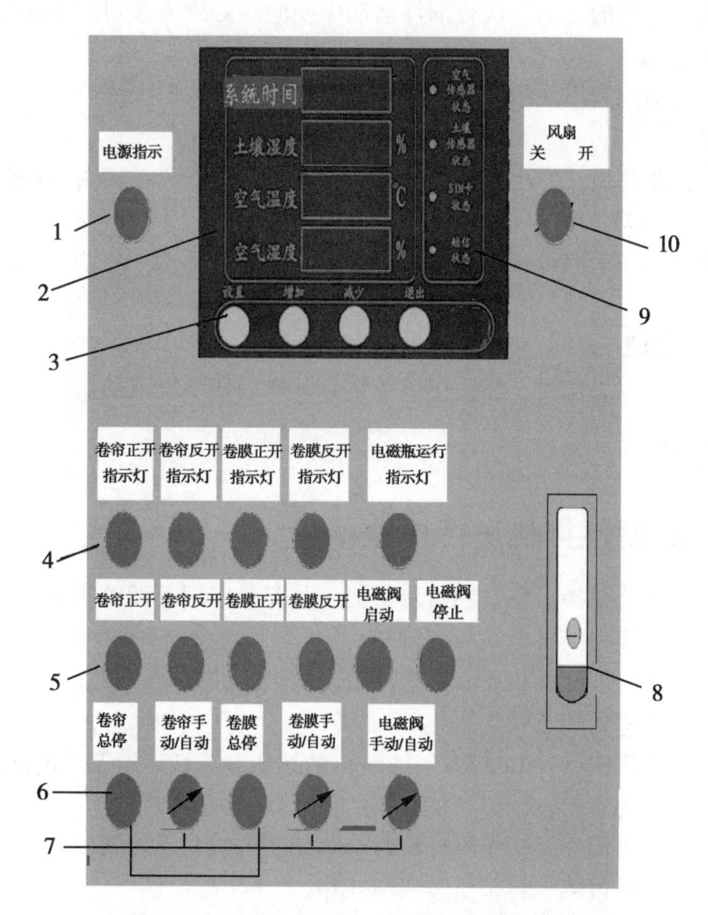

图13－29 ZN－FZX－116型温室控制器面板

1－电源指示灯；2－显示屏；3－功能控制按钮区；4－设备状态指示灯行；5－设备操作按钮行；6－运动中止按钮；7－模式转换旋钮；8－柜门开关；9－工作状态指示灯；10－风扇开关旋钮

（二）控制面板说明

1. 电源指示灯

指示控制柜总电源的通断状态。灯亮指示通电，不亮指示断电。

2. 显示屏

每行有四个数位，可显示各参数的实时数值及设置值；同时实现系统设置时的人机交互。

3. 功能控制按钮区

该区包括对控制器进行相应操作的功能键。

4. 设备状态指示灯行

该行指示灯用来显示各执行部件的运行情况。

5. 设备操作按钮行

该行按钮用于执行部件的运动控制。

6. 运动中止按钮

随时中止执行部件的运动，执行部件运动中换向时必须先按对应中止按钮。

7. 模式转换旋钮

实现手动、自动控制模式的切换。

8. 柜门开关

按下下面的按钮并拉开弹出手柄旋转可以打开柜门，压入手柄关闭柜门。

9. 工作状态指示灯

包括空气传感器、土壤传感器、SIM 卡、短信状态指示灯，正常工作时 10 秒钟闪烁一次。

10. 风扇开关旋钮

控制器长时间高温工作时，需使用该按钮打开风扇使系统散热。

操作技能

一、操作基质搅拌机进行作业

①用叉车等将基质搅拌机移动到指定位置，并安装牢固，调整水平。

②关闭电源，连接搅拌机电线与电源线。

③检查电机相序，如旋向相反，调换任意二根火线的接头位置。

④将控制按钮调整到卸载状态。

⑤通过钥匙调节按钮（“LEARN”按钮）的按压和旋转调节基质的卸载高度。

⑥根据安装高度的不同，调节光探测器的位置：(TM1010)。

⑦通过液压提升机构的手动操纵杆将料仓移动到加载状态位置。

⑧拆除基质上的外包装，将基质装入料斗箱。

⑨通过手动操纵杆将料仓倾斜到卸载位置，此时指示灯亮起。

⑩当机器处于卸载状态，启动设备“START”（开启）按钮，链条提升和破碎搅拌装置将进入工作状态。

⑪当料仓达到最大的提升位置后，关闭后，又将回到最低位置。

⑫当卸载状态取消，且按下停止按钮后，链条提升和破碎装置将停止运行。

二、操作播种流水线进行作业

1. 调节填土机的水平高度

填土机水平高度的调节只需调整底座支脚高度即可做到。

①松动防松螺母。

②转动位于底座腿柄下的调节螺母，直至机器保持水平（顺时针方向转动使机器升高；逆时针转动使机器降低）。

③调整结束后，将防松螺母拧紧。

2. 调节播种机水平高度

调节播种机水平高度调节仅需调整底座支脚高度即可。

①松动防松螺母。

②用扳手固定底部的螺母。

③旋转调整螺母：顺时针旋转降低机器高度；逆时针旋转提升机器高度。

④调整结束后，将防松螺母拧好。

3. 调节基质或蛭石覆盖和浇水机等装置的水平高度

调节方法同调节播种机水平高度。

4. 更换冲穴板

使用不同的穴盘时要更换冲穴板，其步骤是：

①打开防护网，拧开并且移走四个锁定螺栓。

②更换冲穴器，把穴盘移动到正对着定位条的位置，冲穴板冲头与穴盘孔正对，锁紧锁定螺栓（图 13－30）。

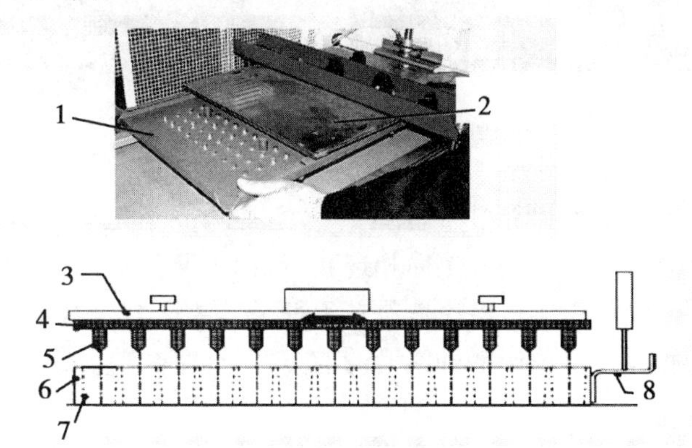

图 13－30　更换冲穴板

1－冲穴器；2－冲穴器安装；3－安装板；4－冲穴板；5－冲头；
6－穴盘；7－穴盘穴孔；8－定位条

③冲穴机械高度调节可通过调节手柄调节。冲头与穴盘表面距离不得大于 25mm。

5. 更换播种滚筒

播种滚筒更换方法如下：

①按下“紧急”按钮；把“AIR LINE 0/1”的气动按钮转换到“0”。

②用手拉出滚筒上的锁定法兰。

③把种子仓放在侧面支杆上。

④拉出种子刮板盘及种子回收托盘（图 13－31）。

⑤移动种子滚筒，当移动滚筒时，要保证一只手控制着椭圆形密封条，从而使得“种子分离”区、“喷嘴清洁器”区和真空区域分开（图 13－32）。

图 13－31　拉出种子回收托盘

1－种子仓；2－支杆；3－振动连杆；4－种子回收托盘

图 13－32　拉出种子滚筒

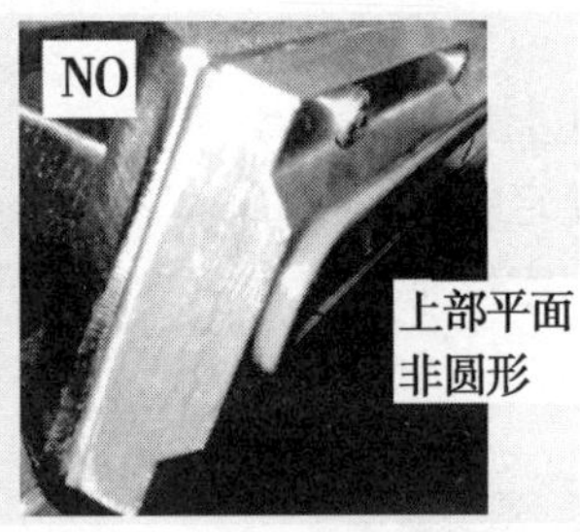

图 13－33　密封条安装图

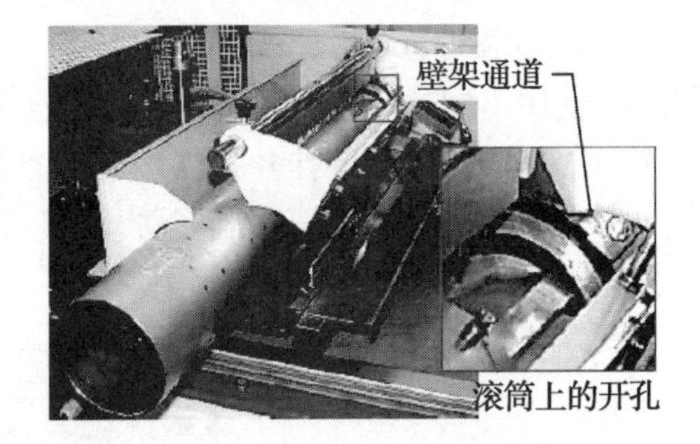

图 13－34　播种滚筒的更换

⑥如果需要重新安装椭圆形密封条时，它们必须放于正确的位置，见图 13－33。每个密封条都有一个低面（与播种滚筒相连），当上表面正对时，根据滚筒的直径来围绕，要保证围绕面与滚筒相连。垫片是独立于种子分离区域，这个区域的下方有凹槽，凹槽位于左侧（使得操作员位于播种滚筒的前方并且面向它）；把滚筒放于便于操作的合适位置。

⑦当放置新的滚筒时，注意播种滚筒上的开孔位置（图 13－34）；最后安装滚筒封闭法兰。

⑧ 更换吹气杆。

当替换播种滚筒之后，应更换吹气杆，具体操作如下：

按下“紧急”开关（6SB1）。

把“AIR LINE 0/1”的气动按钮转换到“0”。

把气管从快速接头上拔出。

更换吹气杆。

吹气杆位置是这样定位的：播种滚筒的喷嘴在吹气杆喷嘴的中间（图 13－35）。

图 13－35　吹气杆喷嘴位置

通过上下旋钮调节吹气杆高度和角度，调好后紧固上下旋钮（图 13－36）。

图 13－36　吹气杆垂直位置调节

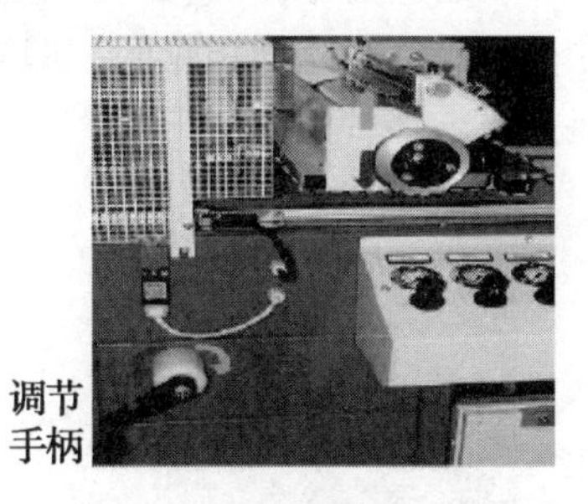

图 13－37　播种滚筒高度的调节

⑨播种滚筒高度的调节。对于不同高度的穴盘，播种滚筒的高度必须要进行调节，具体操作如下：

操作调节手轮并且旋转它，顺时针方向抬高播种滚筒，逆时针降低播种滚筒（图 13－37）；播种滚筒的高度和穴盘的距离不得大于 5mm。

6. 检查和调整播种机上的气路及压力（以 S11S 型播种机为例）

（1）检查和操作播种机上的“空气线路”气动选择器　为了使空气正确进入线路的不同部分，“0/1 空气线”的气动选择器必须选择“1”，在转换成 1 之前，播种滚筒必须放置正确同时需要固定于支撑架上。如果不遵守要求，则会损坏播种滚筒的内膜，从而造成播种位置不正确。

注意事项：如果播种滚筒没有安装于播种机里，则不能把启动选择器转换成 1 。

（2）检查和调整播种机上的压力调节器区域的压力　如图 13－38 所示为播种机上的压力表的布置图。

表 1 指示操作压力，通过其下面旋钮调整为 1～1. 5bar。

表 2 指示种子吹落压力，通过其下面旋钮调整为 0～0. 2bar。

表 3 指示吸嘴清洁压力，通过其下面旋钮调整为 2bar。

表 4 指示吹双种子压力，通过其下面旋钮调整为 0～0. 5bar。

（3）检查播种机上的“真空”调节器的压力　该调节器位于配电板上，用于调节播种滚筒内部的真空度。其规定的操作压力为 200～300bar。以吸种子效果为准。如图 13－39 所示。

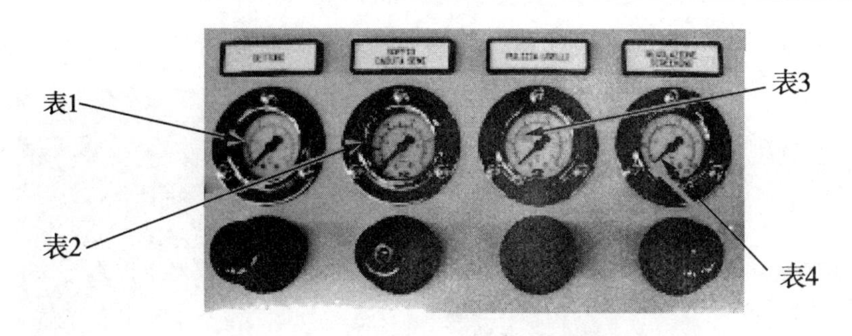

图 13－38　播种机的压力表的布置图

7. 调节限位开关

限位开关有 2 个，均位于传送带的左侧。这 2 个限位开关的作用是向填土机 RME63C 发送电信号，确认向播种机输送了一个新穴盘。

限位开关 2 是这样定位的，即当穴盘到来时，限位开关处自由不受压状态。限位开关 1 是用来向播种滚筒“定时”发送穴盘。延迟向播种机发送穴盘时间限位开关向左移动，反之向右移（图 13－40）。

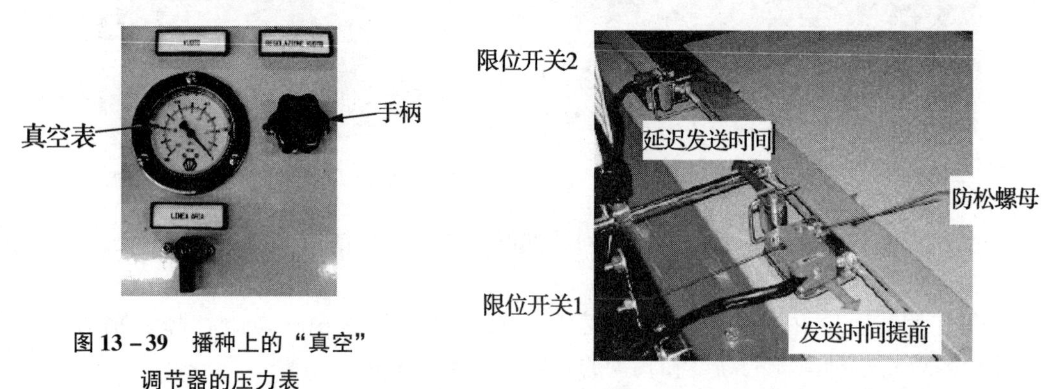

图 13－39　播种上的“真空”调节器的压力表

图 13－40　限位开关的调节示意图

8. 启动机器前的检查

①检查操作人员的衣服是否合身。操作人员不要带手表、戒指、项链等鉓件，长头发应该盘起来，并戴工作帽。

②检查是否有非操作人员在机器的运行区域。

③检查机器内是否有外在的杂物。

④检查防护栏是否关闭。

⑤检查安全装置和紧急情况时的按钮是否安全有效。

⑥检查填土机所用基质必须干净，不能有任何硬质杂质。

9. 接通各机或装置的电源开关或按钮

此时，确保控制面板上的紧急按钮没有被压下，确保该设备上所有的保护装置都处于正确的关闭位置。

10. 在播种机控制面板上设置自动运行程序

必须完成以上所有项目的检查与调整后，才能进行设置自动运行程序。

空载运行 3min，检查各个部件有无故障，运行是否平稳，有无松动。

11. 操作填土装置

①手动点动填土机开关，把基质填满压实箱。

②填土机选择开关拨到1。

③填土机振动选择开关拨到1。

④填土机提升选择开关拨到自动1位置。

⑤按填土机上的开始绿色按钮键，开启填土机。

12. 操作播种机

①把播种机选择开关拨到1，开启真空泵。打开压缩空气开关。

②按下控制面板上的开始绿色按钮键，开启播种机。

③控制面板各按钮的功能及操作见机器说明书。

13. 操作复土机和洒水装置

①按复土机启动按钮。

②针对当时穴盘播种的实际情况，调整复土滚筒转速来调节覆土厚度。

③打开供水阀门，操作喷洒线上的操作杆可以调节喷水的流量，可以自动洒水。

14. 正常停机

①如果工作周期已经设定为“连续”并且通过操作控制面板，同时填充托盘的数量已经设定，系统会在达到预先设定的正确数量托盘的时候自动停止，然后清空播种滚筒。

②如果想在一些托盘被装满时停止“连续”的工作状态，或者“连续”工作状态下，位于操作控制板上的5点的设定值为“00000”，按下“单一、连续转换按键”3 s左右”，此时，播种线将会从“连续”工作状态转向“单盘”工作状态。

③持续按下红色的“停止”历时3s，会清空播种滚筒。

15. 紧急停止

①按下播种线中的任何一个紧急按钮。

②转换空气线路的自动转换开关。

③关掉主电源。

④注意事项：紧急停止过程仅在必要时使用，紧急停止会导致机器重启产生问题。紧急停止将会导致真空泵停止，同时播种滚筒中的所有种子都会掉落。当进行紧急停止后，在播种线重启之前，要检查可能导致播种线停止的问题并要消除。

16. 作业注意事项

①如果控制板上的指示灯发出不正常的信号时，应该停止机器，关闭电源。当故障排除后，再重启机器。

②如果机器开启后发出不正常的噪音等故障，应该立即停止机器，关闭电源。确认故障排除后，可以重启机器。

③机器运行时，操作人员只能值守在操作人员的工作区域，并与移动的物体保持适当的距离，不许离开机器。

④机器运行时，不要让其他人靠近机器。

⑤工作部件堵塞时，必须停车清理，严禁在工作中用手及其他工具清理。

⑥保护和安全装置要时刻保持在运行状态。

⑦在运行的机器附近不要悬挂工具。

⑧禁止的操作：当配电板是有电的情况下，不要在带电的设备上工作。当机器运行时，不允许进行调整，维修或者润滑设备。在工作中，不允许移除保护罩或保护栏，以免发生人身伤害。

三、操作圆盘钳夹式栽植机进行作业

①作业前驾驶员及投苗员应把衣口扎好，长发应佩戴帽子，将长发收入帽，以免卷入机器中产生伤害。

②作业中注意身体远离机械转动部位。

③驾驶员按拖拉机驾驶操作规程进行低速作业。

④投苗人员连续有序投入秧苗。

⑤地头转弯时，为保证投苗人员安全，投苗工作人员应先下车，待转入另一行时，重新登入工作位置。

⑥在大棚室内作业时，应注意通风，以免人员在空气混浊情况下发生窒息等意外。

四、操作土壤水分测量仪（传感器法）进行作业

1. 土壤水分被测点的选择和土壤水分传感器的安装

在地面灌溉条件下，地表下10cm、30cm、70cm、100cm和140cm 5个位置可作为土壤水分传感器的适宜埋设深度；一般情况下地表10cm、20cm和50cm处埋设土壤水分传感器，就能较好地监测0～100cm土层的土壤水分状况；地表下30cm处的土壤水分能反应作物根层（0～50cm）土壤水分状况，也可作为传感器的安装深度。

在滴灌条件下，传感器应该安放在靠近滴头的区域。在水平方向，以传感器埋设在距滴头横向距离为10cm处为佳，一般情况下，监测点布置于距滴灌带0cm、20cm和45cm处均可，不宜布置在更远处；垂直方向上，地表下5～10cm和20～30cm处为埋设传感器的最佳深度，40～50cm处为辅助埋设深度。

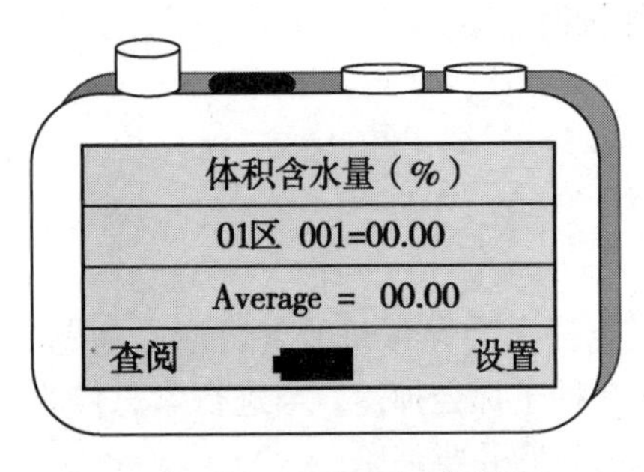

图13－41　数据采集界面

2. 土壤水分的测定

①正确连接土壤水分测量仪的硬件，将土壤水分传感器正确安装到监测点。

②长按“开机键”几秒钟，一般会显示系统开机画面，初始化完成后，界面见图13－41。

界面中，体积含水量（%）表示测量参数，01区表示待测区域的序号，001表示区域内待测点号，Average＝00.00表示已测点的算术平均值。“查阅键”表示已测点的数据查询及删除提示，“设置键”为待测区域及数采功能设定提示。

③按“测量”键，仪器开始自动测量，测量完成后，显示屏即显示测量点的实时土壤水分值。

④按“保存”键，仪器将测量结果保存到存储器中。

3. 测量数据的读取

①将通讯电缆的两端分别联接数据采集器和电脑的对应接口，并保持数据采集器开机状态。

②双击电脑桌面上的“数据采集程序”快捷方式，打开数据采集程序。

③在设置中的“串口设置”选择对应的串口，例如，COM3（图 13－42）。

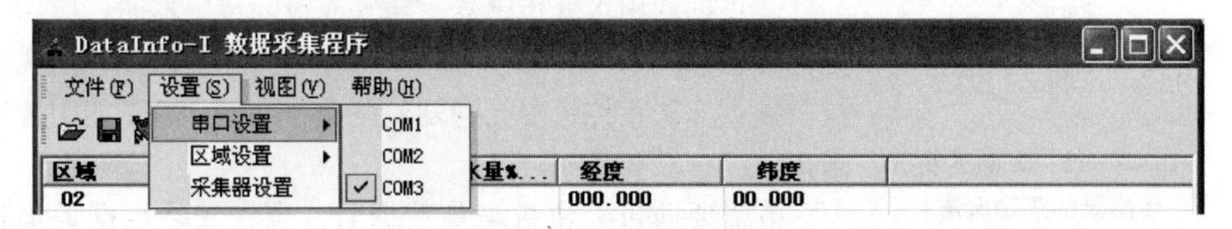

图 13－42　串口的设置

④在设置中的“区域设置”选择对应的区域，例如，01（图 13－43）。

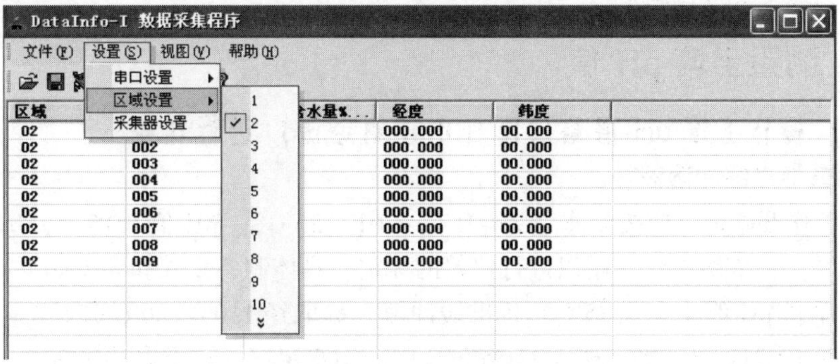

图 13－43　区域的设置

⑤在文件中的“获取数据”，即可获取相应区域的数据（图 13－44）。

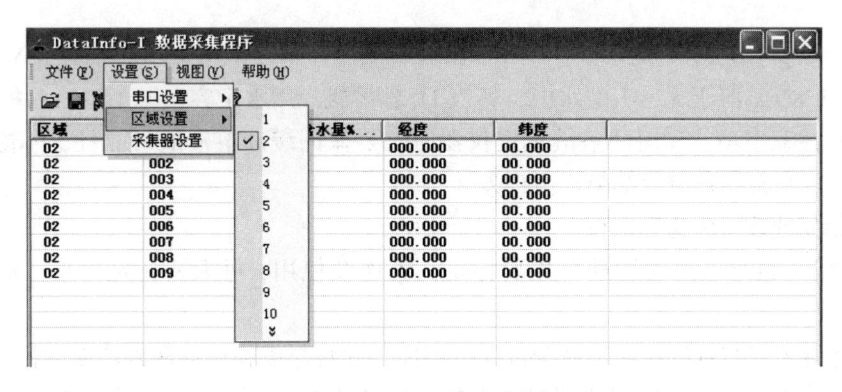

图 13－44　数据的获取

4. 作业注意事项

①使用前，应先进行充电，如果仪表长时间不使用，须每隔 3 个月为电池充电一次，以延长使用寿命。

②被测点应尽量避开石子、空穴、根茎较多的地方，所在地的土壤水分状况具有代

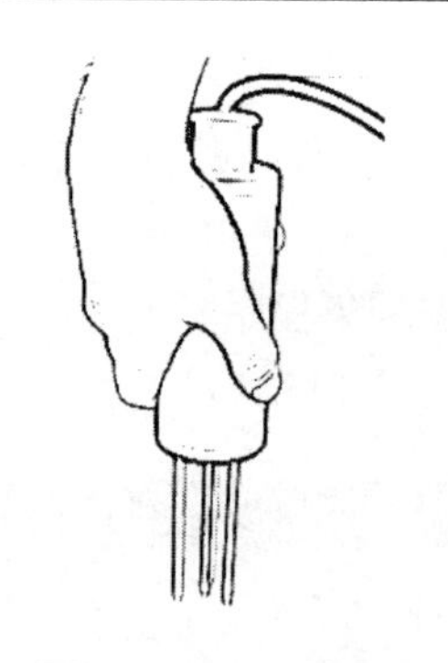
图 13－45　土壤水分传感器的正确握法

表性。

③测量时传感器的探针部分一定要完全插入土壤中并且压实，在坚硬的地表测量时，应先钻孔（孔径小于探针直径），再沿孔插入土壤测量。为了避免土壤不均匀或操作不正确而带来的测量误差，可测量多点求平均值。

④正确使用水分传感器，插入或拔除传感器时，应用手握住传感器防水探头部分（图 13－45），严禁拽住数据线生拉硬扯；应防止传感器受到剧烈振动和冲击，绝不能用硬物敲击。

⑤需要通过上位机采集数据时，应先安装数据采集程序，然后连接水分仪，再将水分仪与电脑相连。

⑥注意数据传输线插针与数据采集器插口一定要对准，切勿强力操作。若插针偏离时，可用圆珠笔尖进行调整。

五、测量土壤 pH 值

（一）操作土壤 pH 值测试仪（电位测定法）进行作业

1. 制备标准缓冲溶液

测量工作开始前，应按要求制备 pH 值 4.01（25℃）、pH 值 6.87（25℃）、pH 值 9.18（25℃）标准缓冲液，用以进行仪器的标定。具体制备步骤和要求如下：

（1）制备 pH 值 4.01（25℃）标准缓冲液　称取经 110～120℃烘干 2～3h 的邻苯二甲酸氢钾 10.21g 溶于水，移入 1L 容量瓶中，用水定容，贮于聚乙烯瓶。

（2）制备 pH 值 6.87（25℃）标准缓冲溶液　称取经 110～130℃烘干 2～3h 的磷酸氢二钠 3.533g 和磷酸二氢钾 3.388g 溶于水，移入 1L 容量瓶中，用水定容，贮于聚乙烯瓶。

（3）制备 pH 值 9.18（25℃）标准缓冲溶液　称取经平衡处理的硼砂（$Na_2B_4O_7 \cdot 10H_2O$）3.800g 溶于无 CO_2 的水中，移入 1L 容量瓶，用水定容，贮于聚乙烯瓶。

（4）注意事项　用缓冲溶液标定仪器时，要保证缓冲溶液的可靠性，不能配错缓冲溶液，否则将导致测量结果产生误差。

2. 标定土壤 pH 值测试仪

土壤 pH 值测试仪使用前首先要标定，若连续使用，每天要标定一次。标定方法如下。

①将待测液与标准缓冲溶液调到同一温度，并将温度补偿器调到该温度值。

②用标准缓冲溶液校正仪器时，先将电极插入与所测试样 pH 值相差不超过 2 个 pH 单位的标准缓冲溶液，启动读数开关，调节定位器使读数刚好为标准液的 pH 值，反复操作几次使读数稳定。

③取出电极洗净，用滤纸条吸干水分，再插入第二个标准缓冲溶液中，两标准液之间允许偏差 0.1pH 单位，如超过则应检查仪器电极或标准液是否有问题。

④仪器校准无误后，再开始测定土壤样品。

3. 制备土壤水浸液

①称取通过 1mm 孔径筛的风干土壤 10.0g 两份。

②分别放置于 50mL 高型烧杯中，一份加无 CO_2蒸馏水，另一份加 1mol/L KCl 溶液各 25mL（此时土与水比为 1∶2.5，含有机质的土壤改为 1∶5）。

③用玻璃棒间歇搅拌或摇动 30min，使土粒充分分散。

④放置 30min 后进行测定。

4. 测定土壤 pH 值

测试仪经过标定后，即可用来测量被测溶液。根据被测溶液与标定溶液温度是否相同，其测量步骤也有所不同。被测溶液与标定溶液温度不同时的操作步骤如下：

①用蒸馏水清洗电极头部，再用被测溶液清洗一次。

②用温度计测出被测溶液的温度值。

③按“温度”键，使仪器进入溶液温度设置状态（此时“℃”温度单位指示），按“△”键或“▽”键调节温度显示数值上升或下降，使温度显示值和被测溶液温度值一致，然后按“确认”键，仪器确定溶液温度后回到 pH 值测量状态。

④把电极插入被测溶液内，轻轻摇动烧杯以除去电极上的水膜，促使其快速平衡，静止片刻，按下读数开关，使其均匀后读出该溶液的 pH 值。

⑤测量时，电极的引入导线应保持静止，否则会引起测量不稳定。

若被测溶液与标定溶液温度相同时，则需执行（1）和（4）步即可。

5. 作业注意事项

①如果测定点的土壤太干燥或肥份过多，无法测土壤的酸碱度时，须先泼水在测定点位置上，等待 28min 后再测定。

②使用测试仪前须先用研磨布将金属吸收板的部位完全擦拭清洁，以防影响测定值。若是未使用新品，金属板表层有保护油，须先插入土壤数次，磨净保护油层后再使用。

③酸碱值测定时，直接插入测试点土内，金属板面必须全部入土，历时 10min 后酸碱值才稳定，此时按下侧边白色按钮，湿度立即显示。土壤的密度、湿度和肥份过多都可能影响测定值，故必须在不同的位置测定数次，以求平均值。

④pH 电极测量的温度范围、最佳工作温度范围、测量对象等应在标注的范围内使用。

⑤玻璃电极具有保质期，超过保质期后，应及时更换。

⑥第一次使用的 pH 电极或长期停用的 pH 电极，在使用前必须在 3mol/L 氯化钾溶液中浸泡 24h。

⑦电极与主机连接时，自动温度补偿电极（ATC）接头的凸槽与主机接口处的凹槽对准后才能用力将电极推入，不可拧转电极，否则会把温度接头的针头插坏而不能使用。pH 电极平时不用时，也不需将电极拔下，以防经常拔插容易损坏电极接口。pH 电极塑料运输套须收藏好作备用。

⑧标准缓冲溶液和样品的 pH 值随温度的变化而改变。pH 温度补偿是将标准缓冲液或样品的 pH 值测量值补偿到实际温度下的 pH 值。

⑨若连接主机的电源变压器与主机断开或连接变压器的电源插座关闭电源后，主机中先前电极标定或主机设置的信息将不存在，此时须对电极重新标定。

(二) 用比色法(混合指示剂比色法)测定土壤pH值

(1) 配制混合指示剂

①取麝草兰(T.B)0.025g,千里香兰(B.T.B)0.4g,甲基红(M.R)0.066g,酚酞0.25g。②溶于500ml浓度为95%的酒精中。③加同体积蒸馏水。④再以0.1mol/L NaOH调至草绿色即可。pH比色卡用此混合指示剂制作。

(2) 清洁比色瓷盘孔　孔内(要保持清洁干燥,野外可用待测土壤擦拭)。

(3) 向瓷盘孔内滴入混合指示剂8滴

(4) 向该孔内放入黄豆大小的待测土壤　轻轻摇动使土粒与指示剂充分接触。

(5) 约1min后将比色盘稍加倾斜　用盘孔边缘显示的颜色与pH比色卡比较以估读土壤的pH值。

六、操作土壤电导率检测仪进行作业

1. 配制土壤浸提液样品

①将土样自然风干,捣碎,搅匀,过筛后分成小份。

②以一定的比例配制土壤浸提液样品,浸提液的土水比例有多种,例如1:1、1:2、1:5、1:10,其中最常用的是1:5,也可以根据需要配制多个比例的土壤浸提液样品。配制土壤溶液最好用纯净水,以免水中矿物质影响电导率仪的测定。

③将配制好的土壤溶液放置在有盖的烧瓶中,然后慢慢均匀的振荡2~3min,使土壤溶液中的电解质完全溶解在溶液中。烧瓶在使用前应该用纯净水冲洗干净,晾干,并编号注明其土水比例。

2. 开机

①在开机通电时,应先接通电子仪器上的“低压”开关,待仪器预热5~10min后,再接通“高压”开关。否则可能引起仪器内部整流电路的元器件(整流管或滤波电解电容器等)产生跳火、击穿等故障。对于使用单一电源开关的仪器,开机通电后,也应预热5~10min,待仪器工作稳定后使用。

②在开机通电时,应注意观察仪器的工作情况,即用眼看、耳听、鼻闻来检查仪器是否有不正常的现象。如果发现仪器内部有响声、臭味、冒烟等异常现象,应立即切断电源。在尚未查明原因之前,应禁止再行开机通电,以免扩大故障。只用单一电源开关的仪器设备,由于没有“低压”预热的过程,开机通电时可能出现短暂的冲击现象(例如指示电表短暂的冲击,或者偶尔出现一二次声响),可不急于切断电源,待仪器稳定后再依情况而定。

③在开机通电时,如发现仪器的熔丝烧断,应调换相同规格的熔丝管后再进行开机通电。如果第二次开机通电又烧断熔丝,应立即检查,不应再调换熔丝管进行第三次通电,更不要随便加大熔丝的规格或者用铜线代替,否则会导致仪器内部故障扩大,甚至会烧坏电源变压器或其他元器件。

④对于内部有通风设备的电子测量仪器,在开机通电后,应注意仪器内部电风扇是否运转正常。如发现电风扇有碰片声或旋转缓慢,甚至停转,应立即切断电源进行检修,否则通电时间久了,将会使仪器的工作温度过高,甚至会烧坏电风扇或其他电路元器件(如大功率的晶体管等)。

3. 数据采集器的初始化设置

主机电源开关打开后，可按照如下步骤进行操作。

①进入传感器参数设置选择界面，该界面具有“是”和“否”两个选择按钮。点击“是”按钮，进入传感器参数设置界面(图 13－46)，该界面提供了三种传感器标定方式：线性、比例和三次。选择传感器并进行相应设置后点击“set”按钮，即会出现一个提示“是否确定更改传感器参数?”的消息框，点击“确定”则完成参数设置。点击“否”按钮直接转至时间设置界面，此时的传感器参数自动采用默认设置。

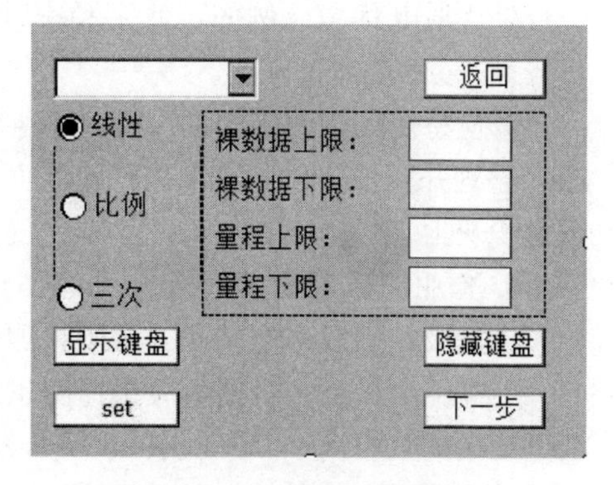

图 13－46　参数设置界面

②在传感器参数设置选择界面点击“否”按钮，直接进入时间设置界面；或者在传感器参数设置界面完成参数设置后，点击“下一步”按钮进入该界面。设置时间后点击“SET”按钮，即会出现一个提示“是否确定更改时间?”的消息框，点击“确定”则完成时间设置。在该界面也可以返回传感器参数设置界面。

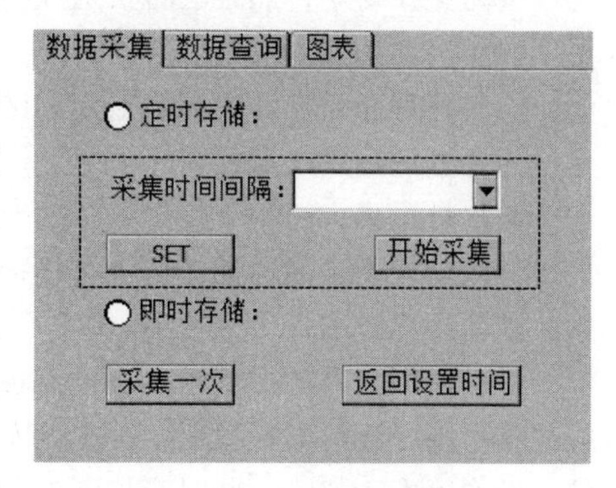

图 13－47　数据采集界面

③在时间设置界面完成时间设置后，点击“下一步”按钮进入数据采集界面（图 13－47）。该界面存在定时存储和即时存储两种模式可供选择。定时存储需要设置采集时间间隔，然后按照设置的采集时间间隔进行数据采集；即时存储仅存储当前时间，传感器仅能采集一组数据。

4. 测定土壤电导率

①将电解质溶解完全的土壤浸提液静置 5 个小时，以进行澄清。

②用滴管小心的吸取上清液到一个塑料容器中，将电导率仪放置在容器中，测量土壤浸提液的电导率值。如果配制的土壤浸提液样品的土水比例比较低，静置得到的水溶剂的量是有限的，这个时候测量所用的塑料容器的口径和高度不应该太大，只要能将电导率仪的探头完全放进去就可以。

③每测定完一个土壤浸提液样品时，滴管和电导率仪探头都应该用纯净水清洗干净，以免影响下一个样品电导率值的测定。

5. 关机和整理

①仪器使用完毕，应先切断“高压”开关，然后切断“低压”开关。否则由于电子管灯丝的余热，可能使电路工作在不正常的条件下，造成意外的故障。

②仪器使用完毕，应先切断仪器的电源开关，然后取离电源插头。应禁止只拔掉电源插头而不切断仪器电源开关的简单作法，也应反对只切断电源开关而不取离电源插头的乏惯。前一情况使再次使用仪器时，容易忽略开机前的准备工作，而使仪器产生不应

有的冲激现象；后一情况可能导致忽略仪器局部电路的电源切断，而使这一部分的电路一直处于通电状态（例如：数字频率计的主机电源开关和晶体振荡器部分的电源开关一般都是分别装置的）。

③应将使用过程中暂时取下或替换的零附件（如接线柱、插件、探测器、测试笔等）整理并复位，以免其散失或错配而影响工作和测量准确度。必要时应将仪器加罩，以免积灰尘。

6. 作业注意事项

①电极的引线不能潮湿，否则将测量不准。

②高纯水被盛入容器后应迅速测量，否则电导率升高很快，因为空气中的 CO_2 溶入水里变成碳酸根离子。

③盛放被测溶液的容器必须清洁，无离子玷污。

④避免在易于传热且会直接造成与待测区域产生温差的地带监测，否则可造成土壤温度测量出现错误。

⑤传感器布设在环境相对稳定的区域，避免直接光照，远离窗口及空调、暖气等设备，避免直对窗口、房门。

⑥尽量远离大功率干扰设备，如变频器、电机等，以免造成测量的不准确。

⑦防止化学试剂、油、粉尘等直接侵害传感器，勿在结露、极限温度环境下长期使用，严防冷热冲击。

⑧在使用仪器的过程中，对于面板上各种旋钮、开关、度盘等的扳动或调节动作，应缓慢稳妥，不可猛扳猛转。当遇到转动困难时，不能硬扳硬转，以免造成松脱、滑位、断裂等人为故障，此时应切断电源进行检修。仪器通电工作时，应禁止敲打机壳。对于笨重的仪器设备，在通电工作的情况下，不应用力拖动，以免受振损坏。对于输出、输入电缆的插接或取离应握住套管，不应直接拉扯电线，以免拉断内部导线。

⑨对于消耗电功率较大的电子仪器，应避免在使用过程中，切断电源后立即再行开机使用，否则可能会引起熔丝烧断。如有必要，应等待仪器冷却 5 ~ 10min 后再开机。

⑩信号发生器的输出端，不应直接连到有直流电压的电路上，以免电流注入仪器的低阻抗输入衰减器，烧坏衰减器电阻。必要时，应串联一个相应工作电压和适当电容量的耦合电容器后，再引接信号电压到测试电路上。

⑪使用电子仪器进行测试工作时，应先连接“低电位”的端子（即地线），然后再连接“高电位”的端子（如探测器的探针等）。反之，测试完毕应先拆除高电位的端子，然后再拆除低电位的端子，否则会导致仪器过载，甚至打坏指示电表。

七、操作传感器进行作业

①清洁传感器电极。

②选择有代表性的区域与放置点进行放置。

③传感器放置在空中，则在空中要固定好传感器；若放地下，则手握电极垂直插入电极长的 2/3 左右。

④连接好电线，确保正确无松动。

⑤通电启动，观察传感器工作是否正常；如不正常断电检修，待排除后再通电

启动。

⑥停止使用时，先断电关机。

⑦取下传感器，如传感器插在地下，应手抓住电极拔出，不能拽线拔出。

⑧清洁传感器电极，晾干后保管好。

八、操作电动执行器进行作业

①检查电动执行器的机械和电气等部分技术状态是否符合技术要求。

②检查电动机和机械的运转部位周围是否有人，无不安全因素。

③打开总电源开关。

④手工按下控制柜相关执行器的启动按钮或通过控制器输送相关执行器的自动启动指令，进行运行。

⑤观察相关执行器的运行情况。发现问题立即按紧急按钮断电，停止机械转动。故障排除后，方可重新启动。

⑥运行结束，按停止（或启动）按钮，进行断电或关闭程序。

⑦关闭总电源。

⑧作业注意事项：

A. 如果按动按钮电器不动作，应检查行程限位及电源相序接线，决不可人为顶住接触器使之强行吸合；发现电器保护组件发生作用，如继电器或空气开关跳开，保险烧断，一定要查明电器故障原因，排除后方可恢复使用。

B. 电气设备使用环境温度为 -10 ~ 50℃。

九、操作温室控制器进行作业

以 ZN - FZX - 116 型温室控制器为例，先检查控制箱内各电源开关处于断开状态，再检查所有硬件安装是否完毕、电路连接完毕并确认无误后方可打开总电源。

1. 手动模式

该模式需要在现场控制，可以通过人工手动控制使执行部件强制动作。

①将要控制的模式转换旋钮旋转至“手动”。

②按下对应执行元件的按钮如“卷帘正开”按钮，即可实现手动控制，同时相应运行指示灯亮。卷帘机和卷膜器运动到终点位置会自动停机，同时指示灯不亮。

③如果运动到某一位置按下运动中止按钮，卷帘机或卷膜器会停止运动。

2. 自动模式

该模式下，执行元件会对比环境参数的设置值和实际值自动产生动作，比如实际土壤湿度低于设置湿度下限时，灌水电磁阀会自动打开灌水，直到土壤湿度达到设置的上限值时关闭。因此无需人员现场值守。

（1）参数设置　按下“设置”按钮再按几次“增加”，显示屏会先后出现参数范围、2 个关联手机号码、系统自动工作（自动卷帘、放帘）时间。各行会有闪烁的数字，再按“设置”按钮即可通过“增加”、“减少”按钮设置该屏自动控制的各个参数，设置完毕按“退出”按钮，随之设置生效。

（2）设置温、湿度控制范围　根据作物的生长条件确定需要控制的温度和湿度范围等，温度的上、下限温差≥2℃。按下“设置”按钮，显示屏闪烁。此时显示屏第二行显示为土壤湿度的最低、最高值，第三行四位值显示的空气温度的最低、最高值，第四行显示空气湿度的最低、最高值。再按“设置”键时，会有相应的数值闪烁，就进入该位上参数的设置。这时通过增加、减少可以设置参数值；再按设置进入下一位参数设置。最后一个参数设置完毕按退出按钮，返回工作状态显示状态。

比如，要设置空气温度的范围：18～25℃。需要先按设置，再按“设置”时，第一行有数字闪烁，再按3次“设置”第三行前两位数字闪烁，这时通过“增加”或“减少”按钮把该数字设置为18，再按“设置”，该行后两位数字闪烁，在通过“增加”、“减少”钮将其调至25。如不需调空气湿度则按“退出”；如需调整继续按设置钮进入下一行空气湿度的设置。

（3）设置自动控制时间（24小时制）　该功能是为了设置每天早上系统自动打开卷帘机的时间和晚上自动关闭卷帘机的时间。

其方法如下：按下1次“设置”按钮——按3次“增加”按钮，进入时间设置。这时显示屏第一、二、四行分别显示卷帘机自动打开时间、关闭时间和系统时间。再按设置键进入第一行的打开时间设置，同样通过增加、减少实现，该时间调整；通过按“设置”来跳转到时间的下一位值。继续按“设置”按钮会进入第二行关闭时间设置以及第四行系统时间设置。

值得注意的是，时间设置完毕要从最后一位值退出，本次时间设置才会生效。也即如果你只调整开机时间，其他时间不变，需要在调完第一行的开机时间值后，接着按“设置”，直到第四行最后一位数字闪烁时，才能按“退出”。否则本次设置不被保存。

提示：自动模式下卷帘机没有打开时，卷膜器和滴灌电磁阀不会自动打开。

3. 短信模式

该模式可以对温室进行远程监测和控制，通过短信代码查询温室内的环境因子和设备的实时状态。还可对卷帘机和卷膜器等的动作进行遥控，使用时控制器的工作模式为自动模式。并保证短信控制模块开关处于打开状态（控制箱右上角模块上可见）。

（1）控制端手机号码设置　按“设置”——“增加”，进入第一个关联手机号码设置，前三行显示屏的前11位为要设置的手机号码位。再按设置即可通过“增加”、“减少”按钮开始对第一位数字进行重置，通过“增加”或“减少”按钮设置该位的值。每个位上的数字设置完毕按“设置”进入下一位数字的设置，以此类推，直到手机号码设置完毕，按“退出”，完成手机号码设置并存储。

退出后再按1次“设置”——2次“增加”——“设置”，进入第2个关联号码的设置，方法同上，如果只有一个关联手机号，则本屏不用设置。按“退出”或“增加”即可进入自动控制时间设置。

（2）短信模式使用方法　手机短信代码主要由两类代码组成，即查询代码和控制代码：

①查询代码。用户手机向控制器接收号码发送短信代码“ch”，系统会回复代码“TWxx、TSxx、KWxx、KSxx、SJxx、Mx、Lx、Dx ”，其中：TWxx表示土壤实时温度为xx数值，TSxx表示土壤实时湿度为xx ，KWxx表示空气实时温度为xx，KSxx表示空气实时湿度为xx ，SJxx表示当前时间为为xx时；Mx表示卷膜机的当前状态为x（x值为

1 或 0，1 表示关闭，0 表示打开，下同)，Lx 表示卷帘机的当前状态为 x；Dx 表示滴灌的当前状态为 x。如 KW25 与 D1 分别表示空气温度为 25℃，滴灌电磁阀处于关闭。

②控制代码。用户手机向控制器内号码发送短信代码 shmx 或 shdx 或 shlx，表示关闭或打开相应设备；如 shm0 表示打开卷膜器。

用户手机向 GSM 模块发送短信代码“shxx”，表示取消之前对设备的控制。同时系统会退出短信工作模式，返回自动控制模式。

注：①工作中显示屏数值是传感器传来的实时数值；②系统自动灌溉时，会把系统各实时参数发给关联手机号。

4. 作业注意事项

①炎热的季节或长时间工作时要及时开启冷却风扇对控制器进行降温。

②温室内尽量限制使用杀虫剂、除草剂、生物处理制品的最大使用量，控制硫氢混合物的浓度，不超过氯 80mL/L、硫 400mg/kg 的浓度标准。在使用杀虫剂后，尽可能快地对温室进行通风处理。

第十四章　设施园艺装备故障诊断与排除

相关知识

一、电气设备故障的维修方法

（一）电路故障诊断与分析

总的来说，电路故障无非就是短路、断路和接头连接不良及测量仪器的使用错误等。这里介绍断路和短路故障的判断。

1. 断路故障的判断

断路最显著的特征是电路中无电流（电流表无读数），且所有用电器不工作，电压表读数接近电源电压。此时可采用小灯泡法、电压表法、电流表法、导线法等与电路的一部分并联进行判断分析。

（1）小灯泡检测法　将小灯泡分别与逐段两接线柱之间的部分并联，如果小灯泡发光或其他部分能开始工作，则此时与小灯泡并联的部分断路。

（2）电压表检测法　把电压表分别和逐段两接线柱之间的部分并联，若有示数且比较大（常表述为等于电源电压），则是和电压表并联的部分断路（电源除外）。电压表有较大读数，说明电压表的正负接线柱已经和相连的通向电源的部分与电源形成了通路，断路的部分只能是和电压表并联的部分。

（3）电流表检测法　把电流表分别与逐段两接线柱之间的部分并联，如果电流表有读数，其他部分开始工作，则此时与电流表并联的部分断路。注意，电流表要用试触法选择合适的量程，以免烧坏电流表。

（4）导线检测法　将导线分别与逐段两接线柱之间的部分并联，如其他部分能开始工作，则此时与导线并联的部分断路。

2. 短路故障的判断

并联电路中，各用电器是并联的，如果一个用电器短路或电源发生短路，则整个电路就短路了，后果是引起火灾、损坏电源。串联短路也可能发生整个电路的短路，那就是将导线直接接在电源两端，其后果同样是引起火灾、损坏电源。较常见的是其中一个用电器发生局部短路，一个用电器两端电压突然变大，或电路中的电流变大等。

短路的具体表现，一是整个电路短路。电路中电表没有读数，用电器不工作，电源发热，导线有糊味等。二是串联电路的局部短路。如某用电器（发生短路）两端无电压，电路中有电流（电流表有读数）且较原来变大，另一用电器两端电压变大，一盏电灯更亮等。短路情况下，应考虑是“导线”成了和用电器并联的电流的捷径，电流表、导线并联到电路中的检测方法已不能使用，因为它们的电阻都很小，并联在短路部分对电路无影响。并联到其他部分则可引起更多部位的短路，甚至引起整个电路的短路，烧坏电流表或电源。所以，只能用电压表检测法或小灯泡检测法。

（二）电气设备故障的判断

①分析电路故障时要逐个判断故障原因，把较复杂的电路分成几个简单的电路来看。

②用假设法，假设这个地方有了故障，会发生什么情况。

③要通过问、看、闻、听等手段，掌握检查、判定故障。

只有在工作实践中不断研究总结，才能正确掌握电路故障的排除方法。

二、电气设备维修的基本原则

1. 先动口再动手

应先询问产生故障的前后经过及故障现象，先熟悉电路原理和结构特点，遵守相应规则。拆卸前要充分熟悉每个电气部件的功能、位置、连接方式及周围其他器件的关系，在没有组装图的情况下，应一边拆卸，一边画草图，并记上标记。

2. 先外后内

应先检查设备有无明显裂痕、缺损，了解其维修史、使用年限等，然后再对机内进行检查，拆前应排除周边的故障因素，确定为机内故障后才能拆卸。否则，盲目拆卸，可能使设备越修越坏。

3. 先机械后电气

只有在确定机械零件无故障后，再进行电气方面的检查。检查电路故障时，应利用检测仪器寻找故障部件，确认无接触不良故障后，再有针对性地查看线路与机械的动作关系，以免误判。

4. 先静态后动态

在设备未通电时，判断电气设备按钮接触器、热继电器以及保险丝的好坏，从而断定故障的所在。通电试验听其声，测参数判断故障，最后进行维修。如电机缺相时，若测量三相电压值无法判断时，就应该听其声单独测每相对地电压，方可判断那一相缺损。

5. 先清洁后维修

对污染较重的电气设备，先对其按钮、接线点、接触点进行清洁，检查外部控制键是否失灵，许多故障都是由脏污及导电尘块引起的。经清洁故障往往会排除。

6. 先电源后设备

电源部分的故障率在整个故障中的比例很高，先检修电源往往可以事半功倍。

7. 先普遍后特殊

因装配配件质量或其他设备故障而引起的故障，一般占常见故障的50%，电气设备的特殊故障多为软故障，要靠经验和仪表来测量和维修。例如，一个0.5kW电机带不动负载，有人认为是负载故障，根据经验用手抓电机，结果是电机本身问题。

8. 先外围后内部

先不要急于更换损坏的电气部件，在确认外围设备电路正常时，再考虑更换损坏的电气部件。

9. 先直流后交流

检修时，必须先检查直流回路静态工作点，再检查交流回路动态工作点。

10. 先故障后调试

对于调试和故障并存的电气设备，应先排除故障，再进行调试，调试必须在电气线路正常的前提下进行。

三、判断三相电动机通电后电动机不能转动或启动困难的方法

此故障一般是由电源、电动机及机械传动等方面的原因引起。

1. 电源方面

①电源某一相断路，造成电动机缺相启动，转速慢且有“嗡嗡”声，起动困难；若电源二相断路，电动机不动且无声。应检查电源回路开关、熔丝、接线处是否断开；熔断器型号规格是否与电动机相匹配；调节热继电器值与电动机额定电流相配。

②电源电压太低或降压启动时降压太多。前者应检查是否多台电动机同时启动或配电导线太细、太长而造成电网电压下降；后者应适当提高启动电压，若是采用自耦变压器起动，可改变抽头提高电压。

2. 电动机方面

①定、转子绕组断路或绕线转子电刷与滑环接触不良，用万用表查找故障点。

②定子绕组相间短路或接地 ，用兆欧表检查并排除。

③定子绕组接线错误，如误将三角形接成星型，应在接线盒上纠正接线；或某一相绕组首、末端接反，应先判别定子绕组的首、末端，再纠正接线。

判断绕组首、末端方法步骤如下。

A. 用万用表电阻挡判定同一相绕组的 2 个出线端。用一根表笔接任一出线端，另一表笔分别与其他 5 个线端相碰，阻值最小的二线端为同相绕组，并作标记。

B. 用万用表直流电流挡的小量程挡位，判定绕组的首、末端。将任一相绕组的首端接万用表“—”极，末端接“+”极，再将相邻相绕组的一端接电池负极，另一端碰电池正极观察万用表指针瞬时偏转方向，若为正偏，利用电磁感应原理 ，可判断与电池正极相碰的为首端，与电池负极相连的为末端，若为反偏，则相反。同理，可判断第三相绕组的首、末端。

④定、转子铁芯相碰（扫膛），检查是否装配不良或因轴承磨损所致松动，应重新装配或更换轴承。

3. 机械方面

①负载过重，应减轻负载或加大电动机的功率。

②被驱动机械本身转动不灵或被卡住。

③皮带打滑，调整皮带张力并涂抹石蜡。

四、电子仪器检修常识

1. 电子仪器检修的一般程序

检修电子仪器人员，必须具备一定的电工基础和电子线路的理论知识，懂得常用测试仪表的正确使用与操作方法，了解检查电子仪器故障产生原因的基本方法，并在此基础上遵循以下 9 条工作程序：即了解故障情况、观察故障现象、初步表面检查、研究工作原理、拟定测试方案、分析测试结果、查出毛病整修、修后性能检定和填写检修记

录。切忌瞎摸乱拆以图侥幸成功。

2. 检查电子仪器故障原因的基本方法

检修电子仪器的关键在于选用适当的检查方法，发现、判断和确定产生故障的部位和原因。检查电子仪器故障原因的基本方法，一般可归纳为：观察法、测量电压法、测量电阻法、测量电流法、波形观测法、信号寻迹法、信号注入法、旁路法、分割法、替代比较法等10种。实际上，这也是检修电子仪器的通常步骤。只要根据仪器的故障现象和工作原理，针对各种电路的特点，交叉而灵活地运用这几种方法，就能有效而迅速地修复电子仪器。

五、播种流水线工作过程

机器工作时，将穴盘放入输送链的前端，使穴盘随输送链一起向前输送。首先由填土装置完成装基质工序，刮去多余的基质，经过压实箱时进行压实；当穴盘传送到限位开关3位置时，冲穴器气缸动作，使冲穴器做垂直方向运动，完成冲穴循环，到播种装置进行精密穴播种；穴盘继续随输送装置运动，达到覆土装置的下方时，完成覆土作业后进行洒水；穴盘到达输送尾端时，由接盘人员将穴盘顺序放在运盘车上，送到催芽室进行催芽。

六、栽植机工作过程

1. 圆盘钳夹式栽植机的工作过程

工作时，栽植机由配备13.2kW（18马力）以上的拖拉机悬挂于该产品连接架，带动栽植机工作。栽植机上的两地轮转动，通过链轮、链条和转动轴带动栽植器旋转；当链条上的夹苗器进入喂秧区时，由栽植手将秧苗喂入夹苗器上（夹苗器多为常闭式），依靠弹簧的力量夹住秧苗，秧苗随夹苗器旋转，当夹苗器转到与地面垂直位置之前时，进入滑道，借助滑道作用迫使夹苗器夹板张开，投放秧苗，秧苗脱离夹苗器垂直落入开沟器已开好的沟中。秧苗根部接触沟底瞬时，由镇压轮覆土压实，秧苗被定植。机组不断前进，栽植器继续转动，循环完成喂秧苗、夹秧苗、投放秧苗工序，以及覆土镇压工作，从而完成整个栽植过程。

栽植钵苗作业时，栽植圆盘做圆周运动，当夹苗器旋转到转轴的前方约平行于地面时，抓取由横向输送链送来的钵苗，再转到垂直地面的位置时，钵苗处于垂直状态。这时夹苗器脱离滑道控制，钵苗在自重作用下，落入沟内，接着覆土镇压，完成栽植作业（图14－1）。

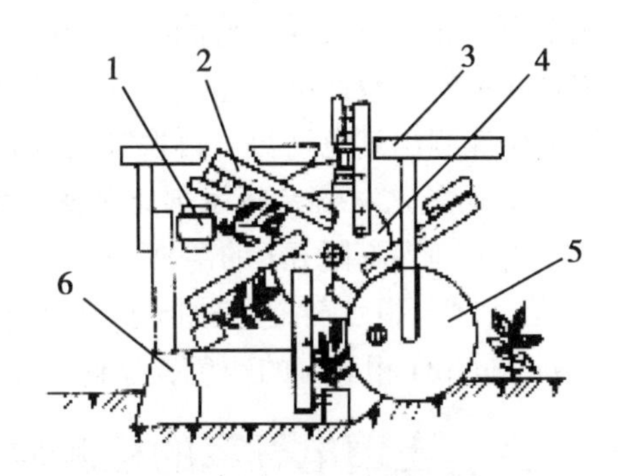

图14－1　圆盘钳夹式钵苗栽植器工作过程

1－钵苗；2－夹苗器；3－机架；4－栽植器圆盘；5－覆土器；6－开沟器

2. 链夹式栽植机的工作过程

工作时，拖拉机带动栽植机前进，随着地轮转动，地轮链条带动栽植器链轮运动。当链条上的秧夹进入喂秧区时，由栽植手将秧苗喂入秧夹上，秧苗随秧夹在链条的带动下由上往下平移进入滑道，借助滑道作用迫使秧夹关闭而夹紧秧苗，秧苗由上下平移运动变成回转运动，秧夹转到与地面垂直位置时，脱离滑道控制的秧夹，在橡皮弹力作用下，自动打开，秧苗脱离秧夹垂直落入开沟器已开好的沟中。秧苗根部接触沟底瞬时，由镇压轮覆土压实，秧苗被定植。机组不断前进，秧夹继续随链条运动。通过返程区上行，然后又进入喂秧区，如此循环进行栽植作业。

3. 吊篮式栽植机的工作过程

人工将秧苗放入旋转到该机上方的吊篮内，栽植器随偏心圆盘转动到最低点时，固定滑道使栽植器下部打开，钵苗落入沟内，随后覆土，完成移栽作业。主要工作部件：吊篮式喂苗机构和偏心圆盘等。该机具有适应性广，不容易破碎钵体等优点，但结构较复杂。

4. 导苗管式栽植机的工作过程

该机由喂苗机构间歇向导苗管投苗，秧苗在苗管内做自由落体运动，进入开沟器开出的苗沟中，并覆土完成移栽。主要工作部件是导苗管。该机特点是不伤苗，效率较高，但结构较复杂。

5. 挠性圆盘式栽植机的工作过程

该机由两片可变形的挠性圆盘夹持秧苗。作业时，人工将秧苗喂入植苗输送带的槽内，输送带将秧苗喂入栽植器中，当栽植器运动到栽植位置时，把秧苗栽入开沟器开出的沟中。主要工作部件是电子监测器、植苗输送带和植苗挠性圆盘。

七、土壤水分测量仪（传感器法）的测量原理

土壤水分测量仪所用的传感器是一类电介质型传感器，介电常数又与土壤水分含量的多少有密切关系，通过测量传感器上电容的变化来确定介质的介电常数或电容率。由于水的介电常数非常高，因此当土壤中的水分含量变化时，土壤的介电常数也随之发生相当大的变化。传感器的电路可以降低温度变化对测定结果的影响。

八、土壤 pH 值的测试原理

1. 电位测定法原理

以电位法测定土壤悬液的 pH 值，通常用 pH 玻璃电极为指示电极，甘汞电极为参比电极。此二电极插入待测液时构成一电池反应，其间产生一电位差，因参比电极的电位是固定的，故此电位差之大小取决于待测液的 H^+ 离子活度或其负对数 pH。因此可用电位计测出其电动势。再换算成 pH 值，一般用酸度计可直接测读 pH 值。

2. 比色法（混合指示剂比色法）测定原理

指示剂在不同 pH 的溶液中显示不同的颜色，故根据其颜色变化即可确定溶液的 pH 值。混合指示剂是几种指示剂的混合液，能在一个较广的 pH 范围内，显示出与一系列不同 pH 相对应的颜色，据此测定该范围内的各种土壤 pH 值。

九、土壤电导率的检测原理

土壤电导率测量原理就是按欧姆定律测定两平行电极间溶液部分的电阻值。其做法是：将相互平行且距离是固定值的两块极板（或圆柱电极），放到被测溶液中，在极板的两端加上一定的电势（为了避免溶液电解，通常为正弦波电压，频率 1 ~ 3kHz），当

电流通过电极时，会发生氧化或还原反应，从而改变电极附近溶液的组成，然后通过电导仪测量极板间电导。

为减小“极化”现象引起电导测量的严重误差，常采用高频率交流电测定法，因为在电极表面的氧化和还原迅速交替进行，其结果可以认为没有氧化或还原发生。

十、热电偶传感器工作原理

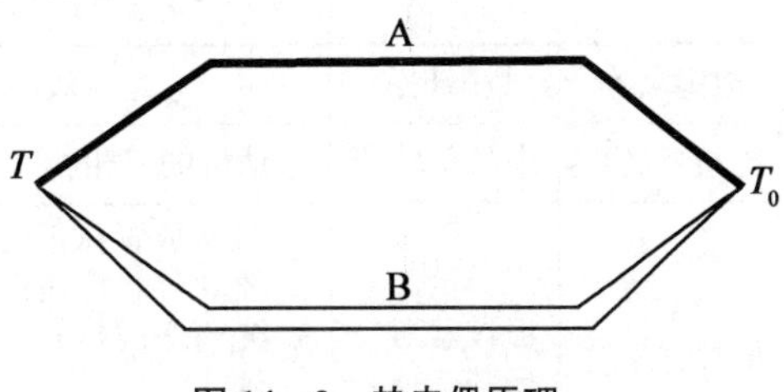

图 14－2　热电偶原理

热电偶传感器是基于热电效应工作的。金属导体内存有大量自由电子，当温度升高时，导体内自由电子的浓度就会增加。但不同金属的自由电子增加数量不尽相同。这样，若将两种不同的金属材料组成一个封闭的回路，当两端结点温度不相同时，就会在该回路中产生一定大小的电流，这个电流的大小与导体材料性质和两结点温度有关，这种现象便为热电效应。如图 14－2 所示，两种不同材料的导体 A 和 B，两端连接在一起，组成闭合回路，冷端（自由端）温度为 To，热端（工作端）温度为 T，这时在该回路中将产生一个与温度 T 和 To 有关的电势 E_{AB}，显然可以利用这个现象来检测温度。

十一、温室环境控制器工作过程

温室环境控制器（PLC 或计算机）工作时，室内传感器和外部气象站传输来的各类环境因素信息参数通过通讯单元传输给温室控制器转换为数字信号，经一定的控制算法后，并把这些数据暂存起来，与给定值进行比较，给出相应的控制信号进行控制。如果温室内的温度或湿度等超出了设定范围的上下限值时，控制器就输出指令，控制接通相应的设备启动进行；当温室的温度和湿度等都在范围内时，控制器就输出指令，切断设备的电源。控制器还可以经过串行通信接口将数据送至上位机，从而完成数据管理、智能决策、历史资料统计分析等更为强大的功能，并可以对数据进行显示、编辑、存储及打印输出。同时通过计算机集成监控系统的数据分析，根据室内外气候条件的变化和室内种植作物的不同品种、不同生长阶段对环境因子（如空气温度和湿度，土壤湿度等）的要求，对温室的天窗、侧窗、遮阳幕、微雾、湿帘、加热器等设备进行精细控制，实现温室的通风降温、除湿、加湿、遮阳保温、智能加温、空气对流、补光补气、pH 值及 EC 值的检测与调节，故障报警等功能，为温室种植者提供一个更易管理、便于操作的全新方法。如传感器把与生物有关的参量（温度、湿度等）转换为电压信号，经运算放大器组成的信号处理电路变换成压频转换器（V/F）需要的电压信号。其中温度传感器的输出电流与绝对温度成正比，且具有温度响应快、线性度好及高阻抗电流输出等特点，适于长距离传输，可把－5～55 ℃的温度转换成 1～4V 的电压；测湿调理电路将湿度传感器测试到的 10%～90% 的相对湿度转换成 4～20mA 的电流输出信号。

温室控制系统的执行机构包括风机、气泵、水帘、遮阴帘、电磁阀等设备。

操作技能

一、基质搅拌机常见故障诊断与排除（表 14－1）

表 14－1　基质搅拌机常见故障诊断与排除

故障名称	故障现象	故障原因	排除方法
电机反转	电机反转	电动机的三相相序接错	交换任意二根火线的连接头
搅拌器不转	搅拌器不运转	1. 没有放置在正确的工作位置 2. 紧急停止按钮没有复位 3. 光探测器被土填埋或者设置不正确 4. 电源断电 5. 过热保护系统已响应	1. 检查位置开关的设置并调节 2. 复位 3. 清扫光探测器，必要时重新设置 4. 检查并通电 5. 参看下一条
电机自保护系统关闭	运动机构不动作	1. 破碎机构或链条提升机构被卡 2. 基质被卡住 3. 喂入基质超重导致电机自保护系统断开	1. 清除 2. 清除堵塞物 3. 减少喂入量
基质的安装高度不正确	基质装填过多或过少	光探测器调整不正确	利用钥匙开关重新设置

二、播种生产线常见故障诊断与排除（表 14－2）

表 14－2　播种生产线常见故障诊断与排除

故障名称	故障现象	故障原因	排除方法
输送装置失灵	输送装置不运转	1. 没有接电 2. 输送装置脱落 3. 输送装置损坏	1. 接上电源 2. 重新安装并检查调整 3. 检查修复损坏的部件
播种失灵	播种量过多或过少	1. 播种装置调节不合适 2. 空气气路压力调整不当	1. 调节播种量装置使之合适 2. 调整空气气路压力
	播种机不工作	1. 工作压力表空气压力超过 1.5bar 2. 喷嘴清洗压力超过 2.5bar 3. 驱动播种滚筒的传送带损坏 4. 播种滚筒电机温度感应器损坏	1. 调整工作压力表空气压力为 1.5bar 2. 调整喷嘴清洗压力为 2.5bar 3. 检修或更换传送带 4. 检修或更换传感器
	播种超前或迟后	播种滚筒 0 位感应器存在故障	检修播种滚筒 0 位感应器
覆土量失灵	覆土量多或少	覆土装置调节不合适	重新调节覆土装置
机器有异响	机器发出刺耳响声	1. 安装不当 2. 润滑不良 3. 轴承损坏	1. 正确安装 2. 加油润滑 3. 检修或更换轴承
机器有异味	有烧焦等异味	1. 电机内进入水份 2. 电机进入土或灰尘	1. 及时关掉电源，停机烘干 2. 清洁

续表

故障名称	故障现象	故障原因	排除方法
机器振动	机器运转后振动过大	地面不平或连接不紧密	停机查找，调节机器位置或紧密连接螺栓
播种送盘失灵	1. 播种机设定时间过后没有新穴盘送来 2. 播种滚筒处有两个穴盘	1. 无穴盘 2. 播种机轨道上的限位开关与穴盘没有良好接触 3. 限位开关损坏	1. 安装新穴盘 2. 调整限位开关与穴盘并保持良好接触 3. 检修或更换限位开关
冲穴板失灵	冲穴板没有回到高的位置	冲穴油缸压缩空气不足或无气	检修冲穴油缸气路
报警灯亮	危险报警灯亮	1. 播种线紧急按钮被按下 2. 播种机的保护罩没有正确关闭 3. 电动机热保护启动 4. 播种机控制面板上的绿色启动按钮没有按下	1. 抬起播种线紧急按钮 2. 正确关闭保护罩 3. 检查热保护启动原因并排除 4. 按下播种机控制面板上的绿色启动按钮

三、圆盘钳夹式栽植机常见故障诊断与排除（表 14－3）

表 14－3　圆盘钳夹式栽植机常见故障诊断与排除

故障名称	故障现象	故障原因	排除方法
钳嘴动作失灵	钳嘴闭合不严	1. 有黏土粘到钳嘴板上 2. 复位弹簧失效	1. 清楚钳嘴上的粘土 2. 更换复位弹簧
	钳嘴开口不够大	钳嘴板上部尼龙轮磨损过大	更换钳嘴上部尼龙轮
链轮转动失灵	主动链轮不转或转速不稳	1. 棘爪槽内有异物 2. 棘爪失效 3. 棘爪弹簧失效或脱落	1. 清除棘爪槽内异物 2. 更换棘爪 3. 更换弹簧或重新挂好弹簧

四、土壤水分测量仪（传感器法）常见故障诊断与排除（表 14－4）

表 14－4　土壤水分测量仪（传感器法）常见故障诊断与排除

故障名称	故障现象	故障原因	排除方法
无电	无法正常充电	1. 电源无电 2. 充电器或连接线损坏 3. 电池损坏	1. 检查接通电源 2. 更换充电器或连接线 3. 更换电池

续表

故障名称	故障现象	故障原因	排除方法
显示屏故障	屏幕不显示	1. 电池馈电 2. 屏幕损坏	1. 正常通电 2. 返厂处理或更换
	屏幕显示异样	主板损坏	返厂处理
按键失灵	按键失灵	主板损坏	返厂更换主板
无法读取数据	无法正常读取数据	1. 连接线接头松动 2. 焊接线脱落	1. 检查连接线接头并接牢 2. 重新焊接接头或返厂处理
传感器故障	传感器连接后无读数	1. 传感器未插入土壤 2. 传感器损坏 3. 连接线脱焊 4. 连接错误	1. 将传感器正确插入土壤 2. 更换传感器 3. 重新焊接接头或返厂处理 4. 选择正确的连接端口
GPS 故障	GPS 不上线	1. 信号弱 2. 主板损坏	1. 移动至信号较强位置测试 2. 更换主板
程序无响应	软件无响应	软件运行不正常	关闭程序，重启电脑，然后重新启动程序
死机	弹出未知对话框、异常死机	软件问题	关闭程序，重启电脑
通讯失灵	通讯失败	通讯问题	紧固串口、检查通讯线路
传感器失灵	某层或所有层次数据为0或异常	传感器问题	利用调试软件调试，判断具体原因后再处理
采集器失灵	无法正常进行数据抄收	采集器问题	若存储芯片损坏，需更换

五、土壤 pH 值测试仪常见故障诊断与排除（表 14－5）

表 14－5　土壤 pH 值测试仪常见故障诊断与排除

故障名称	故障现象	故障原因	排除方法
显示屏故障	仪器开机无显示	电源未接通	检查电源线是否接通
	数字显示不稳定	1. 仪器预热时间短 2. 外部电压不稳定 3. 仪器接地不良	1. 增加仪器预热时间 2. 改善仪器工作环境 3. 改善仪器接地状态
测量故障	仪器测量值偏大或偏小	1. 测量电极受污染 2. 电气漂移	1. 用高纯水冲洗仪器电极 2. 对仪器做曲线校准
	响应变慢，读数不稳定	1. 玻璃球泡污染 2. 液接面堵塞 3. 玻璃球内有气泡	1. 用无水乙醇擦洗电极接头 2. 清洗电极 3. 轻甩电极，将气泡甩去

六、土壤电导率检测仪常见故障诊断与排除（表14－6）

表14－6　土壤电导率检测仪常见故障诊断与排除

故障名称	故障现象	故障原因	排除方法
显示屏故障	既无显示，又无输出	电源故障	1. 检查总电源及稳压电源 2. 检查保险丝
	无显示	1. 电源故障 2. 显示屏故障	1. 检修稳压电源 2. 检查显示屏
	显示屏闪烁	显示屏故障	更换显示屏
输出故障	无输出	1. 稳压电源故障 2. 输出模块故障 3. 接插件故障	1. 检修稳压电源 2. 检修输出模块 3. 检查维修或更换接插件
误差较大故障	仪器显示误差较大	1. 仪器需校准 2. 接插件接触不良 3. 电导池污染	1. 校准仪器 2. 检查接插件 3. 清洗电导池
	仪器输出误差较大	1. 输出模块需校准 2. 输出模块故障	1. 校准输出模块 2. 检查、维修或更换输出模块
	显示波动大	传感器故障	标定传感器，损坏则更换
报警故障	报警不准或不报警	1. 报警需调整 2. 报警电路故障 3. 稳压电源故障	1. 调整报警点 2. 检修报警电路 3. 检修稳压电源
复位故障	仪器不断复位	1. 电源接触不良 2. 接插件接触不良	1. 检修电源板 2. 检查、维修或更换接插件
	仪器显示开机显示后，不断复位	1. 信号板AD故障 2. 接插件接触不良	1. 检查信号板AD 2. 检查、维修或更换接插件
测量故障	测量值几乎不变化	探头结垢	检查，清洗探头

七、传感器常见故障诊断与排除（表14－7）

表14－7　传感器常见故障诊断与排除

故障名称	故障现象	故障原因	排除方法
传感器输出为0	模拟输出时，如传感器输出为0，或输出值不再量程之内	接线松动	检查接线是否正确，是否牢固
输出数据不准确	输出数据不准确	长时间不校准	长时间使用会产生偏移，应每年校准一次

八、电动执行器常见故障诊断与排除（表 14－8）

表 14－8　电动执行器常见故障诊断与排除

故障名称	故障现象	故障原因	排除方法
减速器故障	运转不稳定或噪音较大	1. 缺润滑油 2. 轴承损坏 3. 齿轮损坏，啮合不好	1. 加润滑油 2. 更换轴承 3. 更换齿轮
	电动机运转时输出轴不转	减速器连接键损坏	更换连接键
行程开关失灵	行程过长或过短	1. 行程开关电路接头松动接触不良 2. 行程开关触点磨损或坏	1. 检查紧固线路松动接头 2. 检修行程开关触点或更换
继电器失灵	动作不稳定，时快时慢 控制电路不通	1. 线路接头松动接触不良 2. 触头有烧损或烧坏 3. 通电时电压波动太大 4. 继电器线圈烧坏	1. 紧固线路松动接头 2. 修理或更换触头 3. 检查校验电压 4. 更换继电器

九、温室环境控制器常见故障诊断与排除（表 14－9）

下面以 ZN－FZX－116 型日光温室控制器为例，介绍常见故障诊断与排除方法。

表 14－9　温室环境控制器常见故障诊断与排除

故障名称	故障现象	故障原因	排除方法
指示灯不亮	电源指示灯或功能指示灯不亮	1. 电源无电 2. 电源开关未打开 3. 电路断路 4. 功能指示灯电路断路或接触不良	1. 检查总电源，接通电路 2. 接通电源开关 3. 检修电路，接通断路 4. 功能指示灯电路，接通断路
控制失灵	指令发出后，不动作	1. 电池电量不足 2. 线路接头松动 3. 焊接头脱焊 4. 软件出问题	1. 充电 2. 检修线路，紧固线路接头 3. 重新焊接 4. 与厂家联系，检修软件

第十五章　设施园艺装备技术维护

相关知识

一、机器零部件拆装的一般原则

（一）拆卸时一般应遵守的原则

机器拆卸的目的是为了检查、修理或更换损坏的零件。拆卸时必须遵守以下原则。

（1）拆卸前　首先应弄清楚所拆机器的结构原理、特点，防止拆坏零件。

（2）应按合理的拆卸顺序进行　一般是由表及里，由附件到主机，由整机拆卸成总成，再将总成拆成零件或部件。

（3）掌握合适的拆卸程度　该拆卸的必须拆卸，不拆卸就能排除故障的，不要拆卸。

（4）应使用合适的拆卸工具　在拆卸难度大的零件时，应尽量使用专用拆卸工具，避免猛敲狠击而使零件变形或损坏。

（5）拆卸时应为装配做好准备　为了顺利做好装配要做到：

①核对记号和做好记号。有些配合件是不允许互换的，还些零件要求配对使用或按一定的相互位置装配。拆卸时应查对原记号；对于无记号的，要做好记号，防装错。

②分类存放零件。拆卸下的零件应按系统、大小、精度分类存放。不能互换的零件应存放在一起；同一总成或部件的零件放在一起；易变形损坏的零件和贵重零件应分别单独存放；易丢失的小零件，如垫片、钢球等应存放在专门的容器中。

（二）装配时注意事项

①保证零件的清洁。装配前零件必须进行彻底清洗。

②做好装配前和装配过程中的检查，避免返工。凡不符合要求的零件不得装配，装配时应边装边检查。如配合间隙和紧度、转动的均匀性和灵活性等，发现问题及时解决。

③遵循正确的安装顺序。一般是按拆卸相反的顺序进行。按照由内向外逐级装配的原则，并遵循由零件装配成部件，由零件和部件装配成总成，最后装配成机器的顺序进行。并注意做到不漏装、错装和多装零件。机器内部不允许落入异物。

④采用合适的工具，注意装配方法，切忌猛敲狠打。

⑤注意零件标记和装配记号的检查核对。凡有装配位置要求的零件、配对加工的零件以及分组选配的零件等均应进行检查。

⑥在封盖装配之前，要切实仔细检查一遍内部所有的装配零部件、装配的技术状态、记号位置、内部紧固件的锁紧等，并做好一切清理工作，再进行封盖装配。

⑦所有密封部件，其结合平面必须平整、清洁，各种纸垫两面应涂以密封胶或黄油。装配紧固螺栓时，应从里向外，对称交叉的顺序进行，并做到分次用力，逐步拧紧。对于规定扭矩的螺栓需用扭矩扳手拧紧，并达到规定的扭矩。

⑧各种间隙配合件的表面应涂以机油，保证初始运转时的润滑。

二、电子仪器的日常维护要领

电子仪器的日常维护要领可归纳为下列 8 条。

1. 清洁

①平时常用毛刷、干布或沾有绝缘油的抹布纱团，擦刷干净仪器的外表。

②定期用“皮老虎”或长毛刷吹、刷干净仪器内部的积灰干净。

2. 防尘

仪器使用完毕，等待温度下降后再加盖防尘罩，或将仪器放进柜橱内。

3. 防潮、驱潮

（1）防潮　常用方法是：a. 将电子仪器存放在通风、透光良好、干燥的房间。b. 在精密仪器内部（或柜橱里）放置“硅胶”布袋，以吸收空气中的水分。c. 晴天开门窗通风。

（2）驱潮　常用方法是：a. 用100W 左右的灯泡放在仪器橱内烘干排潮。b. 把仪器放置在大容积的恒温箱内，用60℃左右温度加热 2 ~ 4h 进行烘干排潮。c. 用调压自耦变压器进行排潮。选用适当电功率的调压自耦变压器，先将交流电源电压降低到 190V 左右，通电 1 ~ 2h，然后再将交流电压升高至 220V，继续通电 1 ~ 2h。

4. 防热、散热

绝缘材料的介电性能会随着温度的升高而下降，而电路元器件的参量也会受温度的影响，特别是半导体器件的特性，受温度的影响比较明显。因此，仪器的“温升”一般不得超过 40℃，最高工作温度不应超过 65℃。如室温超过 35℃，应通风降温。

定期检查电子仪器内部排气电风扇的运转情况是否良好。此外，还要防止电子仪器长时间受阳光暴晒，而导致仪器的刻度显示不准确。

5. 防振、防松

在搬运或移动仪器时应轻拿轻放，严禁剧烈振动或碰撞。及时检查更换机壳底板上防振动用的橡胶垫脚。检修时，不漏装弹簧垫圈、电子管屏蔽罩以及弹簧压片等紧固用的零件，定期检查紧固其锁定螺钉、螺母等，必要时可加点清漆，以免松脱。

6. 防腐蚀

电子仪器应远离酸性或碱性物体。仪器内部如装有电池，应定期检查，以防漏液或腐烂，长期不用，应取出电池另行存放。

7. 防漏电

定期检查各种电子仪器的漏电程度，即在仪器不插交流电源的情况下，把仪器的电源开关扳置于“通”部位，然后用绝缘电阻表（兆欧表）检查仪器电源插头对机壳之间的绝缘是否大于 500kΩ，否则应禁止使用，进行检修或处理。

8. 定性测试

定性测试是指在电子仪器使用前，检查确定仪器设备的主要功能以及各种开关、旋钮、度盘、表头、示波管等表面元器件的作用情况是否正常即可。例如，对电子电压表的定性测试，要求各电压档级的“零位”调节正常和电压“校正”准确即可。

9. 周期检定

电子仪器使用了一年左右或者大修以后应进行定期检定。根据仪器说明书的主要技术数据，借助标准仪器或者同类型的新仪器进行对比和校准，以检定仪器的性能是否下降，这就是所谓定量测试。精密仪器，必须法定计量单位进行“法定检定”。

三、油封更换要点

①油封拆卸后，一定要更换新的油封。

②在取下油封时，不要使轴表面受到损伤。

③在以新油封更换时，在腔体孔内留约2mm接缝，当新油封的唇口端部与轴接触，将旧油封的接触部撤开。

④先在轴表面及倒角处薄薄的涂覆润滑油或矿物油。

⑤将轴插入油封时或正在插入时，要仔细防止唇口部分翘起，并保持油封中心与轴中心同心。

四、三相异步电动机技术维护要求

①清洁电动机外部，熟悉异步电动机结构原理，掌握安全操作规程。

②正确选用拆装工具和仪表。如铁锤、紫铜棒、扳手、万用表等。

③掌握电动机拆卸、装配要领。

首先，应先切断电源，拆除电动机与三相电源线的连接，应做好电源线的相序标记与绝缘处理。

其次，拆卸电动机与机座、皮带轮、联轴器的连接时，先做好相应定位标记。

再次，端盖螺钉的松动与紧固必须按对角线上下左右依次旋动。

最后，依次对风罩、风叶、端盖、轴承、转子的拆卸清洗、检查与更换。

④掌握电动机测试、检修方法。

操作技能

一、基质搅拌机的技术维护

①维护时，要切断所有外接电源。

②清扫基质搅拌机。

③检查紧固所有连接螺母。

④给轴承和润滑点加油润滑。

⑤检修机械部件。

⑥检修电气部件。

二、播种生产线的技术维护

（一）班次保养

①停机时，要落下机器且要放平。

②切断所有外接电源。

③清洁。用干净的刷子或干燥的抹布清除设备上的灰尘。清除机器上的种子和基质等。

④检查连接件的紧固情况，如有松动，应及时拧紧。

⑤检查各转动部件是否灵活，如不正常，应及时调整和排除。

⑥传动链等有相对运动的部位应加注相应的润滑油。

⑦要清空种箱和排种器内的种子。

（二）定期保养

①进行班次保养。

②每周用压缩空气来清洗一次播种机滚筒、配电板等处。

③每周检查调整输送传动装置的松紧度，调整后要求与轴平行，不能跑偏。

④每周检查下压实处翅片橡胶板的磨损情况，损坏后则在断电情况下进行更换。

⑤定期检查链条磨损程度以及链条被拉伸的情况，必要时更换。

⑥定期检查气动系统，检查管路及气动元件，定期排放污水。

⑦期清洁过滤器滤芯和真空泵，确保冷却空气循环路径的足够清洁。如发现过滤器坏了，要及时更换。当播种器不能正确的吸入种子时一定要更换过滤器。清洁过滤器的操作如下：

图 15－1　抽出过滤器滤芯

A. 拆开播种器右侧的保护外壳。

B. 移开真空泵锁定弹簧的摘钩。

C. 打开锁定弹簧外壳，抽出过滤器滤芯（图 15－1）。

D. 用压缩空气来清洁过滤器的滤芯。

⑧定期加油润滑轴承和轴支持部件。

⑨每 3 个月，要检查位于电子接线板和分流器箱里的电缆终端固定良好。每 6 个月要检查位于电子板和分流器中的密封套管固定良好，防止水分进入。

⑩每 3 个月，要检查位于框架上的微电动门和电感传感器是否紧固和其位置是否合适，否则会导致机器的错误操作。

（三）存放保养

①彻底清洁机器各处。

②机器脱漆处应涂漆。损坏或丢失的零部件要修好或补齐，存放于通风干燥处，妥善保管。

③传动部分及润滑嘴均应清洗干净，各润滑部位均应加足润滑油，链轮、链条要涂油存放，对各弹簧应调整到不受力的自由状态。

④机器上不要堆放其他物品。机器应放在干燥、通风的库房内，如无条件，也可放在地势高且平坦处，用棚布加以遮盖。放置时，应将机器垫平放稳。

三、圆盘钳夹式栽植机的技术维护

①及时清理钳夹板上的泥土，以免影响移栽质量。

②加油润滑，保持转动部位性能要良好。

③检查各部位螺栓是否有松动现象，发现异常及时检修。

④作业中发现问题应及时停车检修。

⑤长期停放不用时，应涂油防锈蚀。

四、土壤水分测量仪（传感器法）的技术维护

1. 建立仪器的管理制度

①专人（或组）负责本单位仪器设备的保管、维护、检校和鉴定及修理。

②建立仪器设备的技术档案。其内包括：仪器规格、性能、出厂日期、附件、精度鉴定、损伤记录、修理记录及移交验记录等。

③仪器设备的借用、转借、调拨、大修、报废等应有严格的审批手续。

④外业队使用的仪器设备，必须由专人管理、使用。作业队（组）的负责人，应经常了解仪器设备维护、保养、使用等情况，及时解决有关问题。

⑤仪器入出库执行检查和登记制度，履行检查、登记手续。

2. 数据采集器的维护

数据采集器的维护按以下步骤进行。

（1）电源检查　指示灯是否常亮，如果灭，检查采集器主机板的电源端子是否连接松动，接线是否可靠，拔掉重新接线，插上电源端子，如果还不能启动，用万用表测量锂电池电压是否正常，如不正常则需更换锂电池，如电压正常，则说明主机板故障，需更换主机板；

（2）程序运行检查　运行指示灯是否正常闪烁，如不闪烁，则主机板故障，需更换主机板；

（3）采集器通讯检查　使用调试软件通过RS232接口与采集器通讯，首先进行读时钟操作，如果连续读时钟正常，日期也正确，则说明采集器正常。

3. 土壤水分传感器的维护

①避免仪器被刮划，保持外部保护膜完整性，增加仪器使用寿命。

②使用仪器时需将各连接部位固定牢固，避免仪器的损坏。

③粗暴地对待仪器会毁坏内部电路板及精密的结构。

④不要用颜料涂抹仪器，涂抹会在可拆卸部件中阻塞杂物从而影响正常操作。

⑤使用清洁、干燥的软布清洁仪器外部。

⑥土壤水分传感器使用完毕后，应及时清洗干净，用干棉布擦干，放置在仪器箱内。

五、土壤pH值测试仪的技术维护

（1）pH电极的技术维护

①短期贮存。电极每次使用结束后，用蒸馏水将电极彻底冲洗干净。若因温度低，导致电极填充液出现结晶，可将电极插入温热的电极储存液（910001）或4M KCl溶液中浸泡溶解即可。若每天测量，可将电极浸泡于上述溶液中保存。

②长期储存。若超过一周长时间不用，可在黑色的电极运输保护套中塞一小块海

棉，再在海绵上滴几滴 910001 电极储存液或 4M KCl 溶液，然后再轻轻地将电极头套上。平时要注意保证电极保护套内湿润，不让电极头干燥。而在重新使用之前或更换电极填充液后，应将电极浸泡于上述溶液 2h 以上。

③电极清洗。根据样品溶液的性质和污染程度，定期对电极维护：a. 碱或酸样品：用 0.1M HCl 或 NaOH 溶液浸泡 15min。b. 油脂类样品：用中性洗涤剂溶液冲洗电极头。c. 蛋白质类样品：用蛋白酶溶液浸泡 15min。

注意：电极维护处理完毕后，视情况用冷或热的蒸馏水冲洗电极，再更换新的电极填充液后，需浸泡于 910001 或 4M KCl 2h 以上再使用.

（2）保持仪器电极插座干燥清洁　不用时，将短路插头插入插座，防止灰尘及水汽浸入。

（3）仪器焊修时应保证电烙铁有良好的接地，因采用了 MOS 集成电路。

六、土壤电导率检测仪的技术维护

1. 数据采集器的技术维护

①测量完毕，用干的软布擦拭数据采集器。若壳体特别脏，可将软布沾水或中性洗涤剂拧干后擦拭。禁用挥发油、稀释剂、汽油等擦拭。严防数据采集器进水。

②数据采集器要存于仪器箱内，仪器箱要放在干燥、清洁的仪器室内统一保管。不得将仪器箱放在容易溅水、阳光直射、高温、潮湿、灰尘多、腐蚀性气体多、倾斜、会产生震动、撞击的地方，不得将仪器箱与化学药品或有腐蚀性气体一起存放。

③长期（3 个月以上）不使用时，需取出电池保管。

2. 电极的技术维护

光亮的铂电极，存放在干燥处；镀铂黑的铂电极必须贮存在纯化水中，不允许干放。

电极上的沾污物用含有洗涤剂的温热水或乙醇清洗；钙、镁沉积物用 10% 枸橼酸溶液清洗。光亮的铂电极，用软毛刷轻轻刷洗；对于镀铂黑的铂电极，只能用化学方法清洗，否则铂黑层会损坏或被轻度污染。

3. 清洗电导池

及时清洗电导池污物，用 50% 的温热洗涤剂清洗（对粘着力强的污物可用 2% 的盐酸或 5% 的硝酸溶液浸泡清洗），用尼龙毛刷刷洗，再用蒸馏水反复淋洗干净电极的内外表面，切记勿用手触摸电极。

七、传感器技术维护

①温湿度传感器不要暴露在日光直晒的地方，应避免在易于传热且会直接造成与待测区域产生温差的地带安装，否则会造成温湿度测量不准确。

②传感器应安装在环境稳定的区域，避免直接光照，远离窗口及空调、暖气等设备，避免直对窗口、房门。

③尽量远离大功率干扰设备如变频器、电机等，以免造成测量的不准确。

④防止化学试剂、油、粉尘等直接侵害传感器，勿在结露、极限温度环境下长期使用。不要进行冷、热冲击。

⑤传感器长时间使用会产生偏移，为保证测量准确度，最好每年校准一次。

⑥如传感器过滤器为金属材质，可在使用2～3个月后对过滤网进行清洗，保持测量环境流通正常。

八、电动执行器技术维护

①维护时，必须先切断电源再行故障排除操作，严禁带电维修！

②检查该设备的漏电保护装置确保灵敏可靠。

③检查执行器等电气元件是否干燥，务必做好防潮处理。

④检查执行器等紧固件是否松动，松动的要拧紧，脱落的要及时补齐。

⑤定期检查执行器等温室内部电路连线是否良好，发现问题及时处理。

⑥检查三相电机的旋向和调整各个限位开关均是应以安装的三相相序为基准的。如果在使用过程中总电源线因某种原因需重新安装调整，此时应特别注意三相相序要与调整的相序相同。如果相序不同，会出现电机向相反的方向运转，此时应调整总电源相序，并调整安全限位开关才能恢复正常工作。

⑦定期清洁电磁继电器或接触器尘灰；紧固螺栓，检修触点，检查其性能是否良好，动作是否灵敏可靠；否则更换。

⑧定期检查维修减速机构，及时加注润滑脂。该电机不适合长时间运转，应避免频繁启动，否则易造成损坏。

⑨定期清洁反馈电位器和行程开关尘灰；紧固螺栓，检修触点，检查其性能是否良好，动作是否灵敏可靠；否则更换。

⑩定期检查维护开窗装置用的齿轮、齿条以及主轴与各托架接触部位是否良好，并及时加注黄油。

⑪定期检查遮阳幕等自动控制的传动机构运行是否良好，当无人值守时需调制自动。紧急情况时需调到手动，进行人工控制。

⑫注意卷膜器、卷帘机等机械和电器件的防水与漏电。

⑬执行器在工作过程中，要随时观察其运行是否良好，若发现有声音、冒烟、火花等异常，及时停机检查，调试正常后方可继续进行。

⑭定期检查维护电动机。

九、温室环境控制器技术维护

①检查维护该设备的方法参照执行器的技术维护。维护时，必须先切断电源后再进行，并确保漏电保护装置灵敏可靠等。

②电气设备应保持清洁，每月至少检查、清洁一次。

③电机的电源接线一定要注意相序，带行程的电机的限位装置每半年检查一次。

④检查控制箱内是否干燥，务必做好防潮处理。用该设备时，控制箱内有高压电，非专业操作人员不得随意打开控制箱，更不要私自接线。

⑤控制器长时间不用时要切断电源，将传感器、温度控制器等及时拆下，清除污物，存放在阴凉干燥处，并注意防潮。

⑥遇到雷雨天气要及时关掉漏电保护装置，防止雷击。

⑦炎热的季节或长时间工作时要及时开启冷却风扇对控制器进行降温。

⑧控制器系统出现异常时，参见其产品说明书或联系其售后人员。

十、滚动轴承的鉴定与更换

1. 滚动轴承的鉴定

滚动轴承鉴定有外观检查、轴向间隙检查和径向间隙检查3项内容：

（1）外观检查　观察滚动体、滚道有无表面剥落，轴承转动是否灵活，保持架有无变形和破裂。如滚动体或滚道表面剥落严重，应予以更换。

（2）轴向间隙检查　固定轴承外环，用百分表测量内环的轴向窜动量（即轴向间隙）。对圆柱滚子轴承，允许不修值一般为0.3mm，极限值为0.6mm。

（3）径向间隙检查　将轴承装在固定的轴上，用百分表测量外环相对内环的径向活动量（即径向间隙）。对圆柱滚子轴承允许不修值一般为0.2mm，极限值为0.4mm。

根据轴承轴向、径向间隙测出值和该轴承的技术要求，综合评定是否需要更换。

2. 滚动轴承的拆装

拆卸轴承的工具多用拉力器（图15－2），把拉力器丝杠的顶端放在轴头的中心孔上，爪钩通过半圆开口盘（或辅助零件）钩住紧配合（吃力大）的轴承内圈，转动丝杠，即可把轴承从轴上拆下。在没有专用工具的情况下，可用锤子通过紫铜棒（或软铁）敲打轴承的内外圈，取下轴承。轴承从轴上拆下或往轴上安装时，应加力于轴承的内圈（图15－3）；轴承从轴承座上拆下或往轴承座上安装时，应加力于轴承的外圈（图15－4）。

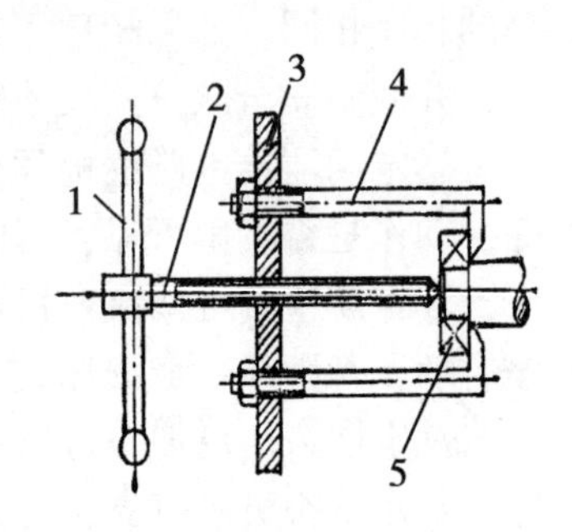

图15－2　轴承的拆卸

1－手柄；2－螺杆；3－压板；4－拉钩子；5－轴承

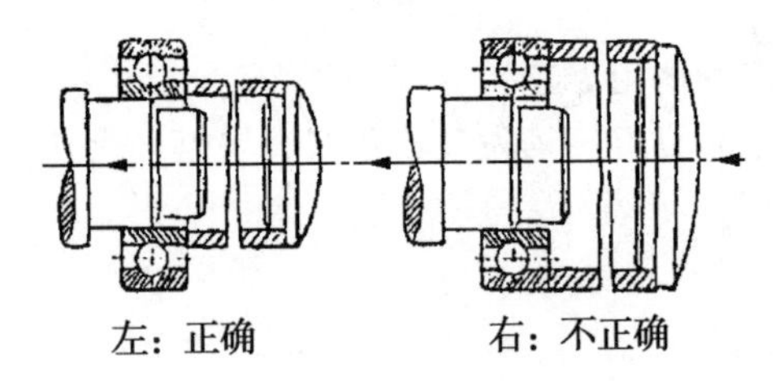

左：正确　　右：不正确

图15－3　轴承往轴上安装

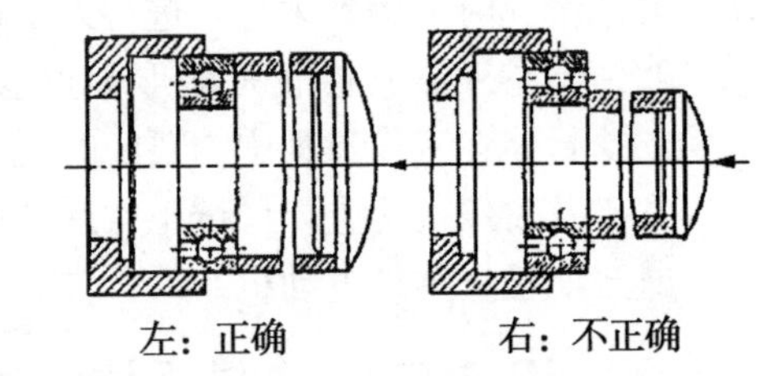

左：正确　　右：不正确

图15－4　轴承往轴承座内安装

第十六章　设施园艺装备新技术简介

随着科学技术的快速发展，科技人员研制、试验、推广的机械嫁接技术、机械收获技术、温室节能保温技术、物理农业技术、物联网技术等在设施农业中的应用也日趋增多，提高了其利用率和经济性，进一步降低温室及装备的建造成本和生产成本。

一、机械嫁接技术

（一）嫁接育苗的方法和和蔬菜嫁接育苗生产流程

1. 嫁接育苗的概念及意义

嫁接是指将植物的枝或芽连接到另一植物的适当部位，使二者结合成为一个新植物体的技术。嫁接育苗技术是利用土壤传播病害的病菌对侵害蔬菜具有专一性的特点，通过选用适宜的砧木，代替栽培蔬菜的根系进行生产，降低土壤传播病害的危害，从而达到避病栽培的目的。蔬菜嫁接育苗的优势是：可以防止土传病害；增强幼苗长势；提高对低温或高温、干旱或潮湿、强光或弱光、盐碱土或酸土等的适应能力；增加产量；提高蔬菜对肥水的利用率。

2. 嫁接育苗的方法

采用嫁接育苗的蔬菜一般分为瓜科作物（如黄瓜、西瓜和甜瓜等）和茄科作物（茄子、番茄和辣椒等），作物种类不同所使用的嫁接方法也不同，如图 16－1 所示，常用的嫁接方法有靠接法、插接法、贴接法、劈接法、套管法、平接法和针接法，前 3 种多用于瓜科作物嫁接，后 3 种多用于茄科作物嫁接。

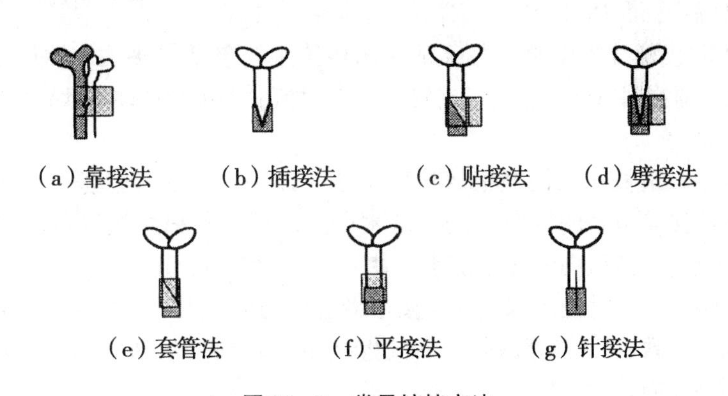

图 16－1　常见嫁接方法

（1）靠接法　在砧木和接穗的胚轴上对应切成舌形，将两切口相互插靠到一起，再用嫁接夹固定，待伤口愈合后去掉嫁接夹，并断掉接穗的根，此法由于愈合期保留接穗的根，成活率高，但是作业繁琐。

（2）插接法　在砧木上用打孔签打孔，将接穗去根并切成楔形，再将接穗插入砧木中，对于熟练的嫁接人员不需夹持物固定嫁接苗，该方法作业简单、应用面广泛。

（3）贴接法　将砧木和接穗都削成斜面，然后将两个斜面贴靠在一起，再用嫁接夹固定，此方法作业较简单，是自动嫁接机采用最多的方式。

（4）劈接法　在砧木上劈开楔缝，再将接穗切削成相应的楔形插入砧木的楔缝中，用嫁接夹固定，此法一般只用于茄科蔬菜。

（5）套管法　该法在贴接法的基础上演变而成，是将嫁接夹改为塑料套管，并且砧木和接穗的接触面除了切成单斜面，也可切削成“V”字形。

（6）平接法　该法主要用在自动化嫁接机上，该法将砧木和接穗平切，固定物不是可重复利用的嫁接夹或套管，而是喷涂一种生物胶粘接砧木和接穗，嫁接苗成活后不需去除，这种方法作业速度快，但生物固定胶成本较高。

（7）针接法　该法对夹持物进行了改进，采用针形物固定对接在一起的砧木和接穗，嫁接苗成活后不去除针形物，该法作业速度快，但针形物不重复使用，与嫁接夹相比成本较高。

3. 蔬菜嫁接育苗生产流程

蔬菜嫁接育苗生产可以分成一次育苗和二次育苗两个过程，一次育苗指砧木和接穗苗的育苗，包括种子的处理、基质处理、砧木接穗培育秧盘的基质填充、播种、催芽和砧木与接穗苗培育等。在这个过程中，砧木和接穗根据一定的栽培时间配合，在土壤中萌发直至达到符合嫁接标准的幼苗。育苗是指由砧木和接穗通过嫁接形成新的嫁接苗开始到嫁接苗成苗的过程，此过程主要包括嫁接苗愈合养伤、嫁接苗炼苗培育的步骤。在整个嫁接苗生产阶段中两个育苗过程以嫁接作业为分割点。

（1）育苗　嫁接常用的砧木包括南瓜、黑籽南瓜、葫芦、瓠瓜、番茄和茄子等；接穗种子包括西瓜、甜瓜、黄瓜、番茄和茄子等种子。砧木和接穗种子催芽用55℃温水浸种10～15min，然后倒入凉水，使水温降至室温25℃左右，视具体的种子来调整浸种时间。浸好清洗捞出略晾干后，用纱布包好放恒温箱中催芽，瓜类催芽温度在25～28℃，种子破嘴露白时播种。

（2）砧木和接穗嫁接作业　蔬菜常见嫁接法主要包括靠接法、插接法、贴接法和平接法。嫁接作业的主要步骤为：准备砧木和接穗苗→切削砧木接穗苗→将切削好的砧木、接穗苗对接。

最新的嫁接育苗技术采用断根嫁接育苗法。该法是在嫁接过程中去掉砧木的原根系，随后，在嫁接苗愈合的同时，诱导砧木产生新根。断根嫁接育苗的步骤是：a. 将基质填充到穴盘中，然后向穴盘中浇水，使基质均匀渗透，用插签在穴盘基质内打出深度为2～3cm的孔；b. 对完成嫁接的嫁接苗沿着茎的根部进行断根操作，并且切断时保证嫁接苗的高度一致；c. 将等高断根后的嫁接苗回栽到穴盘基质事先打好的孔中，并将子叶朝向同一方向。

（3）蔬菜嫁接苗的愈合　将回栽后的嫁接苗穴盘送入嫁接愈合装置（又称嫁接苗养生室）中进行嫁接愈合。嫁接愈合适宜的湿度范围为90%～95%，白天温度应保持在25～28℃，夜间应降至18～22℃，另外还应考虑光照和风速的影响。

（4）炼苗　一般在定植前一周要在温室对幼苗进行低温锻炼。白天温度保持22～24℃，夜间降至13～15℃进行锻炼，使嫁接苗逐渐接近将来移植栽培地的环境条件。

（二）嫁接机

人工嫁接生产率低，作业质量不稳定；应用机械嫁接技术可大幅度提高嫁接效率和成活率。

1. 嫁接机分类

嫁接机按嫁接方法可分为贴接式、靠接式和插接式嫁接机；按其自动化程度可分为手动切削器、半自动和全自动嫁接机。

2. 手动嫁接切削器

适用于茄子、番茄等蔬菜的嫁接作业，由砧木切削器和接穗切削器两个独立部分构成(图 16－2)，切削后还需人工对插和上嫁接夹。

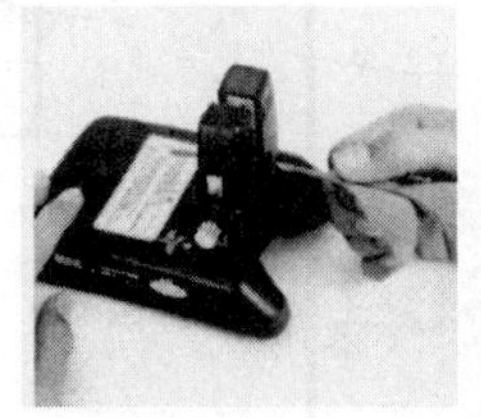
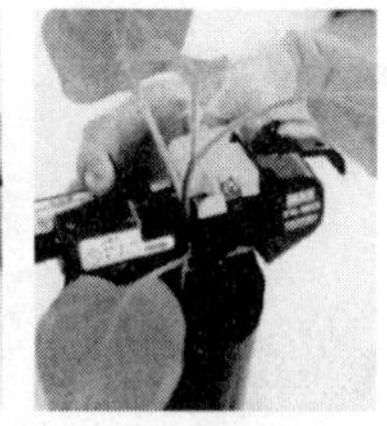

图 16－2　手动嫁接切削器

（1）砧木切削器　它主要由十字切刀（横刃和纵刃）、胚轴 V 形槽、胚轴 V 形板、胚轴压板、切刀固定材料等。砧木切削作业时（图 16－3），首先将砧木要切断的胚轴部位放置在胚轴 V 形槽内用拇指按动压板，使胚轴压板与砧木胚轴接触并压紧，然后向前推动十字切刀，直至切刀横刃切断砧木胚轴，这时切刀横刃进入胚轴 V 形板与胚轴 V 形槽的缝隙中，继续推动十字切刀，纵刃对胚轴的纵向进行切削切出一道缝隙，然后退刀完成一次切削过程。

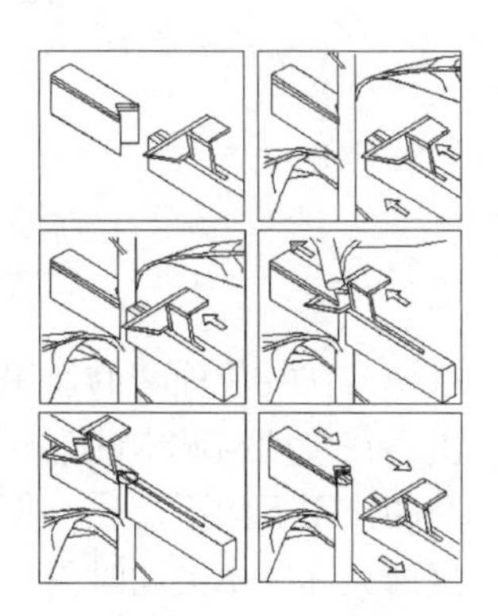

图 16－3　砧木切削过程

（2）接穗切断器　其主要功能是将接穗在需要的位置切削出一定角度的楔形。它由切断刃、固定材料、导向板等构成。

接穗切断器工作时（图 16－4），首先将接穗苗放入 V 形刀，V 形刀由两片刀组成，当接穗苗下移时切刀对接穗有一定的夹紧力，然后横向拉动接穗苗进行切削，直至将接穗苗切断，完成一次切削过程。两个切刀片的夹角要满足接穗苗劈接法要求的楔角。

3. 半自动嫁接机

（1）靠接式半自动嫁接机　该机适用于黄瓜、西瓜等瓜菜苗的机械化嫁接作业。该嫁接机主要由电机、控制机构、调节机构、工作部件等组成，其控制和操作面板见图 16－5。控制机构是嫁接机的核心，包括单片机、控制线路、计数器等。工作时由单片机发出控制指令控制电机转速和转向来实现；调节机构可进行嫁接速度和嫁接方式的调节，由装在前面板上的旋钮和开关等组成；工作部件是嫁接机的作业执行机构，包括砧木夹、接穗夹、进退刀杆和刀片等。

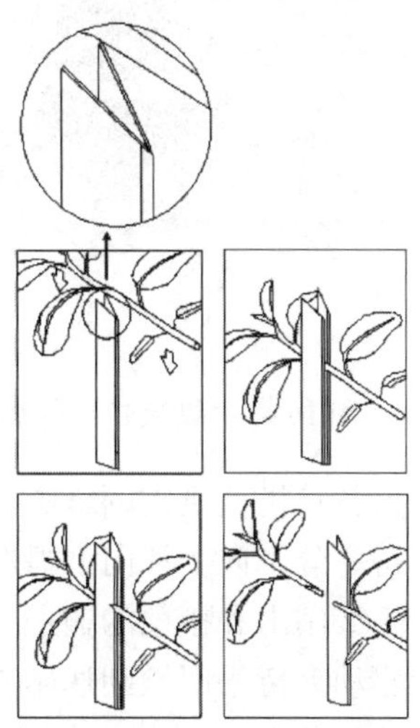

图 16－4　接穗切削工作过程

该装置由单片机实现控制，采用凸轮传递动力，分别完成砧木夹持、接穗夹持、砧木接穗切削和对插 4 个动作。首先，砧木夹张开，上砧木，砧木夹在复位弹簧的作用下闭合，夹紧砧木，紧接着接穗夹张开，上接穗，

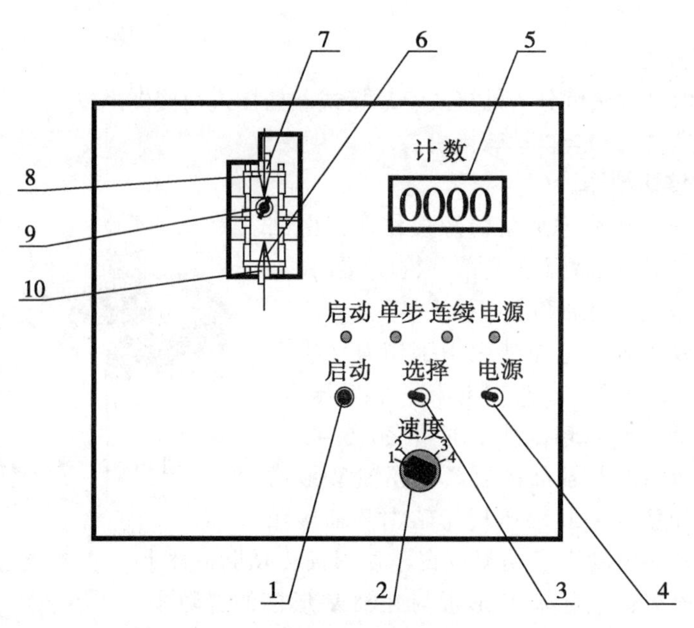

16－5　靠接式半自动嫁接机结构

1－启动按钮；2－调速旋钮；3－选择旋钮；4－电源开关；
5－计数器；6、7－接穗夹；8、10－砧木夹；9－切刀

接穗夹在复位弹簧的作用下闭合，夹紧接穗，然后，接穗夹带动接穗上提，同时切刀伸出，在接穗与砧木的茎杆上分别切一斜口，但并不将茎杆切断，然后，接穗夹在回位弹簧的作用下向下复位，将接穗的斜切口插入砧木的斜切口内，用嫁接夹夹住切口，最后接穗夹和砧木夹同时张开，取下嫁接苗，完成一次嫁接作业循环。

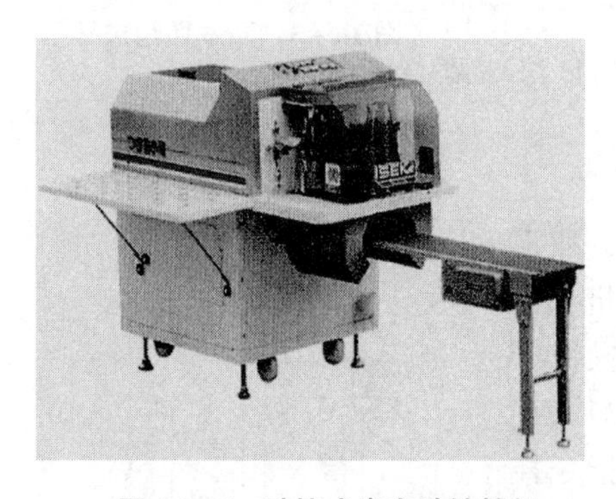

图 16－6　贴接式半自动嫁接机

该机结构简单，操作容易，成本低廉，可进行连续或断续作业，作业速度可调，并有电子显示计数等功能，最高生产率为 310 株/h，嫁接成功率为 90%，在市场中较受欢迎。

（2）贴接式半自动嫁接机　如图 16－6 所示，该机采用人工单株形式上苗，砧木和接穗均采用缝隙托架上苗，采用气动作为作业机构的驱动力，嫁接成功率达到 90% 以上，嫁接生产能力可达 800 株/h。其工作过程见图 16－7。

①上苗作业。首先将砧木和接穗以固定方向送入各自供苗机构的缝隙苗托架中。砧木输送臂和接穗输送臂上的直动气缸驱动各自的夹持手分别向下和向上抓取、夹持住砧木苗和接穗苗。

②砧木和接穗的输送与切削。夹持着砧木苗的砧木输送臂逆时针旋转 90°，直动气缸驱动夹持手回撤到达砧木切削位置停止，接着砧木切刀臂带动切削刀片旋转以一定角度切除砧木的一片子叶和生长点。夹持着接穗苗的接穗输送臂顺时针旋转 90°，同样接穗夹持手回撤，到达接穗切削位置停止，接穗切刀以一定角度旋转切除接穗的根部。

③砧木和接穗结合。完成切削砧木和接穗后，砧木、接穗输送臂分别逆顺时针旋转

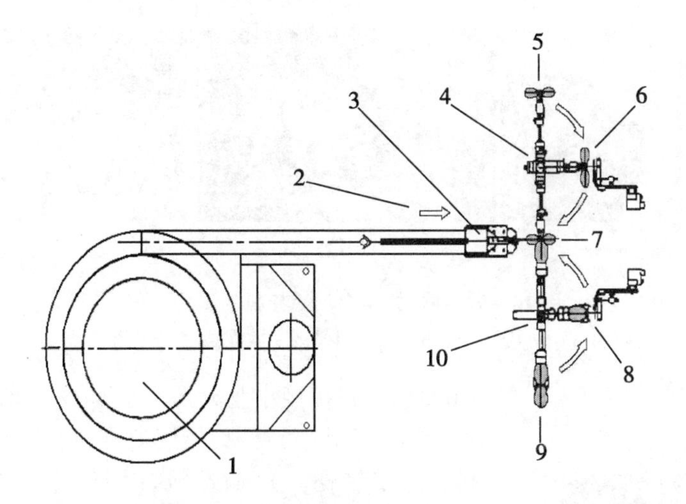

图 16 –7　贴接式半自动嫁接机工作过程

1 – 嫁接夹调向供给机构装置；2 – 嫁接夹供给方向；3 – 上嫁接夹机构；4 – 接穗输送臂；5 – 上接穗；6 – 接穗切削；7 – 砧木接穗对位接合；8 – 砧木切削；9 – 上砧木；10 – 砧木输送臂

90°依次夹持着砧木苗和接穗苗到达对位结合位置，随后砧木、接穗输送臂上的直动气缸驱动夹持手外伸，使砧木和接穗的切口贴合到一起。

④固定嫁接苗。在砧木与接穗贴合后，嫁接夹经过调向，由上嫁接夹机构将其送到结合在一起的砧木与接穗的切口位置夹住砧木和接穗，将砧木和接穗固定在一起。

⑤卸嫁接苗。嫁接夹夹紧嫁接苗后，砧木和接穗苗的夹持手打开，接着夹持手在直动气缸驱动下回撤，然后，嫁接夹推板进一步向右推嫁接夹，最终将完成嫁接作业的嫁接苗推出嫁接机外。完成一次嫁接作业动作后，砧木输送臂和接穗输送臂在旋转气缸的驱动下分别反向旋转 180°，回到起始位置。

(3) 插接式半自动嫁接机　该机主要用于西瓜、黄瓜等瓜科作物的嫁接，作业时由 2 人操作，其中 1 人上接穗苗，另 1 人上砧木苗，嫁接作业生产率可达 450 株/h 以上，嫁接作业成功率达到 95%。该机主要由砧木夹持切削机构、砧木打孔机构、接穗夹持切削机构、接穗与砧木对接等机构组成（图 16 –8）。作业时：1 人将接穗苗放入接穗夹中（图 16 –9），另 1 操作人员将砧木苗放入砧木夹中，当接穗苗和砧木苗放置好后，2 操作人员分别通过一个脚踏板开关向嫁接机发出嫁接作业信号，接着嫁接机自动完成砧木夹持、砧木切削、砧木打孔、接穗夹持、接穗切削和接穗与砧木的对接作业环节，完成嫁接作业的嫁接苗由上接穗的操作人员卸下，然后进行下一循环的嫁接作业。

图 16 –8　插接式半自动嫁接机

4. 全自动嫁接机

(1) 全自动贴接式嫁接机　该机适合于茄科蔬菜嫁接作业，嫁接作业生产率为

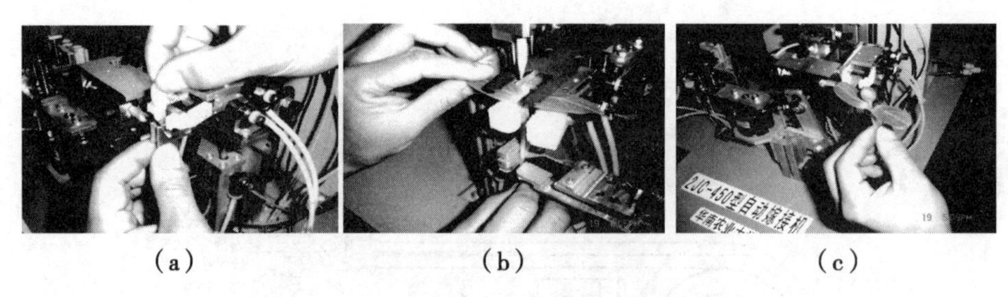

（a）　　（b）　　（c）

图 16－9　插接式半自动嫁接机的工作过程

a－上接穗苗；b－上砧木苗；c－完成嫁接作业

图 16－10　全自动贴接式嫁接机

1 000株/h，嫁接作业成功率达 97%。该机主要由砧木夹持切削机构、接穗夹持切削机构、接穗与砧木对接机构、砧木接穗穴盘输送机构和机座等组成（图 16－10）。嫁接作业时嫁接机进行以下的作业环节（图 16－11）：接穗苗穴盘输送、接穗定位夹持、接穗切削；砧木苗穴盘输送、砧木定位夹持、砧木切削；接穗与砧木对位贴合、嫁接夹定向输送、嫁接夹夹持对位贴合的砧木和接穗、将完成嫁接的嫁接苗回栽到空穴盘中、输送完成嫁接作业的嫁接苗穴盘下苗。该机一次作业同时完成 5 株接穗苗与砧木苗的嫁接作业，对于 50 穴的穴盘，10 次作业可完成一个穴盘的接穗与砧木苗的嫁接作业。

（2）全自动针式嫁接机　该嫁接机的嫁接针是陶瓷制 5 角形针，具有防止嫁接部位回转的作用，固定性能好，主要用于嫁接茄科类蔬菜，包括番茄、茄子、辣椒，其嫁接作业能力为 1 200株/h，采用 50 穴盘培育嫁接用砧木和接穗苗，并直接以穴盘形式整盘上苗，一个嫁接作业循环可同时完成 5 株苗的嫁接作业。

（a）　　（b）　　（c）

图 16－11　全自动贴接式嫁接机工作过程

a－整盘上下秧苗；b－砧木与接穗贴合；c－完成嫁接的嫁接苗

该嫁接机主要由砧木切削机构、嫁接机构、接穗切削机构、砧木接穗穴盘输送机构和机座等组成（图 16－12）。其嫁接作业过程如图 16－13 所示，首先将育有砧木苗的 50 穴盘送到砧木输送带的右侧，输送带会自动定位将一列 5 株砧木苗送到砧木切削位

图 16－12　全自动针式嫁接机

1－接穗穴盘输送带；2－嫁接位置；3－接穗切削位置；
4－砧木切削位置；5－砧木穴盘输送带

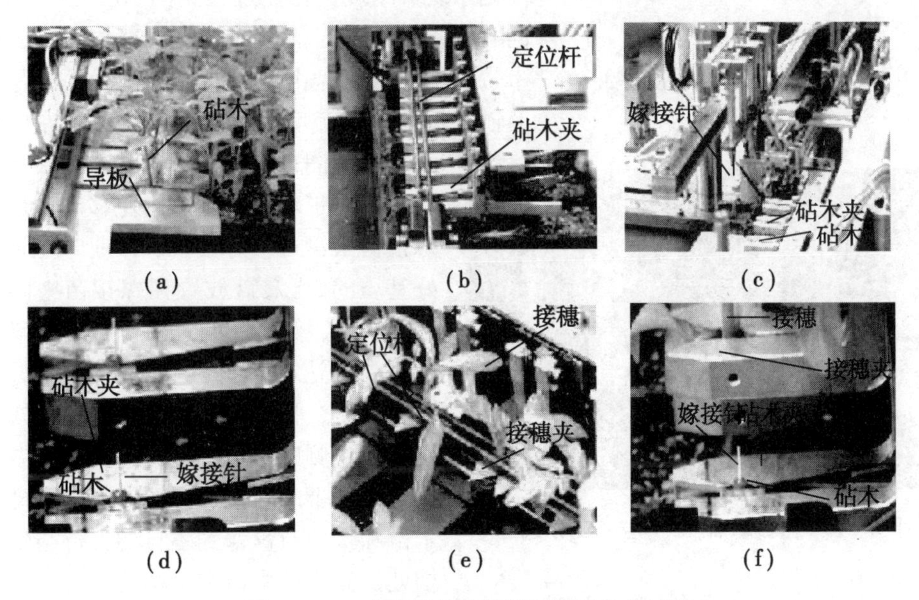

图 16－13　全自动针式嫁接机嫁接作业过程

a－砧木进入切削位置；b－嫁接位置砧木定位夹持；c－嫁接位置对位插嫁接针；
d－嫁接位置上插针的砧木；e－接穗切削位置定位夹持接穗；f－嫁接位置接穗和砧木嫁接

置，在这里砧木切刀将导板以上的砧木部分切削掉，接着依次定位切削其他 9 列砧木苗；完成切削的砧木苗被送到嫁接位置，在这里两根定位杆将一列 5 株被切削砧木苗固定在同一确定的纵向线内，接着 5 个砧木夹分别将 5 株苗夹持在砧木夹的凹槽内；砧木被砧木夹夹持住后，夹持 5 根嫁接针的送针装置对准砧木夹的夹持凹槽，将嫁接针分别插入一列 5 株砧木；在向砧木插嫁接针时，育有接穗苗的 50 穴穴盘被送到接穗输送带的左侧，输送带向右移动后自动定位，将一列 5 株接穗苗送到接穗切削位置，在这里两组定位杆分别在接穗夹的上下将接穗固定在同一确定的纵向线内，随后接穗夹夹持住接穗苗，然后接穗切刀沿 5 个接穗夹的下表面将接穗的下部切去，接着一列 5 个接穗夹夹持着 5 株去根接穗从接穗切削位置移动到嫁接位置，这时恰好 5 个接穗夹处于 5 个砧木夹的正上方，接穗也刚好在砧木的上方，随后接穗夹向下移动到砧木夹上，将接穗插到露出砧木的嫁接针上，使砧木和接穗通过嫁接针嫁接到一起；最终，嫁接完的一列5株嫁接苗被砧木穴盘输送带向左移动，完成一个嫁接作业循环，接着下一列嫁接作业开始。

图16－14　全自动插接式嫁接机

（3）全自动插接式嫁接机　如图16－14所示，它主要用于瓜科作物的插接法嫁接，砧木和接穗对插后的嫁接苗不需要夹持物固定，其嫁接作业生产率为1 200株/h，采用50穴盘以整盘形式上砧木和嫁接苗，一个嫁接作业循环同时完成5株苗的嫁接作业。该机主要由砧木苗输送机构、砧木夹持与切削机构、接穗苗输送机构、接穗苗夹持与切削机构、砧木打孔机构、气动驱动系统、控制系统等组成。作业过程见图16－15，图中横向有三条输送带，前面的是接穗苗输送带，输送带带动接穗苗穴盘由左向右移动；后面的是砧木苗输送带，输送带带动砧木苗穴盘也由左向右移动；在中间是嫁接苗输送带，嫁接苗穴盘在其输送带带动下由右向左移动，最终将嫁接苗穴盘送下嫁接机。作业时先将填充好基质的50穴盘放置在嫁接苗中间输送带的后端，输送带自动将嫁接苗穴盘向前输送，到达砧木打孔与接穗砧木对位位置；同时，将栽有砧木和接穗苗的穴盘分别放到左侧砧木苗输送带的前端和右侧接穗苗输送带的前端，两条输送带自动将砧木苗和接穗苗盘送到各自的夹持与切削机构处，完成砧木苗和接穗苗的定位夹持和切削，然后砧木夹持机构将完成切削的砧木苗送到中部嫁接苗输送带上方砧木打孔位置，在此处打孔机构对砧木进行打孔；紧接着接穗夹持机构将完成切削的接穗苗送到中部嫁接苗输送带上方接穗砧木对位位置，实施砧木与接穗的对插；然后，完成嫁接的苗回栽到输送带上的嫁接苗穴盘中，完成一个嫁接作业循环后，接着下一列嫁接作业开始。最后，嫁接苗输送带将嫁接好的嫁接苗以整盘的形式由后方向前送出嫁接作业区域。

图16－15　全自动插接式嫁接机工作过程

二、机械收获技术

目前，国内果蔬采摘作业基本上还是手工完成，机械化收获技术尚处于发展的初级阶段。随着电子技术和计算机技术的发展，特别是工业机器人技术、计算机图像处理技术和人工智能技术的日益成熟，以日本、荷兰、美国、法国、英国、以色列、西班牙等国家，试验成功了多种具有人工智能的收获采摘机器人，如番茄、葡萄、黄瓜、西瓜、甘蓝和蘑菇采摘机器人等。

新采摘机器人依靠先进的运算能力和液压技术，使机器手臂和手指具有近似于人手灵敏度的能力；现代成像技术同样也使机器能够识别和挑选各种品质的水果和蔬菜。

1. 番茄采摘机器人

它由机械手、末端执行器、视觉传感器和移动机构等组成。其采摘机械手设计成具有7自由度，能够形成指定的采摘姿态进行采摘。末端执行器由两个机械手指和一个吸盘组成；视觉传感器主要由彩色摄像机来寻找和识别成熟果实，利用双目视觉方法对目标进行定位；移动机构采用4轮结构，能在垄间自动行走。采摘时，移动机构行走一定的距离后，就进行图像采集，利用视觉系统检测出果实相对机械手坐标系的位置信息，判断番茄是否在收获的范围之内，若可以收获，则控制机械手靠近并摘取果实，吸盘把果实吸住后，机械手指抓住果实，然后通过机械手的腕关节拧下果实。

2. 草莓采摘机器人

高架栽培模式草莓采摘机器人作业被越来越多地采用。该机器人采用5自由度采摘机械手，视觉系统与番茄采摘机器人类似，末端执行器采用真空系统加螺旋加速切割器。收获时，由视觉系统计算采摘目标的空间位置，接着采摘机械手移动到预定位置，末端执行器向下移动直到把草莓吸入；由3对光电开关检测草莓的位置，当草莓位于合适的位置时，腕关节移动，果梗进入指定位置，由螺旋加速驱动切割器旋转切断果梗，完成采摘。

3. 黄瓜采摘机器人

该机器人利用近红外视觉系统辨识黄瓜果实，并探测它的位置。机械手只收获成熟黄瓜，不损伤其他未成熟的黄瓜。采摘通过末端执行器来完成，它由手爪和切割器构成。机械手安装在行走车上，行走车为机械手的操作和采摘系统初步定位。机械手有7个自由度，另外在底座增加了一个线性滑动自由度。收获后黄瓜的运输由一个装有可卸集装箱的自走运输车完成。整个系统无人工干预就能在温室工作。

三、温室节能保温技术

温室节能保温技术主要是利用太阳能、地热能（地源热泵）、生物质能及相关装备和新型墙体相变材料及保温被等，提高温室节能保温性能。下面以利用太阳能的水循环蓄热增温技术为例。

该蓄热增温技术主要由蓄热水桶（池）、水泵、水管、吸热材料、集热片等组成，见图16－16 。白天温室温度升高，刷在温室后墙上吸热材料和水管上集热片都吸收太阳能的热量，蓄热水桶（池）水经水泵抽出在管道循环，当水经过吸热材料和集热片时，其热量传给在水管道中流动的水，提高水温进行蓄热；夜间温室温度降低，蓄热水桶（池）热水经水泵抽出在管道循环，热水经管道流过集热片时，放出热量，弥补温室降低的部分温度。经北京市试验在相同的温室条件下，使用水循环蓄热增温技术比不使用此技术的温室可增加2～3℃。

四、物理农业技术

物理农业是将物理技术与农业生产的结合，利用声、光、电、磁、特种气体等物理技术方法防治、杀灭病害、虫害，改善环境，提高光合作用效率、促进植物生长从而减

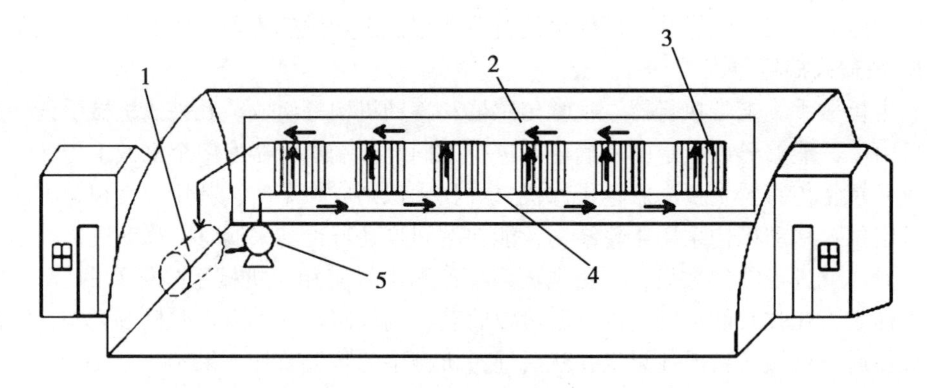

图 16－16　温室水循环蓄热增温示意图

1－蓄热水桶（池）；2－吸热材料；3－集热片；4－水管；5－水泵

少化肥、农药的用量，在已达到保证作物稳产高产的基础上实现农业的可持续发展。物理技术在农业中的应用大致可分为三个方面：作物的增产增质、产品的储藏保鲜、农业信息的采集与病虫害防治。下面选其简介。

1. 声波助长技术

植物声频发生器是根据植物的声学特性，利用音箱对植物施加特定频率的声波，使其频率与植物本身固有的生理系统波频相一致，产生共振。从而提高植物活细胞内电子流的运动速度，促进各种营养元素的吸收、传输和转化，增强植物的光合作用和吸收能力，促进生长发育，达到增产、增收、优质、抗病的目的。

2. 空间电场防病促生技术

该技术使用220V/50Hz 电源，在温室电极线与地面之间建立自动循环间歇工作的空间电场，高压低电流使电极线放出高能带电粒子、臭氧和氮氧化物，并使空间电场中的雾气、粉尘、孢子立刻荷电，受电场力的作用做定向脱除运动，从而迅速吸附于地面和墙壁表面，同时，附着在雾气、粉尘上的大部分病原微生物、孢子在高能带电粒子和臭氧的双重作用下被杀死、灭活。在随后的自动循环间歇工作中，空间电场抑制雾气的升腾和粉尘、孢子的飞扬，即隔绝气传病害的气流传播渠道。此技术可以持续提高植物的光合作用强度，获得显著的增产效果。

3. 电子杀虫技术

电子杀虫技术利用昆虫的趋光性、趋波性、雌雄飞蛾趋性等特点，采用具有特定光谱的特殊光源和灭杀装置，利用光源对昆虫的较强引诱力，在夜间引诱昆虫向光源飞扑，并使之接触设在光源外围的高压电网，利用高压电网瞬间放电将其击杀致死。电子杀虫灯的控制面积达0.6hm^2/灯左右，诱杀的害虫种类达数百种。

4. 土壤连作障碍电处理技术

土壤连作障碍电处理技术是现代物理农业工程技术领域里的一项主推技术。该技术依靠土壤溶液的电化学反应机理，杀灭土壤微生物、消解作物的自毒作用和改善土壤营养状况。同时，该技术能够改变土壤的团聚结构，形成利于作物根系生长的土壤团粒环状分布开关以及众多的水分横、纵向输送管道相交织的微细管路，从而使作物的根系更发达。埋设于土壤表层的电极线接通直流电后，可在土壤中产生剧烈的理化反应，产生大量的氯气、臭氧、酚类气体，这些气体在土壤团聚体间隙中的扩散就是灭菌消毒过程。土壤团聚体以及土壤胶体结构、特性的剧烈改变，土壤氧化还原特性以及水环境的剧烈变化，使土壤微生物的生活环境发生变化，从而使微生物种群活性发生巨大改变，最终消解重茬病症。

五、物联网技术在设施农业中的应用

1. 物联网内涵

物联网（The Internet of Things）是具有全面感知、可靠传输、智能处理特征的连接物理世界的网络，是互联网和通信网的拓展应用和网络延伸，它通过感知识别、网络传输互联、计算处理等三层架构，实现了人们任何时间、任何地点及任何物体的连接。使人类可以以更加精细和动态的方式管理生产和生活，提升人对物理世界实时控制和精确管理能力，从而实现资源优化配置和科学智能决策，从而提高整个社会的信息化能力。

2. 农业物联网

农业物联网，是指物联网技术在农业生产、经营、管理和服务中的具体应用。农业物联网以信息感知设备、通讯网络和智能信息处理技术应用为核心，实现农业生产科学化管理，达到合理使用农业资源、改善生态环境、降低生产成本、提高农产品产量和品质的目的。

3. 农业物联网特征

在农业领域中，从通信对象和过程来看，农业物联网的核心是农业劳动对象、劳动工具和劳动者三者之间的信息交互。其基本特征可概括为农业信息的全面感知、可靠传输和智能处理。

（1）全面感知

感知层是让物品对话的先决条件，是利用二维码、RFID、多媒体信息采集器、农业专用传感器和实时定位来感知、探测、遥感等技术在任何时间与任何地点对农业领域物体进行信息采集和获取。

（2）可靠传输

是将涉农物体通过感知设备接入传输网络中，借助有线或无线的通信网络，随时随地进行高可靠的信息交互和共享。

（3）智能处理

是将物联网技术与行业专业领域技术相结合，利用云计算、数据融合与数据挖掘等各种智能计算技术，对海量的农业感知数据和信息进行深度融合、分析、预测和处理，实现智能化的决策和控制。

4. 农业物联网的应用

农业物联网逐步应用在农业的集约化生产、智能化控制、精细化管理、电子化交易、系统化物流中，如种植养殖环境信息的全面感知、种植养殖个体行为的实时监测、装备工作状态的实施监控、现场作业的自动化操作和农产品物流信息化与可追溯的质量管理。

物联网技术应用于温室生产过程环境自动检测与控制，见图 16－17。部分农民在设施农业生产、园艺种植、水产养殖、畜禽养殖等方面应用物联网技术取得了一定的经济效益和社会效益，尝到了甜头，由原本不会用、不敢用、不愿用变得离不开物联网。国家正在制定相关的政策和规范，用于示范和推广物联网技术。

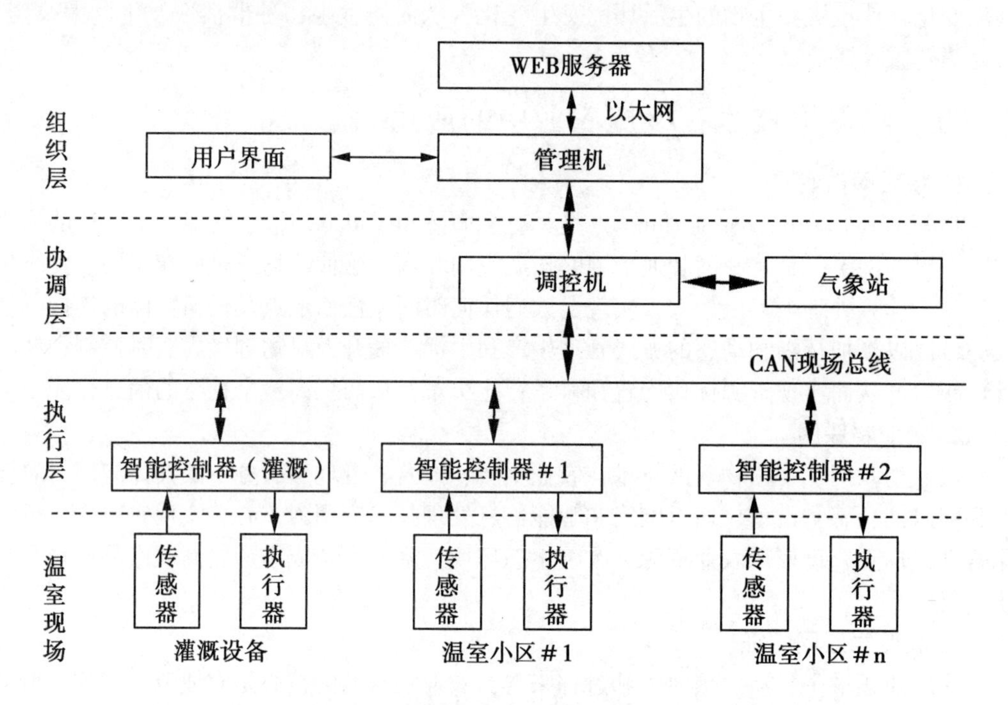

图16－17　物联网技术应用于温室生产过程环境自动检测与控制示意图